JN093525

2023
化学入試問題集　化学基礎・化学
数研出版編集部 編

1. 本書の編集方針

(1) 今春，全国の国・公・私立大学および大学入学共通テストで出題された化学の入試問題を全面的に検討し，これらの中から，来春の入試対策に最良と考えられる良問を精選し，体系的に分類・配列した。

(2) なるべく多くの大学の問題を採用するように努めたが，そのために問題の内容がかたよらないように注意した。内容が多岐にわたる問題では，配列項目に合うように，その一部を採用したものもある。

(3) 一部の用語の表記については，現在発行されている教科書に則した表記に改めたり，その表記を並記したりした箇所もある。

(4) 本書は，大学入学共通テスト対策から二次試験対策まで使われることを考えて，問題を「A」，「B」の2段階に分けてある (下のわく組参照)。

2. 本年度入試の全般的傾向と来年度入試の対策

　本年は，第3回目の共通テストが行われた年である。共通テストでは，第1回，第2回と同様に，単に知識を問うだけでなく，実験結果を文字式で与え，一般化した式を考えさせる問題 (本書49) のような，化学的な思考力を問う問題が出題された。また，二次試験においても，実験に使用する試薬に関する問題 (同128) や見慣れない題材についての文章を読み，小問を手掛かりにこれまでの学習内容を応用していく問題 (同39) などが出題された。さらに，実験によりアボガドロ定数を求める問題 (同13) も出題された。こういった問題では，身につけた知識と問題文から読み取った情報を組み合わせて考える必要がある。まずは焦らず落ちついて，問題文を読み解くようにしたい。なお，本書では，化学的な思考力を要する問題に 思考 をつけて区別しているので，学習時の目安としてほしい。

　一部の用語は，大学によって異なる表記が用いられることもある。戸惑わないよう，いずれの表記にも慣れておきたい。

採録問題のねらいと程度など

問題A：それぞれの項目における標準的で重要な問題を扱い，しかも内容的にももれがないようにしてある。共通テスト対策レベルの問題。

問題B：ここまでやっておけば万全と思われる少し程度の高い問題を選んである。二次試験対策レベルの問題。

思考：化学的な思考力などが求められる問題。　記述：記述問題。

—————— 目　　　次 ——————

学校別問題索引

≪公 立 大 学≫

≪私 立 大 学≫

≪そ の 他≫

·················· **問題表記に関する注意事項** ··················

本問題集では，問題を解くために原子量や定数などが必要な場合，問題文中の（ ）の中にそれらの値を示している。

・原子量・分子量・式量などは次のように表す。

$H=1.0$, $CO_2=44$, $NaCl=58.5$

・以下の定数は，断りなく記号で表す。

F：ファラデー定数，K_w：水のイオン積，N_A：アボガドロ定数，R：気体定数

1 物質の構成粒子とその結合

A　1. 原子の構造

　原子内の電子は，原子核のまわりに存在している。炭素原子の最も外側の電子殻である【 ア 】殻には【 イ 】個の電子が入っている。

文中の【 ア 】にあてはまる記号をA群から，【 イ 】にあてはまる数字をB群から，それぞれ選べ。

A群　1．A　　　2．B　　　3．C　　　4．D　　　5．K
　　　6．L　　　7．M　　　8．N　　　9．O　　　0．P

B群　1．1　　　2．2　　　3．3　　　4．4　　　5．5
　　　6．6　　　7．7　　　8．8　　　9．9　　　0．10

〔星薬大　改〕

2. 放射性炭素原子 思考

　同位体は，質量数が異なるだけで，化学的性質はほぼ同じであるが，同位体の中には，原子核が不安定で放射線と呼ばれる粒子やエネルギーを出して他の元素の原子核に変わるものがある。この現象を壊変といい，放射線を出す同位体を特に放射性同位体という。

　自然界には，質量数が 12, 13, 14 の炭素原子(それぞれ ^{12}C, ^{13}C, ^{14}C と表記する)が存在し，その存在比は，$^{12}C : ^{13}C : ^{14}C = 0.989 : 0.011 : 1.2 \times 10^{-12}$ である。このうち，^{14}C が放射性同位体である。^{14}C の場合，原子核に存在する中性子が電子を放出して陽子となるような壊変をする。

　壊変によって放射性同位体が元の量の半分になる時間を半減期という。経過した時間を半減期で割った値を T とすると，もともと存在した放射性同位体の原子数は，ある経過時間後には $\left(\dfrac{1}{2}\right)^{T}$ 倍になる。半減期は同位体ごとに決まっており，^{14}C の場合は，5.73×10^3 年である。したがって地球上の炭素に占める ^{14}C の存在比は，時間の経過とともに徐々に減少するように思われるが，実際は宇宙線により常に微量の ^{14}C が生成しているために，環境中の CO_2 に占める ^{14}C の存在比はほぼ一定であると考えてよい。

　植物は環境中の CO_2 を取り込んで有機物を作っているため，生きている植物中に含まれる炭素に占める ^{14}C の存在比は一定である。しかし植物が枯れると環境中の CO_2 を取り込まなくなるので，植物中の炭素に含まれる ^{14}C の存在比は徐々に減少する。たとえば，ある遺跡に植物の痕跡があった場合，植物中の炭素に含まれている ^{14}C の存在比を測定することで，遺跡の年代を推定することができる。

問1　^{14}C は壊変して他の元素の原子になる。その原子を ^{14}C の表記を参考にして答えよ。

問2　人間は 1 分間あたり 15L の空気を吸い込んでいる。このとき，人間が 1 分間あたりに吸い込んでいる $^{14}CO_2$ の分子数を求めよ。ただし，CO_2 は空気中に体積で 0.041％ 含まれるとする。また，吸い込んでいる空気の気圧は $1.01 \times 10^5 Pa$，気温は 27℃ とする。($R = 8.31 \times 10^3 Pa \cdot L/(mol \cdot K)$, $N_A = 6.02 \times 10^{23} /mol$)

問3 ある遺跡から発掘された栗の殻に含まれる炭素中の ^{14}C の存在比を測定したところ，現代の栗の殻の 71% に減少していた。$0.71 \fallingdotseq \dfrac{1}{\sqrt{2}}$ として，その遺跡が何年前のものか答えよ。ただし，環境中の ^{14}C の存在比は変動することなく常に一定であると仮定し，産業による CO_2 の排出や大気圏核実験等の影響はないものとする。

[記述] 問4 石炭の燃焼により得られる CO_2 には，$^{14}CO_2$ がほとんど含まれていない。その理由を 40 字程度で説明せよ。ただし ^{14}C は 1 字とみなす。　　〔岐阜大 改〕

3. 分子や結晶の性質　[思考]

次の各問いに答えよ。

[記述] 問1 貴ガスのネオン Ne とアルゴン Ar を比べると，沸点はどちらの方が高いか。また，そうなる理由を 60 字以内で説明せよ。

問2 次の(1)〜(4)それぞれに該当する物質を，下の a 〜 g からすべて選べ。ただし，同じ記号を繰り返し選んでもよい。

(1) 極性分子

(2) 分子間で水素結合をつくるもの

(3) 常温，常圧で分子結晶を形成するもの

(4) 三重結合をもつもの

　　a．塩化カリウム KCl　　b．銀 Ag　　c．水素 H_2　　d．窒素 N_2

　　e．二酸化炭素 CO_2　　f．水 H_2O　　g．ヨウ素 I_2　　〔京都産大 改〕

4. 水素結合

水素結合には起因しない内容の記述を，下記よりすべて選べ。該当するものがない場合には，「なし」と記せ。

(1) ポリペプチドは，α-ヘリックスとよばれるらせん構造をとる。

(2) CO_2 は無極性分子であるのに対して，H_2O は極性分子である。

(3) 常圧下でできる氷は，すき間の多い結晶構造からなり，液体の水より密度が小さい。

(4) 少量の酢酸をベンゼンに溶かして，その溶液の凝固点降下度の測定から酢酸の分子量を算出したところ，酢酸の分子量の約 2 倍の値が得られた。

(5) H_2O は，同族元素の水素化合物である H_2S や H_2Se に比べて分子量が小さいにもかかわらず，沸点が異常に高い。

(6) 直鎖状のアルカンの融点や沸点は，炭素原子の数が増加するにつれて高くなる。

(7) 尿素と酢酸ナトリウムを用いて同じ質量モル濃度の希薄水溶液をそれぞれつくり，凝固点降下度を比較すると，酢酸ナトリウム水溶液の方がより大きな凝固点降下度を示した。　　〔京都工繊大〕

5. 沸点の大小

H_2O, HF, CH_4 の沸点の大小が正しいものはどれか(H=1.0, C=12, O=16, F=19)。

(1) $H_2O>HF>CH_4$ (2) $CH_4>HF>H_2O$ (3) $H_2O>CH_4>HF$

(4) $HF>CH_4>H_2O$ (5) $HF>H_2O>CH_4$ 〔防衛医大〕

6. 黒鉛の構造

次の文章を読み,問 1 ～問 3 に答えよ。解答の数値は有効数字 2 けたで答えよ。
(C=12, $N_A=6.0\times10^{23}$ /mol)

黒鉛は,図 1 に示すような層状の結晶構造が繰り返された構造をもつ。この結晶の層内の最も近い炭素原子どうしは共有結合で結ばれている。一方,層と層は,共有結合の引力よりも弱い ア 力で結ばれており,粘着テープにより一層のみをはがしとれることが知られている。この一層のシートはグラフェンと呼ばれ,透明性や電気伝導性

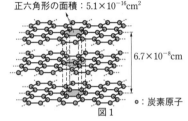

正六角形の面積: 5.1×10^{-16}cm²

6.7×10^{-8}cm

◦: 炭素原子
図1

に優れることから,透明導電膜や各種センサーなどへの応用が期待されている。

黒鉛は非常に多数のグラフェンが重なった構造を有する一方,活性炭中には,グラフェンが数層だけ重なってできた厚さの薄い構造が多数存在し,それぞれが重なり合うことなく,さまざまな方向を向いているため空隙が大きい。そのため,活性炭は単位質量あたりの表面積が大きく,多くの物質を吸着することができる。

問 1 ア に入る適切な語句を答えよ。

問 2 図 1 を用いて黒鉛の密度を求め,単位を g/cm³ としたときの数値を答えよ。

問 3 下線部の構造について,図 1 のように,同じ大きさのグラフェンが ア 力で結ばれて 3 層重なった構造が,孤立して存在するものとして,その構造の単位質量あたりの表面積を求め,単位を cm²/g としたときの数値を答えよ。ただし,表面に露出しているグラフェン面の面積を求めればよく,グラフェンの端で構成される側面の面積は考えなくてよい。また,グラフェン面を平面として面積を求めればよく,面の凹凸は考えなくてよい。 〔京都大〕

7. 分子の形

次の文章の(A), (B), (C), (D), (E)に適するものを, A群の①～③, B群の④～⑥, C群の⑦～⑧, D群の⑨～⑪, E群の⑫～⑭からそれぞれ一つずつ選びなさい。

右の図はクロロメタンから正電荷をもつ化学種と塩化物イオンが生じる場合を示した。

H—C—Cl ⟶ H—C⊕ :Cl⊖

これは共有結合が開裂してイオンが生成する場合である。左辺のCとClの間の共有電子対がClに移動してCl⁻となり,結合が開裂する。曲がった矢印は電子対の動きを示している。電荷のプラスとマイナスは,分かり易くするため,それぞれ記号⊕,⊖のように示した。

また，右の図のように水の非共有電子対の一つが移動して，O と H^+ の間の共有電子対となり結合を形成する場合もある。

右の化学種アの炭素原子の共有電子対と最外殻の非共有電子対の和は（ A ）対，化学種イの酸素原子の共有電子対と最外殻の非共有電子対の和は（ B ）対である。これらに基づいて化学種アとイの形について考えてみたい。

最外殻周辺の電子対は互いに反発すると考えられ，なるべく離れるように中心原子の原子核のまわりに配置される。

すると，アでは（ C ）の頂点に電子対が位置するようになる。したがって，アの概観は（ D ）の形になる。

同様に考えると，イの概観は（ E ）の形になる。

なお，「正三角錐」とは，底面が正三角形で，側面がすべて合同な二等辺三角形である三角錐(四面体)のことである。

A群：① 2 　　② 3 　　③ 4
B群：④ 2 　　⑤ 3 　　⑥ 4
C群：⑦ 四面体 　⑧ 三角形
D群：⑨ 正四面体 　⑩ 三角形 　⑪ 正四面体ではない正三角錐
E群：⑫ 正四面体 　⑬ 三角形 　⑭ 正四面体ではない正三角錐 　　〔早稲田大〕

8. ケイ素の結晶構造

非金属の原子が共有結合した構造からなる共有結合結晶は，結晶全体が共有結合によって強く結びついているため，一般的に極めて硬い。単体のケイ素 Si は共有結合結晶であり，電気炉中で酸化物を炭素で還元することで得られる。ケイ素 Si の単位格子は，ダイヤモンドと

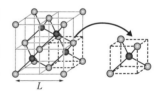

同様の構造をもち，図のように表される。単位格子には，面心立方格子と同様に，各頂点と各面の中心にケイ素原子が位置している。また，単位格子を大きさの同じ 8 個の立方体に分けたときには，図のようにケイ素原子が位置しているものも含まれている。単位格子に完全に含まれるケイ素原子は濃い色で示している。

問1　下線部の反応では，有毒な気体が発生する。下線部で起こる反応を化学反応式で記せ。

問2　ケイ素 Si の単位格子中に含まれる原子の数を記せ。

問3　ケイ素 Si の単位格子の一辺の長さを L とすると，ケイ素 Si の原子半径はどのように表されるか L を用いて記せ。ただし，図に示した単位格子に完全に含まれるケイ素原子は淡く示した 4 つのケイ素 Si と接しているものとする。平方根を表す根号($\sqrt{}$)はそのままでよい。

〔宮崎大〕

9. 塩化ナトリウムの結晶

次の □ に適切なものを一つ各解答群から選べ。(Na＝23.0, Cl＝35.5, N_A＝6.02×10²³/mol)

図は塩化ナトリウムの単位格子である。Cl⁻ のみに注目すると □ ア □ と同じ配置をとっている。Na⁺ のみに注目した場合も同様である。図の単位格子中には Na⁺ と Cl⁻ はそれぞれ □ イ □ 個含まれている。この単位格子の体積は 0.18nm³ である。塩化ナトリウムの結晶の密度は □ ウ □ g/cm³ と求められる。

Na⁺ Cl⁻

アの解答群　(0) 単純立方格子　　(1) 体心立方格子　　(2) 面心立方格子

イの解答群　(0) 8　　(1) 1　　(2) 2　　(3) 3　　(4) 4　　(5) 5　　(6) 6　　(7) 7

ウの解答群　(0) 1.1　　(1) 2.2　　(2) 4.0　　(3) 7.8　　(4) 14　　　　　〔金沢工大〕

10. 過不足のある反応

二枚貝の貝殻は，炭酸カルシウム $CaCO_3$(式量 100)を主成分として含んでいる。$CaCO_3$ は塩酸と反応して二酸化炭素 CO_2 を発生する。このときの反応は次の式(1)で表される。

$$CaCO_3 + 2HCl \longrightarrow CaCl_2 + H_2O + CO_2 \qquad \cdots (1)$$

貝殻に含まれる $CaCO_3$ の含有率(質量パーセント)を知る目的で，濃度 c(mol/L)の塩酸 50mL に貝殻の粉末を 2.0g ずつ加えて十分に反応させ，発生した CO_2 の物質量を調べた。図は実験結果をまとめたものである。後の問い(a・b)に答えよ。ただし，貝殻に含まれる $CaCO_3$ 以外の成分は塩酸とは反応せず，発生した CO_2 の水溶液への溶解は無視できるものとする。

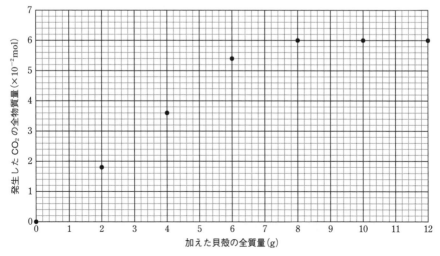

a この実験で用いた塩酸の濃度 c は何 mol/L か。最も適当な数値を選べ。

   ① 0.060   ② 0.12   ③ 0.24   ④ 0.60   ⑤ 1.2   ⑥ 2.4

b この実験で用いた貝殻に含まれる $CaCO_3$ の含有率（質量パーセント）は何％か。最も適当な数値を選べ。

   ① 40   ② 45   ③ 80   ④ 86   ⑤ 90

〔共通テスト 化学基礎（追試験）〕

B 11. イオンの半径と結晶構造 思考

イオン結晶では，陽イオンと陰イオンが静電気力（クーロン力）によるイオン結合を形成しており，中性の分子からできている結晶にくらべて，一般にかたく融点が高い。イオン結晶の安定性は，[1] 陽イオンと陰イオンはできるだけ多く接する，[2] 陽イオンどうし，陰イオンどうしは接しない，の二つの条件で決まる。陽イオンの半径がより小さいイオン結晶では，陽イオンと陰イオンの引力よりも，陰イオンどうしの反発力が大きくなって，結晶は不安定になる。その場合，配位数のより小さい別の結晶構造をとる。このように，安定な結晶構造は，陽イオンと陰イオンの半径比で決まる。

問 下線部について，塩化セシウム CsCl 型と塩化ナトリウム NaCl 型の結晶（図）での陽イオンの半径 r_+ と陰イオンの半径 r_- との比 r_+/r_- を考える。$r_+ < r_-$ の場合について(i)〜(iii)の問いに答えよ。($\sqrt{2} = 1.41$, $\sqrt{3} = 1.73$)

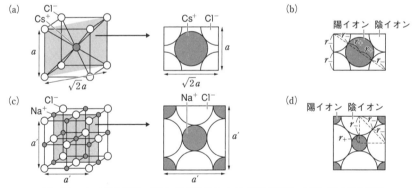

図 (a)CsCl の単位格子 (b)CsCl 型結晶のイオン半径の関係 (c)NaCl の単位格子 (d)NaCl 型結晶のイオン半径の関係 a と a' はそれぞれ単位格子の一辺の長さを表す。

(i) CsCl 型の結晶で，半径 r_+ が CsCl（図 a）で見られる値よりも小さくなり，ちょうど陰イオンどうしが接した場合（図 b）の比 r_+/r_- を X(CsCl 型)とする。X(CsCl 型)の値を答えよ。

(ii) NaCl 型の結晶で，半径 r_+ が NaCl（図 c）で見られる値よりも小さくなり，ちょうど陰イオンどうしが接した場合（図 d）の比 r_+/r_- を X(NaCl 型)とする。X(NaCl 型)の値を答えよ。

(iii) 次の文中の $\boxed{A}$ 〜 $\boxed{F}$ にそれぞれ当てはまる数値を記せ。また，$\boxed{あ}$ 〜 $\boxed{え}$ には，CsCl と NaCl のいずれかを記せ。

CsCl 型の結晶では，陽イオンと陰イオンはそれぞれ，単位格子に A 個ずつ含まれ，陽イオンと陰イオンの配位数はいずれも B である。NaCl 型の結晶では，単位格子中の陽イオンと陰イオンの数はそれぞれ C 個ずつであり，配位数は D である。これら二つの結晶構造をくらべると，半径比が $X($ あ 型$)<r_+/r_-<1$ の範囲では，配位数が E の い 型が安定である。半径比が $X($ う 型$)<r_+/r_-<X($ あ 型$)$ の範囲では，配位数が F の え 型が安定である。$r_+/r_-<X($ う 型$)$ の範囲では， F より小さい配位数をもつ別の結晶構造が安定になる。　　　　〔大阪公大 改〕

12. 水素吸蔵合金　思考

　水素を金属に接触させると，水素分子の結合が切れて水素原子として金属の結晶内に取り込まれることがある。結晶構造が面心立方格子である金属 M に水素を接触させたところ，単位格子のすべての辺の中点と単位格子の中心にそれぞれ水素原子が取り込まれたとする。$(N_A=6.00\times10^{23}/\text{mol})$

(i) 金属 M の単位格子中に取り込まれる水素原子の個数を求めよ。ただし原子はすべて球形とみなしてよい。

(ii) 10 mol の水素を取り込むために少なくとも必要な金属 M の体積〔cm³〕を有効数字2桁で求めよ。ただし単位格子一辺の長さを 4.0×10^{-8} cm とし，水素原子が取り込まれても金属 M の単位格子一辺の長さは変化しないとする。　　　　〔同志社大〕

13. アボガドロ定数

　アボガドロ定数を求めるために次のような実験を行った。この実験について以下の問いに答えよ。(c)と(e)については有効数字2桁で答えよ。(Na=23.0, Cl=35.5)

実験　塩化ナトリウム（食塩）5.85 g を空のメスシリンダーの中に入れた。このメスシリンダーに飽和食塩水 100.0 cm³ を加えてよくかくはんした。その後，メスシリンダーで食塩と飽和食塩水の体積の和を測ったところ 102.7 cm³ だった。すべての操作は 25℃ で行った。

記述 (a) この実験で使う食塩水は飽和水溶液である必要がある。その理由を書け。

記述 (b) 食塩 60 g を使って食塩の飽和水溶液 100.0 cm³ を作りたい。どのようにして作ればよいかを書け。ただし，ビーカー，メスシリンダー，ろうと，ろ紙を必ず使うこと。25℃ の水 100 cm³ に溶ける食塩の質量は最大で 36 g とする。溶解度以上の量の食塩が水に溶けることは考えなくてよい。

(c) 塩化ナトリウムの単位格子は1辺が 5.6×10^{-8} cm の立方体である。この単位格子の体積を求めよ。

(d) 塩化ナトリウムの単位格子の中に入っているナトリウムイオンと塩化物イオンの個数をそれぞれ答えよ。

(e) この実験の結果を使ってアボガドロ定数を求めよ。　　　　〔学習院大〕

2 物質の状態

A 14. 状態変化

物質は，一般に固体，液体，気体のいずれかの状態で存在している。温度や圧力により物質の状態が変化することを状態変化という。そのうち，固体から液体への変化を（ ① ），その逆の変化を（ ② ），液体から気体への変化を（ ③ ），その逆の変化を（ ④ ）という。また，固体から直接気体になる変化を（ ⑤ ）という。物質が温度・圧力の変化によってどのような状態をとるかを示した図を状態図と呼ぶ。

水を適当な量だけ真空にした密閉容器に入れて一定温度で放置すると，水が（ ③ ）して上部空間に水蒸気が存在するようになり，十分な時間を経ると見かけ上（ ③ ）も（ ④ ）も起こっていない飽和状態になる。この状態を気液平衡といい，そのときの上部空間の圧力を飽和蒸気圧という。液体の飽和蒸気圧と（ ⑥ ）が等しくなったとき，（ ⑦ ）と呼ばれる現象が起こり，そのときの温度を（ ⑧ ）という。<u>一端を閉じた長いガラス管に水銀を満たし，水銀の入った容器中で倒立させると，ガラス管上部に真空部分ができるとともに，（ ⑥ ）と水銀柱による圧力が等しくなる。</u>（ ⑥ ）の海水面での平均値は 1.013×10^5 Pa であり，この圧力のとき水銀柱の高さは容器の水銀面から 760 mm となる。このことから（ ⑥ ）は 760 mmHg とも表される。

(ア) （ ）に当てはまる語句を記せ。

(イ) 図は水の状態図である。次の問(i), (ii)に答えよ。

　(i) A，B，C に当てはまる状態を記せ。

　(ii) 点Dおよび点Eをそれぞれ何というか。答えよ。

(ウ) 27℃ で下線部の真空中に少量のジエチルエーテルを注入していき，水銀上部に液体のジエチルエーテルが生じたとき，水銀柱の高さは 760 mm から 182 mm になった。ジエチルエーテルの 27℃ での蒸気圧は何 Pa か。有効数字 2 桁で答えよ。ただし，水銀の蒸気圧は無視できるものとする。

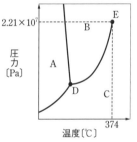

図　水の状態図

〔日本女子大 改〕

15. 蒸気圧・気体

以下の問いに答えよ。なお，有効数字 2 桁とし，また，27℃ の水の飽和蒸気圧は 4.0×10^3 Pa，気体は理想気体としてふるまうものとする。

($H = 1.0$, $O = 16$, $R = 8.3 \times 10^3$ Pa·L/(mol·K))

(1) 一定圧力のもとで液体を加熱すると，温度が高くなるにつれて蒸気圧の値が大きくなる。蒸気圧が外圧に等しくなると，液面ばかりでなく，液体内部からも激しく蒸発が起こるようになる。この現象の名称(A)を答えよ。また，1.013×10^5 Pa の大気圧のもとで，水，ジエチルエーテルおよびエタノールのうち，最も低温で上記の(A)の現象が起こる物質(B)を答えよ。

(2) シリンダーとピストンからなる密閉容器の内部を真空にした。そこへ少量の液体を入れ，一定温度下でピストンをゆっくり動かすことにより容器内の体積を減少させ

た。このとき，容器内の液体の蒸気圧は増加するか，減少するか，あるいは一定であるか，答えよ。

(3) (2)と同様の操作により，水 3.6 g をシリンダーとピストンからなる真空の密閉容器に入れ，ピストンを固定して体積を 8.3 L，温度を 27℃ に保った。液体の体積は無視できるものとする。このとき，液体として存在している水の質量を求めよ。

(4) (3)において，ピストンを動かして，27℃ のまま体積を 166 L にした。このときの容器内の圧力を求めよ。

(5) 水に溶けない未知気体を水上置換で捕集したところ，27℃，1.04×10^5 Pa で 150 mL の体積として捕集され，その質量は 0.35 g であった。未知気体の分圧(A)を求めよ。また，分圧(A)を用いて，未知気体の分子量(B)を算出せよ。　　〔佐賀大 改〕

16. 蒸気圧曲線

次の文章を読み，問いに答えよ。数値で答える問題は有効数字 2 桁で答えよ。ただし，図 1 はエタノールと水の蒸気圧曲線，図 2 はその拡大図である。大気圧は 100 kPa とする。

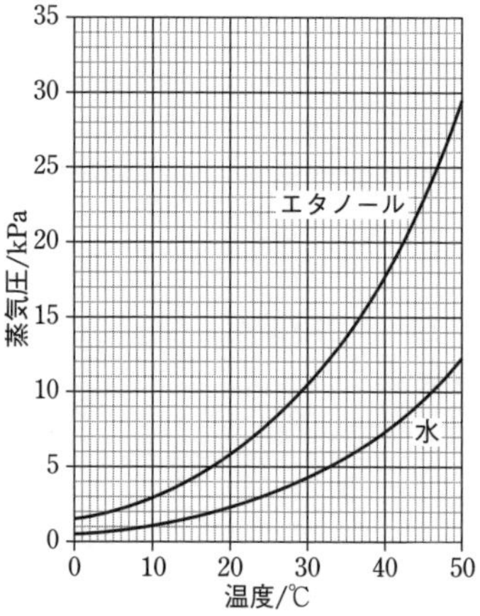

図1

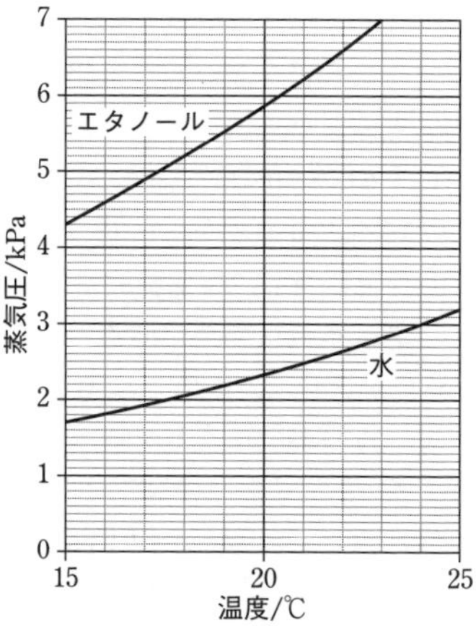

図2

図 3 はU字になったガラス管で，中に水銀が入っている。管の片側を大気圧に開放したまま，管の反対側を真空ポンプに接続して排気すると 760 mm の液面差が生じた。

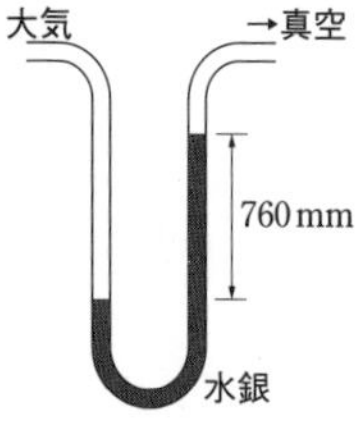

図3

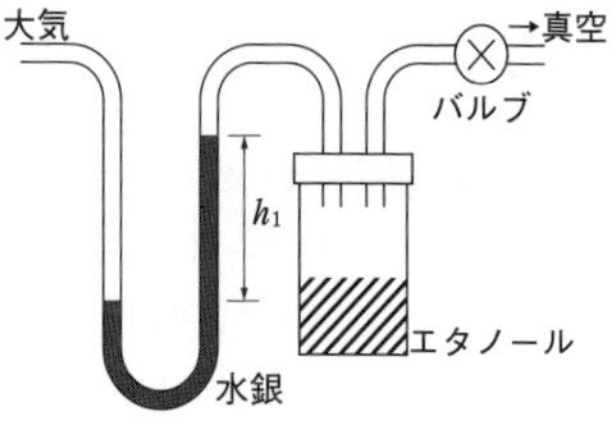

図4

(a) 温度 21℃ におけるエタノールと水の蒸気圧を図 2 から読み取って答えよ。

(b) 温度 21℃ において，水銀の入ったU字管と液体エタノールの入った耐圧容器を図 4 のように接続した。真空ポンプで排気を行いながらバルブを開け，十分な時間がたった後バルブを閉めた。このとき容器内に液体エタノールは残っていた。バルブを閉めた後の液面差 h_1 を求めよ。左側の液面が高い場合は，液面差に負号をつけて答えよ。

(c) 温度 21℃ において，水銀の入ったU字管と水または液体エタノールの入った耐圧容器を図5のように接続した。真空ポンプで排気を行いながら2つのバルブを開け，十分な時間がたった後2つのバルブを閉めた。この

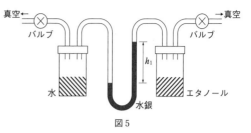

図5

とき容器内に水または液体エタノールは残っていた。バルブを閉めた後の液面差 h_2 を求めよ。左側の液面が高い場合は，液面差に負号をつけて答えよ。

(d) (c)の実験を行った後，全体の温度を変化させたところ，液面差の絶対値が 76mm となった。このときの温度を答えよ。　　　〔学習院大〕

17. 気体の状態方程式

　次の文章の（　）に最も適するものを，A群，B群，C群，D群からそれぞれ一つずつ選べ。なお，ここで「気体」とはすべて理想気体を指すものとする。

　密閉容器の中に入れた一定物質量の気体について，圧力 P が一定のとき，気体の体積 V は絶対温度 T が 1K 上下するごとに，0℃ における体積 V_0 の $\dfrac{1}{273}$ 倍ずつ増減する。これを（ A ）の法則という。一方，密閉容器の中に入れた一定物質量の気体について，温度 T が一定のとき，気体の体積 V は圧力 P に反比例する。以上を1つにまとめると，一定物質量の気体の体積 V は，圧力 P に反比例し，絶対温度 T に比例することになる。これをボイル・シャルルの法則と呼ぶ。ここで，標準状態での気体各量の関係から気体定数 R を求めつつ，物質量 n(mol) の気体が占める体積は 1.00mol あたりの体積の n 倍となることも考慮すると，理想気体の状態方程式 $PV=nRT$ が得られる。

　標準状態($P=1.013\times10^5$Pa，$T=273$K)では $n=1.00$mol の気体の体積は 22.4L を占める。$n=1.00$mol の気体について，状態方程式を変形したうえで，標準状態の各量 $P=1.013\times10^5$Pa，$T=273$K，$V=22.4$L を代入すると，$R=PV/(nT)$ $=(1.013\times10^5$Pa$\times22.4$L$)/(1.00$mol$\times273$K$)=8.31\times10^3$Pa·L/(K·mol) となる。体積の単位として m^3 を用いれば，1.00mol の気体は，標準状態では $22.4\times10^{(B)}$m^3 の体積を占めるので，$R=8.31$Pa·m^3/(K·mol)$=8.31$J/(K·mol) となる。気圧の単位として atm を用いれば，標準状態での気圧は 1.00atm であるから，$R=8.21\times10^{-2}$L·atm/(K·mol) となる。状態方程式に代入する各量の単位が異なると，気体定数 R の値と単位の組み合わせも違うものとなる。

　気体成分の物質量 n を分子数 N とアボガドロ定数 $N_A(=6.02\times10^{23}$/mol) によって表現すれば，状態方程式は次のように書き直すことができる。

　　$PV=nRT=(N/N_A)RT=NkT$

気体定数 R の代わりとなる比例定数は $k=($ C $)\times10^{(D)}$J/K となる（k はボルツマン定数と呼ばれる）。

A群：① ボイル　　② シャルル

B群：③ −6　　　④ −3　　　⑤ 0　　　⑥ 3　　　⑦ 6

C群：⑧ 0.72　　⑨ 1.4　　　⑩ 8.3

D群：⑪ −26　　⑫ −23　　⑬ −20　　⑭ 20　　⑮ 23　　⑯ 26　　〔早稲田大〕

18. 混合気体の圧力

　次の文章を読み，(1)〜(5)の問いに答えよ。気体はすべて理想気体としてふるまうものとせよ。数値での解答は，有効数字2桁で示せ。また，気体1molは27℃，$1.0×10^5$ Pa で25Lの体積を占めるものとせよ。(H=1.0, C=12, N=14, O=16)

　容積が変化しない容器A(内容積6.0L)とB(内容積
3.0L)が，容積の無視できるコックで連結されている(図)。
容器A，Bそれぞれに気体を導入し，【実験1】を行った。

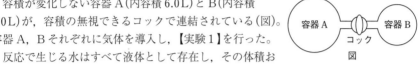

　反応で生じる水はすべて液体として存在し，その体積および蒸気圧は無視できるものとする。また，二酸化炭素は水に溶解しないものとし，圧力はすべて27℃での値とする。

【実験1】　容器Aに1.5gの水素，容器Bに7.0gの窒素を導入した。その後，コックを開けて十分長い時間27℃に保った。

(1)　コックを開ける前の容器Aの圧力は，容器Bの圧力の何倍か。

(2)　コック開放後，容器内に含まれているすべての気体分子の数に対する，水素分子の割合は何%か。

(3)　コック開放後の全圧は何Paか。

(4)　コック開放後の水素の分圧は何Paか。

(5)　混合気体の平均分子量はいくらか。　　　　　　　　　　　　〔大阪工大 改〕

19. 混合気体の燃焼

　体積比が6対7のメタンとエタンの混合気体にアルゴンを加えて希釈し，さらに酸素100Lを加えて468Lとした。これを反応させたところ，全体積は409Lになった。反応後に存在する物質を調べたところ，アルゴン，二酸化炭素，酸素，そして水(液体)のみであった。次に二酸化炭素を除去したところ，体積は369Lとなった。ただし，各気体の体積測定は標準状態($0℃$，$1.013×10^5$ Pa，モル体積22.4L/mol)のもとで行われたものとする。また，水蒸気圧は無視できるものとし，水への気体の溶解はないものとする。

(i)　はじめにあったエタンの物質量〔mol〕を有効数字二桁で答えよ。

(ii)　加えたアルゴンの体積〔L〕を有効数字三桁で答えよ。

(iii)　下線部の気体中の酸素を消失させるために，プロパンを加えて燃焼させることにした。なお，燃焼後，プロパンは二酸化炭素と水に変化し，気体中には酸素とプロパンのいずれも残っていないものとする。必要となるプロパンの標準状態における体積〔L〕を有効数字二桁で答えよ。　　　　　　　　　　　　〔大阪公大〕

20. プロパンの除去法

次の文の □ に入るものを 解答群 から選べ。また，( )には必要なら四捨五入して有効数字2桁の数値を答えよ。なお，すべての気体に理想気体の状態方程式が成り立つものとする。($R = 8.31 \times 10^3 \, \text{Pa·L/(K·mol)}$)

有機化合物や無機化合物の反応では，反応を促進するためしばしば触媒が使用される。触媒は，□(1)□ を下げることで反応速度を大きくしている。触媒は，エチレンからのジクロロエタン合成やベンゼンからのシクロヘキサン合成などに使用されるほか，ガソリン自動車の排ガスに含まれる希薄な有害成分である □(2)□ や未燃焼炭化水素の除去にも使用されている。

いま，希薄なプロパン C_3H_8 を完全除去するために，図に示すような触媒を充てんした700Kの反応器に，体積百分率で C_3H_8 2.0%，酸素 O_2 20.0%，窒素 N_2 78.0%の混合気体を，温度700K，全圧 $1.00 \times 10^5 \, \text{Pa}$，流量5.0L/minで供給した。1分間に供給されている C_3H_8 の物質量は ((3))mol である。反応器内の触媒によってすべての C_3H_8 が次の①式に従って反応したとすると，700Kの反応器出口での二酸化炭素 CO_2 の体積百分率は ((4))%，$1.00 \times 10^5 \, \text{Pa}$ での混合気体の流量は ((5))L/min となる。

$$C_3H_8(気) + 5O_2(気) \longrightarrow 3CO_2(気) + 4H_2O(気) \qquad \cdots ①$$

反応器出口の気体を300Kに冷却し，H_2O 除去装置で H_2O のみを完全に除去すると，混合気体の流量は300K，$1.00 \times 10^5 \, \text{Pa}$ で ((6))L/min となる。

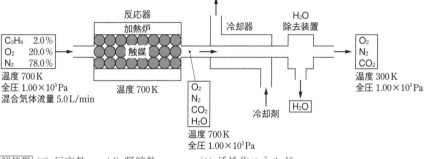

解答群 (ア) 反応熱　　(イ) 凝縮熱　　　(ウ) 活性化エネルギー
　　　　(エ) オゾン　　(オ) 二酸化窒素　　(カ) 二酸化炭素　　　　　　　〔関西大〕

21. 凝固点降下

次の文章を読み，問1から問3に答えよ。(H=1.0, O=16.0, Cl=35.5, Ca=40.0)

純物質の状態は，温度と圧力で決まる。ある温度と圧力において，物質がどのような状態をとるかを示した図は状態図とよばれる。水と二酸化炭素の状態図は，3本の曲線によって3つの領域に分けられ，それぞれが固体，液体，気体のいずれかの状態を表す。3本の曲線の交点は □ ア □ とよばれ，そこでは，固体，液体，気体の3つが共存する。3本の曲線のうち，液体と気体を分ける曲線は，ある温度と圧力の点で途切れる。この点は □ イ □ とよばれ，それ以上の温度と圧力では，物質は気体とも液体とも区別がつか

ない中間的な性質をもつ状態となる。この状態の物質は $\boxed{\text{ウ}}$ とよばれる。

　ここで，物質の状態(固体，液体，気体)のうち，液体に着目する。純粋な液体(純溶媒)に，塩化ナトリウムやグルコースのような不揮発性物質を溶かすと，溶液の凝固点は純溶媒の凝固点よりも低くなることが知られている。①この性質は凝固点降下とよばれ，自動車エンジンの冷却水用の不凍液や道路の凍結防止剤などに利用されている。

問1　$\boxed{}$ に入る語句を書け。

問2　水と二酸化炭素の状態変化について，次の記述のうち正しいものをすべて選べ。

　　(a) 水に加わる圧力が，大気圧(1.013×10^5 Pa)よりも小さいと，水は100℃より低い温度で沸騰し，逆に，大気圧よりも大きいと，水は100℃より高い温度で沸騰する。

　　(b) 二酸化炭素は大気圧(1.013×10^5 Pa)のもとで昇華するが，水はそれに加わる圧力がどのような値でも昇華しない。

　　(c) ある温度および圧力で，水は固体(氷)であるとする。この状態から，温度を一定に保ち圧力を上げていった場合，いずれの温度でも，固体は別の状態に変化することはない。

　　(d) ある温度および圧力で，二酸化炭素は固体であるとする。この状態から，温度を一定に保ち圧力を上げていった場合，いずれの温度でも，固体は別の状態に変化することはない。

問3　下線部①であげた凍結防止剤として利用されている代表的な物質は，塩化カルシウム $CaCl_2$ である。水100gに塩化カルシウム1.11gを溶かして塩化カルシウム水溶液をつくり，25℃からゆっくりと冷却すると，0℃より低い温度で凝固が始まった。このとき，純水な水が凝固する場合と異なり，混合物の温度が徐々に下がり続けた。この凝固過程では，氷と水溶液が共存しており，ある時点において生じている氷の質量は28gであった。このときの水溶液の温度〔℃〕を計算し，その数値を有効数字2桁で書け。ただし，この時点までの凝固過程において，水のモル凝固点降下は1.85 K·kg/molで一定とする。また，塩化カルシウムは水溶液中で完全に電離しているとし，氷の中には存在しないとする。　　〔東北大 改〕

22. 浸透圧

　水素原子には，同位体として軽水素 ($^1_1$H(H)) と重水素 ($^2_1$H(D)) が存在する。ここで，H_2O と D_2O だけを通す半透膜とU字管を用いて，実験1および実験2を行った。

(実験1)

　半透膜の一方に H_2O を，他方に H_2O を用いて調製した 1.00×10^{-3} mol/L の塩化カリウム溶液を，それぞれ等しい容量加え，27℃でしばらく放置した。このとき，塩化カリウム溶液側の液面が，H_2O 側の液面よりも A cm だけ高い位置に達して平衡となった。

(実験2)

　半透膜の一方に D_2O を，他方に D_2O を用いて調製した 1.00×10^{-3} mol/L の塩化カリウム溶液を，それぞれ等しい容量加え，27℃でしばらく放置した。このとき，塩化カリ

ウム溶液側の液面が，D_2O 側の液面よりも B cm だけ高い位置に達して平衡となった。（$R=8.31\times10^3\,\mathrm{Pa\cdot L/(K\cdot mol)}$）

問1 実験2において，D_2O を用いて調製した $1.00\times10^{-3}\,\mathrm{mol/L}$ の塩化カリウム溶液の浸透圧〔Pa〕を求めよ。ただし，塩化カリウムは完全に電離しているものとする。有効数字3桁で記せ。

記述 問2 液面の変化分 A cm と B cm の関係を⑦〜⑨のうちから1つ選べ。また，その理由を「比例」または「反比例」という語句を用いて簡潔に説明せよ。ただし，H_2O と D_2O の構造の違いは無視できるものとする。

⑦ A＝B　　④ A＞B　　⑨ A＜B　　　　　　　　〔名古屋市大〕

23. ファントホッフの法則

「ファントホッフの法則を用いると，浸透圧や溶質の分子量を決定することができる。」に関する次の問い (a・b) に答えよ。

a 浸透圧 Π に関するファントホッフの法則は，次の式(1)のように表すことができる。

$$\Pi=\frac{C_W RT}{M} \qquad\cdots(1)$$

ここで，C_W は質量濃度とよばれ，溶質の質量 w，溶液の体積 V を用いて

$C_W=\dfrac{w}{V}$ で定義される。また，R は気体定数，T は絶対温度，M は溶質のモル質量

である。式(1)はスクロースなどの比較的低分子量の非電解質の M の決定に広く用いられている。

300 K，$C_W=0.342\,\mathrm{g/L}$ のスクロース（分子量 342）水溶液の Π は何 Pa か。有効数字2桁の次の形式で表すとき，□ に当てはまる数字を，後の①〜⓪のうちから一つずつ選べ。ただし，同じものを繰り返し選んでもよい。（$R=8.31\times10^3\,\mathrm{Pa\cdot L/(K\cdot mol)}$）

□1 . □2 ×10^{□3} Pa

① 1　② 2　③ 3　④ 4　⑤ 5
⑥ 6　⑦ 7　⑧ 8　⑨ 9　⓪ 0

b 高分子の溶液では，式(1)は質量濃度 C_W が小さいときにしか適用できないが，次の式(2)は C_W が大きくても適用できる。

$$\Pi=C_W RT\left(\frac{1}{M'}+AC_W\right)\ \cdots(2)$$

ここで，M' は非電解質の高分子の平均分子量であり，A は高分子間および高分子と溶媒との間の相互作用の大きさに関係する定数である。

式(2)を変形すると次の式(3)に

表　高分子の質量濃度 C_W と浸透圧 Π および $\dfrac{\Pi}{C_W RT}$

$C_W(\mathrm{g/L})$	$\Pi(\mathrm{Pa})$	$\dfrac{\Pi}{C_W RT}(\times10^{-5}\,\mathrm{mol/g})$
1.65	60.0	1.46
2.97	114	1.54
4.80	196	1.64
7.66	345	1.81

なり，M' を求めることができる。

$$\frac{\Pi}{C_\mathrm{W}RT} = \frac{1}{M'} + AC_\mathrm{W} \qquad \cdots(3)$$

C_W が 0 に近づくと Π も $C_\mathrm{W}RT$ も 0 に近づくが，式(3)が示すように，その比 $\dfrac{\Pi}{C_\mathrm{W}RT}$ は $\dfrac{1}{M'}$ に近づくことを利用する。具体的には，C_W が異なるいくつかの試料を調製し，それぞれに対して Π を測定する。得られた結果を用いて C_W を横軸に，$\dfrac{\Pi}{C_\mathrm{W}RT}$ を縦軸にとってグラフに表すと，$C_\mathrm{W}=0$ での切片から M' を求めることができる。

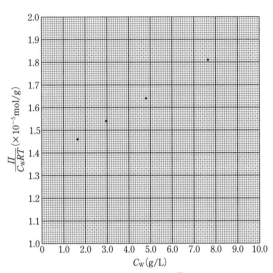

図　高分子の質量濃度 C_W と $\dfrac{\Pi}{C_\mathrm{W}RT}$ の関係

300 K で，ある非電解質の高分子の質量濃度 C_W を変化させて Π を測定し，$\dfrac{\Pi}{C_\mathrm{W}RT}$ を求めると表のようになった。表の値を方眼紙に記入すると，図のようになる。この高分子の M' はいくらか。最も適当な数値を，後の①～⑤のうちから一つ選べ。

① 5.5×10^4　② 6.1×10^4　③ 6.5×10^4　④ 6.8×10^4　⑤ 7.3×10^4

〔共通テスト　化学(追試験)〕

B 24. 気液平衡 思考

図に示すような，一定温度 T〔K〕に保たれた，ピストンのついた容器がある。容器には，コックを通じて注射器がつながっている。容器には，窒素および 1-プロパノール C_3H_8O が入っている。はじめ，容器内の圧力は P_A〔Pa〕に保たれており，1-プロパノールは気液平衡状態にある（状態A）。ここで，状態Aにおける容器内の混合気体中の窒素の物質量を n_N〔mol〕，1-プロパノール蒸気の物質量を n_P〔mol〕とし，温度 T〔K〕における 1-プロパノールの蒸気圧を P_P〔Pa〕とする。この状態Aの容器に対して，次の実験(i)，(ii)をそれぞれ行った。ただし，実験(ii)の操作中を除いてコックは閉じられており，容器内の気体は理想気体としてふるまうものとする。

実験(i)　容器内の圧力が P_B〔Pa〕$(P_\mathrm{B} > P_\mathrm{A})$ となるまでピストンをゆっくり動かして，圧力 P_B〔Pa〕での平衡状態にした（状態B）。すると，1-プロパノールに溶解する窒素の物質量が増加した。

実験(ii) 容器内の圧力が P_A 〔Pa〕のもとで,注射器から容器内に不揮発性物質を注入し,すべて 1-プロパノールに溶解させて新しい平衡状態にした(状態C)。すると,容器内の 1-プロパノールの蒸気圧が低下した。

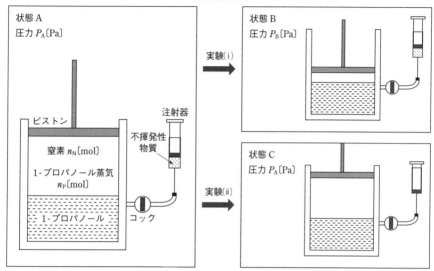

図 実験に用いた装置と実験(i), (ii)の概略図

問1 状態Aに関する次の問(a)〜(c)に答えよ。

(a) 分圧と物質量の関係を考えることにより,容器内の窒素の分圧 P_N を P_A, n_N, および n_P を用いて表せ。

(b) n_P を n_N, P_A, および P_P を用いて表せ。

(c) 容器内の混合気体の体積 V〔L〕を,n_N, P_A, P_P, T, および気体定数 R〔Pa・L/(K・mol)〕を用いて表せ。

問2 状態Aにおける混合気体中の窒素のモル分率 $\dfrac{n_N}{n_N+n_P}$ を x_A, 状態Bにおける混合気体中の窒素のモル分率を x_B としたとき,$\dfrac{x_B}{x_A}$ を P_A, P_B, および P_P を用いて表せ。

問3 実験(i)に関する次の文を読んで,問(a)〜(c)に答えよ。ただし,$P_A=1.00\times10^5$ Pa,$P_B=4.00\times10^5$ Pa,$P_P=2.50\times10^4$ Pa とする。

実験(i)で観察されたように,一般に気体は圧力が高くなるほど液体によく溶解する。気体の溶解度が低く,気体と液体が反応しない場合,一定温度のもとでの気体の溶解度は,その気体の分圧に比例する。

(a) 下線部の関係を何とよぶか。その名称を書け。

(b) 状態Aにおける容器内の窒素の分圧 P_N〔Pa〕を有効数字2桁で答えよ。

(c) 状態Bのとき，1-プロパノール1kgあたりに溶解していた窒素は2.5×10⁻²molであった。下線部の関係が成立するとき，状態Aにおいて1-プロパノール1kgあたりに溶解していた窒素は何molか。有効数字2桁で答えよ。

問4 実験(ii)に関する次の文を読んで，問いに答えよ。(H=1.0, C=12, O=16)

　　状態Aおよび状態Cにおいて，容器内で液体の1-プロパノールの質量は288gであり，実験(ii)で加えた不揮発性物質の質量は18.4gであった。このとき，1-プロパノールの蒸気圧 P_P は，$2.50×10^4$ Pa(状態A)から $2.40×10^4$ Pa(状態C)に変化した。

　　一般に，揮発性の溶媒 n_S 〔mol〕に少量の不揮発性物質 n 〔mol〕を溶解させると，蒸気圧が低下する。この現象を蒸気圧降下とよび，このとき溶液の蒸気圧 P_S は，純溶媒の蒸気圧 P_0 と，溶液中における溶媒のモル分率 $x_S = \dfrac{n_S}{n_S + n}$ を用いて，$P_S = x_S P_0$ と表される。この関係をラウールの法則とよぶ。

(a) 容器内で液体の1-プロパノールの物質量は何molか。有効数字2桁で答えよ。

(b) 状態Cでの溶液中における溶媒(1-プロパノール)のモル分率 x_S を有効数字2桁で答えよ。ただし，1-プロパノールに溶解する窒素の物質量は無視せよ。

(c) ラウールの法則が成立するものとして，問(b)で求めた x_S を用いて，加えた不揮発性物質の分子量を求めよ。有効数字2桁で答えよ。　　　　〔京都工繊大〕

25. 希薄溶液の性質

　溶質の濃度が極めて低い溶液を希薄溶液という。希薄溶液の性質を利用して不揮発性物質の分子量を求める方法のうち，以下の方法1と2を検討する。

方法1 〈沸点を利用する方法〉

　　希薄溶液と純溶媒の沸点の差 ΔT 〔K〕は，溶質の種類に関係なく，溶液の ☐ア☐ 濃度に比例することを利用する。

方法2 〈浸透圧を利用する方法〉

　　希薄溶液の浸透圧 Π 〔Pa〕は，溶液の ☐イ☐ 濃度と絶対温度 T 〔K〕に比例することを利用する。

　希薄溶液に関する次の実験Ⅰ～Ⅲを行った。

実験Ⅰ　ある不揮発性の非電解質 ω 〔g〕を溶媒 W 〔g〕に溶かし，密度 d 〔g/cm³〕の希薄溶液Xを調製した。別の不揮発性の非電解質0.100molを溶媒200gに溶かし，希薄溶液Yを調製した。溶液の調製には，同じ溶媒を用いた。

実験Ⅱ　希薄溶液Xと希薄溶液Yの純溶媒に対する沸点の差 ΔT 〔K〕を測定したところ，それぞれ ΔT_X 〔K〕と ΔT_Y 〔K〕であった。

実験Ⅲ　平均分子量が $1.00×10^4$ の高分子2.00gを溶媒275gに溶かした溶液を調製した。温度27°Cにおける溶液の密度は，1.00g/cm³であった。

問1 ☐ にあてはまる語句を，それぞれ記せ。

問2 実験ⅠとⅡにおいて，希薄溶液Xの溶質の分子量を求める式として，最も適切なものを次の a)～h) から1つ選べ。

a) $\dfrac{10\omega\Delta T_Y}{\Delta T_X}$
b) $\dfrac{10\omega\Delta T_X}{\Delta T_Y}$
c) $\dfrac{50\omega\Delta T_Y}{W\Delta T_X}$
d) $\dfrac{50\omega\Delta T_X}{W\Delta T_Y}$

e) $\dfrac{2000\omega\Delta T_Y}{W\Delta T_X}$
f) $\dfrac{2000\omega\Delta T_X}{W\Delta T_Y}$
g) $\dfrac{2000\omega d\Delta T_Y}{(\omega+W)\Delta T_X}$

h) $\dfrac{2000\omega d\Delta T_X}{(\omega+W)\Delta T_Y}$

問3 実験Ⅲで調製した溶液に方法1を適用したとき，沸点の差 ΔT は何Kか。有効数字2桁で答えよ。ただし，純溶媒の沸点より溶液の沸点が上昇したときは＋の記号を，降下したときは－の記号を数値の前につけること。また，この純溶媒のモル沸点上昇 K_B は 0.520 K·kg/mol とする。

問4 実験Ⅲで調製した溶液に方法2を適用したとき，27℃における浸透圧 Π は何 Pa か。有効数字2桁で答えよ。($R=8.31\times10^3$ Pa·L/(mol·K))

問5 実験室には，測定範囲が 0～199.9℃，測定精度が ±0.1℃ の精密温度計と，測定範囲が 0～5000 Pa，測定精度が ±1 Pa の精密圧力計があった。問3と4の結果から，分子量が約 10000 の高分子の平均分子量を正確に決定する方法とその理由として最も適切なものを，次の a)～d) から1つ選べ。

a) 精密温度計による沸点の差 ΔT の測定は可能であるが，精密圧力計による浸透圧 Π の測定は不可能なため，方法1が適切である。

b) 精密温度計による沸点の差 ΔT の測定は不可能であるが，精密圧力計による浸透圧 Π の測定は可能なため，方法2が適切である。

c) 精密温度計による沸点の差 ΔT の測定と，精密圧力計による浸透圧 Π の測定のどちらも可能なため，方法1と2のいずれも適切である。

d) 精密温度計による沸点の差 ΔT の測定と，精密圧力計による浸透圧 Π の測定のどちらも不可能なため，方法1と2のいずれも不適切である。 〔上智大〕

26. コロイド溶液 思考

次の文章を読み，問ア～カに答えよ。

(H＝1.0，O＝16.0，Fe＝55.8，$R=8.31\times10^3$ Pa·L/(K·mol)，$\pi=3.14$)

コロイド溶液は，粒子の表面状態や大きさに依存したふるまいを示す。水酸化鉄(Ⅲ)粒子を 53.4 g/L の濃度で純水中に分散したコロイド溶液を用いて，以下の2つの実験を行った。なお，粒子は半径のそろった真球であり，実験の過程で溶解しないものとする。また，コロイド溶液の密度は粒子の濃度によらず一定で，純水の密度 1.00 g/cm³ と同じとしてよい。

実験1：粒子表面の電荷は，粒子表面のヒド
　　　　ロキシ基と溶液中のイオンとの可逆
　　　　反応（図1）により，pH に応じて変
　　　　化する。コロイド溶液の pH を3.0
　　　　に調整した。このコロイド溶液を電
　　　　気泳動した結果，粒子は $\boxed{\text{a}}$ 極側

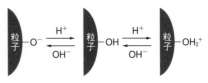

図1　粒子表面のヒドロキシ基とコロイド溶液中
　　　の水素イオン，水酸化物イオンの可逆反応

　　　　へ移動した。また，pH＝3.0 のコロイド溶液に水酸化ナトリウム水溶液を
　　　　徐々に添加していったところ，①ある時点で沈殿を生じた。なお，粒子表面の
　　　　電荷が全体として 0 となる pH（等電点）は，7.0 だった。

実験2：半透膜で仕切られたU字管の左側にコロイド溶液，右側
　　　　に純水をそれぞれ 10.0 mL ずつ入れた。液面の高さの
　　　　変化がなくなるまで待った結果，②左右の液面の高さの
　　　　差 Δh〔cm〕は 1.36 cm となった（図2）。粒子の半径に
　　　　よらず，粒子の組成は $Fe(OH)_3$，③粒子の単位体積当た
　　　　りに含まれる鉄（Ⅲ）イオンの数は 4.00×10^4 mol/m^3 で

図2　実験2の模式図

　　　　あるものとする。これらから，粒子の半径 r_1〔m〕は
　　　　$\boxed{\text{b}}$ m と算出される。なお，この実験では溶液中のイオンの影響は考えなく
　　　　てよいものとし，コロイド溶液および純水の温度を 300 K，U字管の断面積を
　　　　1.00 cm^2，大気圧 1.01×10^5 Pa に相当する水銀柱の高さを 76.0 cm，水銀の密
　　　　度を 13.6 g/cm^3 とする。

〔問〕

[記述] ア　$\boxed{\text{a}}$ にあてはまる語句を答えよ。また，その理由を図1の反応にもとづいて述べ
　　　　よ。

[記述] イ　下線部①に関して，その理由を図1の反応にもとづいて述べよ。

　　　ウ　下線部②に関して，この結果から推定される，液面の高さの変化がなくなった後の
　　　　U字管左側のコロイド溶液中の粒子のモル濃度は何 mol/L か，有効数字 2 桁で答
　　　　えよ。なお，コロイド溶液は希薄溶液であり，粒子 6.02×10^{23} 個を 1 mol とする。

　　　エ　下線部③に関して，粒子の半径を 1.00×10^{-8} m と仮定した場合の，粒子 1 mol あた
　　　　りの質量は何 g か，有効数字 2 桁で答えよ。

[記述] オ　$\boxed{\text{b}}$ にあてはまる値は 1.00×10^{-8} よりも大
　　　　きいか小さいか，理由とともに答えよ。

[記述] カ　実験2と同様の実験を，粒子の質量濃度が同
　　　　じく 53.4 g/L，半径 r が r_1 よりも大きい水
　　　　酸化鉄（Ⅲ）コロイド溶液を用いて行ったと
　　　　する。得られる Δh と r の関係として最も適
　　　　切なものを図3の(1)〜(5)の中から一つ選べ。
　　　　また，その理由を簡潔に述べよ。

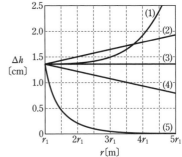

図3　r と Δh の関係

〔東京大〕

3 化学反応とエネルギー

A 27. 水蒸気改質の反応熱

水素はアンモニアやメタノールなどの合成原料として，また次世代のエネルギー源として重要な物質である。水素の工業的製法として，電気分解と水蒸気改質が知られ，多くの場合，水素は水蒸気改質によって製造されている。水蒸気改質では Ni を触媒とし，炭化水素（ナフサやメタンガスなど）を 700℃～900℃ の水蒸気と反応させることにより，水素を得る。このとき，副生成物として二酸化炭素が生成する。メタンガスを例にすると以下の式で表される。

$$CH_4 + H_2O \longrightarrow CO + 3H_2$$
$$CO + H_2O \longrightarrow CO_2 + H_2$$

この方法を用い，標準状態で5.6Lのメタンを反応させた場合，得られる水素の標準状態における体積は ア L である。また，以下の熱化学方程式より1molのメタン（気）を用いた水蒸気改質の反応熱は イ kJ であり，この反応は ウ である。ただし，発生した一酸化炭素はすべて二酸化炭素に変換されるものとする。

$$C(黒鉛) + 2H_2(気) = CH_4(気) + 75\,kJ$$

$$H_2(気) + \frac{1}{2}O_2(気) = H_2O(気) + 242\,kJ$$

$$C(黒鉛) + O_2(気) = CO_2(気) + 394\,kJ$$

ア の解答群 (0) 5.6　(1) 11.2　(2) 22.4　(3) 44.8

イ の解答群 (0) 953　(1) 803　(2) 165　(3) 15　(4) −15　(5) −165

(6) −803　(7) −953

ウ の解答群 (0) 発熱反応　(1) 吸熱反応　　　　　　　　　　〔金沢工大〕

28. 溶解熱・中和熱

硝酸ナトリウムの水への溶解熱を求めるために次の実験を行った。あとの問いに答えよ。(H=1.0, N=14, O=16, Na=23)

室温が 20℃ に保たれている実験室において，ガラス製のビーカーに水を 100g 入れ，水温が 20℃ になるのを確認した。その後，硝酸ナトリウム 17g をビーカー内に入れ，かくはんしながら溶解させた。硝酸ナトリウム投入直後の時間（$t=0$）から，水溶液の温度を一定時間ごとに測定した結果を図に・で示す。かくはんにより硝酸ナトリウムが徐々に溶解していき，溶解熱により温度が下がっていく。完全に溶解した後には，室内の大気から熱を奪って，徐々に温度は上昇していく。図中に記した実線は図の時間領域①の温度変化を近似した直線である。

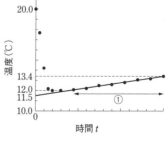

図　水溶液の温度変化

硝酸ナトリウムが水に溶解する熱化学方程式（aq は大量の水を表す）は次式となる。

$NaNO_3 + aq = NaNO_3 aq + Q kJ$

図に示した実験結果をふまえて溶解熱（kJ/mol）を求め，3桁目を四捨五入して有効数字2桁で記せ。なお，1gの水溶液の温度を1K上昇させるのに必要な熱量（比熱容量）を $4.2 J/(g \cdot K)$ とする。　　　　　　　　　　　　　　　　　　　　〔名古屋工大　改〕

29. アルカンの生成熱

炭素数 n が4以上の直鎖状のアルカンでは，図に示すように，炭素数 n が1増えると CH_2 どうしによる C–C 単結合も一つ増える。そのため，気体のアルカンの生成熱や燃焼熱を炭素数 n に対してグラフにすると，n が大きくなると直線になることが知られている。いくつかの直鎖状のアルカンおよび CO_2（気）と H_2O（気）の25℃における生成熱を表に示す。この温度における直鎖状のアルカン C_8H_{18}（気）の燃焼熱は何 kJ/mol か。最も適当な数値を，後の①〜⑤のうちから一つ選べ。ただし，生成する H_2O は気体である。

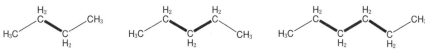

図　直鎖状のアルカンの構造式（太線は CH_2 どうしの C–C 単結合）

① 2.09×10^2

② 4.69×10^3

③ 5.12×10^3

④ 5.15×10^3

⑤ 5.27×10^3

表　直鎖状のアルカン，CO_2，H_2O の生成熱（25℃）

化合物	生成熱（kJ/mol）
C_4H_{10}（気）	126
C_5H_{12}（気）	147
C_6H_{14}（気）	167
C_7H_{16}（気）	188
CO_2（気）	394
H_2O（気）	242

〔共通テスト　化学（追試験）改〕

30. 結合エネルギー

次の文の □ に入るものを 解答群 から選べ。また，（　）には整数値を答えよ。

アセチレン C_2H_2 と水素 H_2 からエチレン C_2H_4 が生成する反応の熱化学方程式は，次の①式で表される。

C_2H_2（気）$+ H_2$（気）$= C_2H_4$（気）$+ Q$〔kJ〕　　　　　　　　　　　…①

C_2H_2 および C_2H_4 の生成熱を，それぞれ $-227 kJ/mol$ および $-53 kJ/mol$ とすると，1mol の C_2H_4 が生成するときの①式の反応熱 Q は（ (1) ）kJ となり，この反応は (2) 反応である。

この反応熱から C_2H_2 の C≡C 三重結合の結合エネルギー x〔kJ/mol〕を考えてみよう。ただし，H–H 結合，C–H 結合および C=C 二重結合の結合エネルギーを，それぞれ

436kJ/mol, 415kJ/mol および 589kJ/mol とし, C_2H_2 と C_2H_4 のすべての C–H 結合の結合エネルギーは同じであるとする。①式の反応物である 1mol の C_2H_2 と 1mol の H_2 の結合エネルギーの総和は, x を用いて 　(3)　〔kJ〕と表される。一方, 生成物である 1mol の C_2H_4 の結合エネルギーの総和は ((4))kJ となる。これらより, C≡C 三重結合の結合エネルギーは ((5))kJ/mol と考えることができる。

解答群　(ア) 発熱　　　(イ) 吸熱
　　　　(ウ) $x+415$　　(エ) $x+830$　　(オ) $x+851$　　(カ) $x+1025$
　　　　(キ) $x+1266$　　(ク) $x+1287$　　(ケ) $x+1681$　　　　　　　〔関西大〕

B 31. グルコースの燃焼熱の利用 （思考）

　一定の圧力 P_1 の下で化合物 M を加熱し, 140K の固体状態(点 A)から 290K の液体状態(点 B)まで状態変化させることを考えた。加熱に必要な熱量はグルコースの燃焼熱を利用することにした。次の問い(i)〜(v)に答えよ。ただし, 圧力 P_1 で化合物 M の融点は 220K であり, 1.00g の化合物 M を融解させるのに必要な熱量は 120J である。また化合物 M の固体の比熱は 2.0J/(g·K), 液体の比熱は 4.0J/(g·K) で, 温度によらず一定であるとする。

(H=1.00, C=12.0, O=16.0)

表　生成熱〔kJ/mol〕

H_2O(液)	H_2O(気)	CO_2(気)	CO(気)	グルコース(固)
286	242	394	111	1274

(i) 10.0g の化合物 M を点 A から点 B まで状態変化させるのに少なくとも必要な熱量〔J〕を整数値で求めよ。

(ii) 時間あたり一定量の熱を化合物 M に加え続け, 点 A から点 B まで状態変化させた時の化合物 M の温度変化の様子を表すグラフとして最も適切なものを, 次の図(a)〜(h)から選び記号で答えよ。

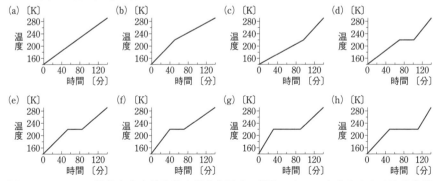

(iii) グルコースの燃焼を表す熱化学方程式を記せ。燃焼によって生成する水は液体状態であるとする。必要であれば表に示す生成熱の値を用いよ。

(iv) グルコースの燃焼熱がすべて, 10.0g の化合物 M の点 A から点 B までの状態変化に利用されるとして,少なくとも必要なグルコースの量〔g〕を有効数字 2 桁で答えよ。

(v) (iv)の計算で得られた量のグルコースを実際に燃焼させて状態変化の実験を行ったところ、すべての固体が液体に変わったが、温度は 240 K までしか上昇しなかった。これは一部のグルコース分子が完全燃焼せず、不完全燃焼を起こしたためである。不完全燃焼を起こしたグルコースは全体の何%か整数値で答えよ。ただし、未反応のグルコースは存在せず、不完全燃焼を起こしたグルコース分子では、グルコース分子の炭素がすべて CO となり、水素はすべて液体状態の水を生成したとする。また、燃焼で生成した熱はすべて化合物 M の状態変化に用いられたものとする。〔同志社大〕

32. 解離エネルギー

1 mol の気体分子内のすべての共有結合を切断するのに必要なエネルギーを解離エネルギーといい、そこから燃焼熱や生成熱を求めることができる。必要に応じて、表に示された各種気体分子の解離エネルギーを用いよ。なお、状態は化学式に続けて(固)、(液)、(気)のように表記する。例えば、気体の一酸化炭素は、CO(気) と表記する。

表　各種気体分子の解離エネルギー

気体分子	解離エネルギー〔kJ/mol〕
H_2	436
O_2	494
H_2O	926
CO	1073
CO_2	1602

問1　1 mol の H_2O(液) の生成や蒸発に関するエネルギー図は、右図のように描かれる。〔ア〕〜〔エ〕にあてはまる化学式および状態を答えよ。また、〔オ〕〜〔キ〕にあてはまる数値を整数で答えよ。

問2　気体の一酸化炭素の生成熱が 111 kJ/mol であるとき、黒鉛の完全燃焼を表す化学反応式と燃焼熱〔kJ/mol〕を答えよ。ただし、数値は整数で示せ。

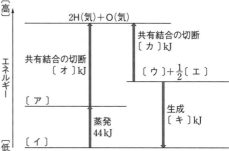

図　1 mol の H_2O(液) の生成や蒸発に関するエネルギー図

〔九州大 改〕

4 反応の速さと化学平衡

A 33. 触媒

次の文章中の □ にあてはまるものを、それぞれの解答群から選べ。ただし、同じものを何度選んでもよい。

　ルミノール反応は，微量の血液を検出するための科学捜査に利用されている。この反応では血液中のヘモグロビンが触媒となって，ルミノールと \boxed{1} が反応して明るい青色を呈する。これはルミノールが \boxed{2} されることによって生じた生成物が，より安定な別の生成物に変化する際に \boxed{3} を放出するためである。触媒とは \boxed{4} ことで反応速度を大きくするような物質である。

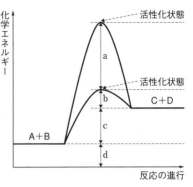

図

　図は A ＋ B ⟶ C ＋ D の反応について，触媒を用いた場合と触媒を用いなかった場合の反応の進行と化学エネルギーを表したものである。触媒を用いなかった場合の活性化エネルギーは \boxed{5} に相当する。触媒を用いた場合の活性化エネルギーは \boxed{6} に相当する。A ＋ B ⟶ C ＋ D の反応が起こるときの反応熱は \boxed{7} に相当し，この反応は \boxed{8} 反応である。一方，C ＋ D ⟶ A ＋ B の反応について，触媒を用いなかった場合の活性化エネルギーは \boxed{9} に相当する。

\boxed{1} に対する解答群　① アンモニア　　② 一酸化炭素　　③ 過酸化水素
　　④ 酸素　　⑤ グルコース　　⑥ 塩化鉄(Ⅲ)
\boxed{2} に対する解答群　① 重合　　② 燃焼　　③ 酸化　　④ 還元
\boxed{3} に対する解答群　① 電子　　② 中性子　　③ 陽子　　④ 光　　⑤ 熱
\boxed{4} に対する解答群　① 反応の前後で自身が変化する　　② 反応熱を変化させる
　　③ 反応物に作用する　　④ 反応温度を上昇させる
\boxed{5} ～ \boxed{7} および \boxed{9} に対する解答群
　　① a　　② b　　③ c　　　④ d　　　⑤ a＋b
　　⑥ b＋c　　⑦ c＋d　　⑧ a＋b＋c　　⑨ b＋c＋d　　⓪ a＋b＋c＋d
\boxed{8} に対する解答群　① 発熱　　② 吸熱

〔近畿大 改〕

34. 分解速度

　容器中で $1.0\,mol/L$ の過酸化水素 H_2O_2 の水溶液 $10\,mL$ に少量の酸化マンガン(Ⅳ) MnO_2 を加え，$27\,℃$ に保ったところ，反応時間の経過とともに H_2O_2 の濃度は下表のようになった。また，分解反応により発生した気体を標準大気

反応時間 t〔min〕	0	1	2	3	4	5
H_2O_2 の濃度 [H_2O_2]〔mol/L〕	1.00	0.91	0.83	0.76	0.69	0.63

圧下で連続的に捕集した。H_2O_2 の分解速度 v は H_2O_2 の濃度 [H_2O_2] に比例するものとする。また，反応前後での水溶液の体積変化はないものとする。
問1　容器中での H_2O_2 の分解反応の化学反応式を記せ。なお，反応水溶液中には H_2O_2 と MnO_2 以外は存在していないものとする。
問2　反応時間 t が $3\,min$ から $4\,min$ までの反応における [H_2O_2]〔mol/L〕の平均値お

およびH$_2$O$_2$の分解速度v〔mol/(L・min)〕から，H$_2$O$_2$の分解反応の反応速度定数
を単位を付けて有効数字2桁で求めよ。

問3 H$_2$O$_2$の濃度が0.50mol/Lになるときの分解速度vの値を問2で求めた反応速度
定数の値を使って有効数字2桁で求めよ。

問4 反応時間tが0minから5minまでの間に捕集された気体の体積〔L〕を有効数字
2桁で求めよ。なお，気体には水蒸気を含み27℃での水の蒸気圧を
3.57×10^{3}Pa，気体定数を8.31×10^{3}Pa・L/(K・mol)，標準大気圧を1.013×10^{5}Pa
とする。また，発生した気体の水への溶解は無視するものとする。

記述 問5 反応液に触媒であるMnO$_2$を添加しなければH$_2$O$_2$の分解速度は極端に小さくな
る。その理由を60字以内で説明せよ。　　　　　　　　　　　　　〔宮崎大〕

35. 酢酸エチルの生成と加水分解反応

　酢酸とエタノールの混合物に少量の濃硫酸を加えて加熱すると酢酸エチルと水が生成
する。逆に酢酸エチルと水に希硫酸を加えると酢酸とエタノールが生成する。このよう
にどちらの向きにも進む反応を　(ア)　反応といい，次の式(1)のように表す。

$$CH_3COOH + HOC_2H_5 \rightleftarrows CH_3COOC_2H_5 + H_2O \qquad \cdots 式(1)$$

　一般に　(ア)　反応における右向きの反応を正反応，左向きの反応を逆反応という。
　酢酸とエタノールを混合しただけ，酢酸エチルと水を混合しただけでは反応はほとん
ど進まない。硫酸は　(イ)　として働く。これにより　(ウ)　エネルギーのより小さい経路
をたどることができるようになる。
　(i)酢酸とエタノールの混合物に濃硫酸を加えた場合も(ii)酢酸エチルと水に希硫酸を加
えた場合も十分に時間が経つと各物質の濃度は一定値に近づき，(iii)見かけ上反応が止ま
った状態になる。このような状態を化学平衡の状態という。

問1 　　　にあてはまる語句を次の(あ)〜(し)から選べ。

　　(あ) 連鎖　　　(い) 可逆　　　(う) 不可逆　　　(え) 律速　　　(お) 触媒

　　(か) 酸化剤　　(き) 還元剤　　(く) 界面活性剤　　(け) 結合　　(こ) 活性化

　　(さ) 運動　　　(し) 格子

問2 式(1)の正反応の速度をv_1，逆反応の速度をv_2とする。下線部(i)，(ii)の混合初期の
状態および下線部(iii)の状態でv_1とv_2の大きさはどのような関係にあるか。次の
(す)〜(ち)から選べ。

　　(す) (i) $v_1 = v_2$　　(ii) $v_1 = v_2$　　(iii) $v_1 > v_2$

　　(せ) (i) $v_1 > v_2$　　(ii) $v_1 < v_2$　　(iii) $v_1 = v_2$

　　(そ) (i) $v_1 = v_2$　　(ii) $v_1 = v_2$　　(iii) $v_1 < v_2$

　　(た) (i) $v_1 < v_2$　　(ii) $v_1 > v_2$　　(iii) $v_1 = v_2$

　　(ち) (i) $v_1 = v_2$　　(ii) $v_1 = v_2$　　(iii) $v_1 = v_2$

問3 酢酸エチルと硫酸水溶液を混合して加水分解反応を起こさせた。図の(A)，(B)，(C)
は，三つの異なる温度で反応を起こさせた場合の酢酸エチルの濃度の時間変化を
示す。時間0分での酢酸エチルの濃度は0.50mol/L，硫酸の濃度は0.40mol/L

である。これに関して(1)〜(3)に答えよ。ただし反応初期の反応速度は酢酸エチルの濃度に比例するものとする。

(1) (C)の場合，酢酸エチルの濃度は時間 10 分で 0.39 mol/L となった。0〜10 分の反応速度〔mol/(L·min)〕を有効数字 2 桁で答えよ。

(2) (A)，(B)，(C)の温度を T_A，T_B，T_C とする。これらの間の関係を次の(つ)〜(な)から選べ。

(つ) $T_A < T_B < T_C$　　(て) $T_A > T_B > T_C$

(と) $T_A < T_B = T_C$　　(な) $T_A > T_B = T_C$

(3) 時間 0 分での酢酸エチルの濃度を 0.65 mol/L，硫酸の濃度を 0.40 mol/L とする。その場合の酢酸エチルの濃度の時間変化を図の(D)に示す。(D)の温度と最も近い温度における濃度の時間変化を(A)，(B)，(C)から選べ。　　　〔北海道大 改〕

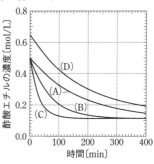

図　酢酸エチルの濃度の時間変化

36. 平衡の移動

化学反応は，分子同士の衝突などにより反応物がエネルギーの高い あ 状態となって化学結合の組み換えが起こり，その後，生成物としてふたたび安定化することで終了する。反応熱とは，化学反応に伴って発生または吸収する熱量のことであり，反応物がもつエネルギーが生成物より大きい場合は い し，逆に小さい場合は う する。結合エネルギーとは，共有結合を切断してばらばらの原子にするのに必要なエネルギーのことであり，結合の切断は え 過程である。 お の法則によると，(a)反応経路が複数ある場合でも，反応熱は経路によらず，反応の前後の状態のみによって定まる。エネルギーの変化に関しては物質の変化と合わせて熱化学方程式で表すことができる。

化学反応は多段階で起こる場合もあり，各段階ひとつひとつの反応を素反応，各段階のうち最も か エネルギーが大きい素反応を律速段階と呼び，この段階が反応速度に最も大きな影響を及ぼす。反応速度は，反応物または生成物の単位時間当たりに減少または増加する物質量または濃度で表される。たとえば，以下の反応の場合，

$$H_2(気) + I_2(気) \rightleftharpoons 2HI(気) \qquad \cdots(1)$$

正反応(右向きの反応)の反応速度 v は，反応物と生成物の濃度をそれぞれ $[H_2]$，$[I_2]$，$[HI]$ とすると，反応速度定数 k_1 を使って以下のように表せることが，実験によってわかっている。

$$v = k_1[H_2][I_2] \qquad \cdots(2)$$

化学反応は正反応ばかりではなく，逆反応(左向きの反応)も起こる可能性があり，どちらの反応も起こりうる反応は き 反応と呼ばれる。正反応と逆反応の反応速度が一致すると，見かけ上，反応が停止している状態となり，これを平衡状態とよぶ。反応が平衡状態にあるとき，濃度，圧力，温度などの条件を変化させると，その影響を緩和する方向に平衡が移動する。これを く の原理とよぶ。また， け を加えると，正反

応と逆反応の反応速度が両方ともに変化するが，平衡は移動しない。

〔1〕　文章中の □ にあてはまる語句を下の選択肢から選べ。ただし，同じ語句を2
　　　回以上使ってもよい。

① ヘス　　　　　② ルシャトリエ　　③ 発熱　　　　　④ ヘンリー
⑤ 触媒　　　　　⑥ 付加　　　　　　⑦ 縮合　　　　　⑧ ボイル・シャルル
⑨ 可逆　　　　　⑩ 飽和　　　　　　⑪ 極性　　　　　⑫ 吸熱
⑬ アレニウス　　⑭ 活性化　　　　　⑮ 不可逆　　　　⑯ 酸化還元
⑰ ファラデー　　⑱ 失活　　　　　　⑲ イオン化　　　⑳ 過飽和

〔2〕　式(1)の正反応が進み，HI の物質量が多くなると，式(1)の逆反応も起こるようにな
　　　り，やがて平衡状態に達する。ある温度において容積一定の容器内で H_2 と I_2 を
　　　それぞれ 1.00 mol ずつ混合すると，平衡状態に達したときの HI の物質量は
　　　1.50 mol であった。次の問いに答えよ。

　(i)　残った H_2 の物質量(mol)を求め，有効数字2桁で答えよ。

　(ii)　平衡定数を求め，有効数字2桁で答えよ。

〔3〕　式(1)の正反応が 600〜700℃ 程度の高温で進行するとき，実際は次のように2段
　　　階の反応で起こると考えられている。以下の文章を読み，あとの問いに答えよ。
　　　最初にヨウ素分子 I_2 の共有結合が切断されてヨウ素原子 I が生じ，その後，ヨウ
　　　素原子 I が水素分子 H_2 と衝突し，HI が生じる。

$$I_2(気) \rightleftharpoons 2I(気) \qquad \cdots(3)$$
$$H_2(気) + 2I(気) \longrightarrow 2HI(気) \qquad \cdots(4)$$

　　　式(4)の反応をもとに考えると，反応速度 v は次の式(5)のように表され，式(2)と矛
　　　盾してしまう。ただし，この場合の速度定数は k_2 とする。

$$v = k_2[H_2][I]^2 \qquad \cdots(5)$$

　(i)　式(3)の反応は，正反応と逆反応のどちらも起こりうる。この反応が平衡状態
　　　にあるとき，温度一定で圧力を下げるとどうなるか。次から選べ。

　　　① 平衡は右に移動する。
　　　② 平衡は左に移動する。
　　　③ 平衡は移動しない。

　(ii)　式(2)と式(5)の矛盾に関しては，式(3)の正反応と逆反応が，式(4)の反応に比べ
　　　て圧倒的に速く，常に平衡状態が成立していると考えると解消される。式(3)
　　　の反応の平衡定数 K_C を以下のように表す。

$$K_C = \frac{[I]^2}{[I_2]} \qquad \cdots(6)$$

　　　式(6)を変形して式(5)に代入すると，

$$v = \boxed{こ}[H_2][I_2] \qquad \cdots(7)$$

　　　したがって $k_1 = \boxed{こ}$ となり，式(2)と同じ形の式になる。□こ□ の部分を補っ
　　　て，式(7)を完成せよ。　　　　　　　　　　　　　　　　　　　　　〔立命館大〕

37．酢酸の電離定数

電解質 AB の電離平衡に関する反応は式 1 のようになり，この物質が酸であればその電離定数 K_a(mol/L) は式 2 のように示される。

$$AB \rightleftarrows A^+ + B^- \qquad \cdots(式1)$$

$$①K_a= \underline{\hspace{6cm}} \qquad \cdots(式2)$$

今，反応が起こる前の初濃度を c(mol/L)，電離度を α とすると，電離平衡が進行する時の各物質の濃度は以下のように表すことができる。

	AB(mol/L)	A⁺(mol/L)	B⁻(mol/L)
電離前	（ ア ）	（ イ ）	（ ウ ）
平衡時	（ エ ）	（ オ ）	（ カ ）

また，酸・塩基水溶液では水素イオン濃度が大きく変化し，常用対数を用いた以下の式 3 によって酸性・塩基性の程度を表す pH が算出できる。

$$pH=-\log_{10}[H^+] \qquad \cdots(式3)$$

弱酸とその塩の混合水溶液は，少量の酸や塩基が添加されたとしても pH をほぼ一定に保つ作用があり，このような水溶液を（ キ ）という。例えば，酢酸は水溶液中で以下のような電離平衡を示す。

$$②\underline{\hspace{6cm}} \qquad \cdots(式4)$$

この酢酸水溶液に酢酸ナトリウムを添加すると，酢酸ナトリウムは以下のようにほぼ完全に電離する。

$$③\underline{\hspace{6cm}} \qquad \cdots(式5)$$

したがって，④この混合水溶液中では（ ク ）が増加するため，式 4 に示した酢酸の電離平衡は（ ケ ）方向に進み，水溶液中には多量の（ ク ）と（ コ ）が存在することになる。($\log_{10}2.0=0.30$，$\log_{10}3.0=0.48$，$\log_{10}5.0=0.70$)

問1　（ ）に適切な数値および語句を入れよ。

問2　電離定数を表す下線①(式 2)を完成させよ。また式 4 (下線②)の電離平衡と式 5 (下線③)の電離を示す反応式を示せ。

問3　0.10mol/L の酢酸水溶液の電離度は 25℃ で 0.016 である。酢酸の電離定数 K_a を求め，有効数字 2 桁で答えよ。

問4　2.0×10^{-3}mol/L の塩酸の pH を小数第 1 位まで求めよ。ただし塩酸は強電解質で，完全に電離するものとする。

問5　下線④の混合水溶液に少量の酸あるいは塩基が添加された場合，どのような反応により pH がほぼ一定に保たれるのか説明せよ。〔香川大〕

38．溶解度積

遷移元素のハロゲン化物には水に難溶性の塩になるものがある。しかし，遷移元素が錯イオンを形成する条件では，この塩はある程度水に溶解する。ここで，固体の臭化銀 AgBr の飽和水溶液中における溶解度積を K_{sp} とする。また，銀（Ⅰ）イオン Ag^+ がアンモニア水中で錯イオン $[Ag(NH_3)_2]^+$ を形成する，

$$Ag^+ + 2NH_3 \rightleftarrows [Ag(NH_3)_2]^+$$

という反応の平衡定数を K_f とする。25℃におけるこれらの値を表に示す。

	表
K_{sp}〔(mol/L)^2〕	5.0×10^{-13}
K_f〔(mol/L)$^{-2}$〕	1.6×10^7

以下の問いに答えよ。($\sqrt{2} = 1.41$, $\sqrt{3} = 1.73$, $\sqrt{5} = 2.24$)

(i) AgBr をアンモニア水に加えると $[Ag(NH_3)_2]^+$ を形成して溶解する。この溶解平衡を表すイオン反応式を記せ。

(ii) (i)の溶解平衡の平衡定数 K を K_{sp} と K_f で表せ。

(iii) 25℃で，1.0 mol/L アンモニア水に(i)の溶解平衡が成立するまで AgBr を溶かした。この溶液中の Ag^+，Br^-，$[Ag(NH_3)_2]^+$ のモル濃度〔mol/L〕を表の値を用いて計算し，有効数字 2 桁で求めよ。ただし，アンモニアと水の反応は AgBr の溶解や Ag^+ の錯イオン形成に影響がなく，溶解反応で溶液の体積および温度は変化しないとする。　　　　　　　　　　　　　　　　　　　　　　　　　　　　　　　　〔名古屋大〕

B **39. 反応条件と反応速度** 思考

〈文章Ⅰ〉

アンモニアの工業的製法であるハーバー・ボッシュ法は，化学反応の速度や平衡の原理が，化学工業に活用された好例である。この製法では，窒素(N_2)と水素(H_2)の発熱反応によりアンモニア(NH_3)が合成される。実際には，(i)500℃ 程度の温度で，$2 \times 10^7 \sim 5 \times 10^7$ Pa 程度の圧力で反応が行われる。｜ ア ｜を主成分とした触媒が用いられるが，加熱後｜ ア ｜が，｜ イ ｜と反応して，(ii)多孔質の｜ ウ ｜が生じ，触媒作用を示す。反応後，アンモニア，窒素，水素の混合物が得られるが，(iii)アンモニアは回収し，残った窒素と水素は，反応に再利用される。

〈文章Ⅱ〉

温度や触媒と反応速度の関係は，以下のアレニウスの式①にて定量的に表される。

$$k = A \cdot e^{-\frac{E_a}{RT}} \qquad \cdots ①$$

ここで，k は反応速度定数，A は頻度因子，E_a(kJ/mol)は活性化エネルギー，R(kJ/(K·mol))は気体定数，T(K) は温度，e は自然対数の底である。式①は常用対数を用いて，以下の式②に変換される。

$$\log_{10} k = -\frac{E_a}{2.3RT} + \log_{10} A \qquad \cdots ②$$

実際には，さまざまな温度における反応速度定数を測定し，$\log_{10} k$ と $\frac{1}{T}$ の値を図 1 のようにプロットする。(iv)このアレニウスプロットを用いることで，活性化エネルギーの値が求められる。

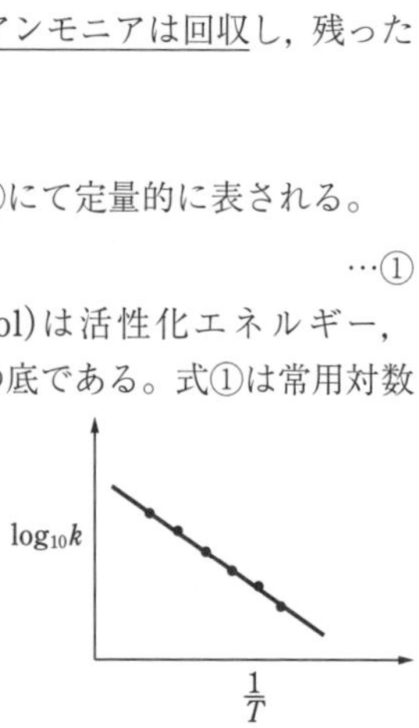

図1

〔1〕 ｜　　｜ に当てはまる化学式をかけ。

記述〔2〕 下線部(i)に関して，触媒を用いずに，500℃で
反応させた場合の反応時間とアンモニアの生成
率の関係を，図2に示している。(あ) 触媒を用
いずに，300℃で反応させた場合，(い) 触媒を用
いずに，700℃で反応させた場合，(う) 500℃の
まま触媒を加えた場合に，それぞれ予測される
反応時間とアンモニアの生成率の関係を，図2
にかき加えよ。

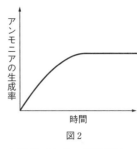

図2

記述〔3〕 下線部(ii)に関して，多孔質とは多数の小さな穴が空いた構造である。気体同士の
反応を促進する固体触媒として，多孔質触媒がしばしば用いられるが，その理由
を述べよ。

記述〔4〕 下線部(iii)に関して，ハーバー・ボッシュ法において，窒素，水素，アンモニアの
混合物からアンモニアをどのように回収しているか述べよ。

〔5〕 式②を用いて，H_2とI_2からHIが生じる反応に関して，以下の問いに答えよ。こ
こで，この正反応の活性化エネルギーは，触媒を用いない場合174kJ/mol，触媒
として白金を用いた際49kJ/molで，気体定数は$8.31×10^{-3}$kJ/(K・mol)である。

(あ) 触媒を用いない場合，反応速度定数が温度500Kの場合と比べて，10倍にな
る温度(K)を，有効数字2桁で求めよ。

(い) 温度500Kにおいて，白金触媒を用いることで反応速度定数が10^x倍になっ
た。この時のxの値を，有効数字2桁で求めよ。

〔6〕 下線部(iv)に関して，以下の問いに答えよ。

(あ) 温度(T)が273Kと338Kに
おけるある反応の反応速度定
数(k)，温度の逆数$\left(\dfrac{1}{T}(/K)\right)$
と反応速度定数の常用対数
($\log_{10}k$)を右の表に示す。こ
の反応の活性化エネルギー(kJ/mol)を，有効数字2桁で求めよ。

表

T	k	$\dfrac{1}{T}$	$\log_{10}k$
273	$7.87×10^{-7}$	$3.66×10^{-3}$	-6.10
338	$4.87×10^{-3}$	$2.96×10^{-3}$	-2.31

(い) 触媒を用いない場合の，$\log_{10}k$と$\dfrac{1}{T}(/K)$の関係は，図1のとおりである。

触媒を用い，反応速度が増大した場合の，$\log_{10}k$と$\dfrac{1}{T}(/K)$の関係を図1に

かき加えよ。 〔京都府医大 改〕

40. 平衡定数と分配比

次の文章を読み，問1～3に答えよ。ただし，テトラクロロメタン層と水層は混ざり
合わず，I_2はすべて溶媒に溶解するものとする。また，ヨウ化カリウムは完全に電離し，
K^+，I^-，I_3^-はすべて水層に存在するものとする。

　ヨウ素 I_2 をヨウ化カリウム水溶液とともに分液ろうとへ入れ，よく振り混ぜた後に静置すると，ヨウ素 I_2 がヨウ化物イオン I^- と反応して三ヨウ化物イオン I_3^- が生成し，以下の式で表される平衡状態となる。

$$I_2 + I^- \rightleftharpoons I_3^-$$

　このとき，I_2, I^-, I_3^- のモル濃度〔mol/L〕をそれぞれ $[I_2]$, $[I^-]$, $[I_3^-]$ と表すと，この式の平衡定数 K は次のように表され，25℃ の条件において 710L/mol である。

$$K = \frac{[I_3^-]}{[I_2][I^-]} \qquad \cdots ①$$

　さらに，テトラクロロメタン（四塩化炭素）CCl_4 を分液ろうとに加え，よく振り混ぜた後に静置すると，溶液は 2 層に分かれる。このとき，水層からテトラクロロメタン層にヨウ素

水層

テトラクロロメタン層

※I_{2CCl_4} はテトラクロロメタン層に溶けた I_2 を示す。

I_2 の一部が移動し，平衡が成立する（図参照）。

　水層のヨウ素濃度 $[I_2]$ と，テトラクロロメタン層のヨウ素濃度 $[I_2]_{CCl_4}$ の比は平衡定数 K_D で表され，K_D は 25℃ の条件で 89.9 である。

$$K_D = \frac{[I_2]_{CCl_4}}{[I_2]} \qquad \cdots ②$$

　なお，テトラクロロメタン層に溶解しているヨウ素の濃度（$[I_2]_{CCl_4}$）と，水層に溶解しているヨウ素の濃度（$[I_2]+[I_3^-]$）の比を，次のように分配比 D で表すものとする。

$$D = \frac{[I_2]_{CCl_4}}{[I_2]+[I_3^-]}$$

問1　濃度未知のヨウ化カリウム水溶液に 1.00×10^{-1} mol のヨウ素 I_2 を溶かし，1.00 L の水溶液とした。十分静置して平衡状態となったとき，この水溶液中に含まれる三ヨウ化物イオン I_3^- の濃度は 25℃ の条件において 8.00×10^{-2} mol/L であった。この平衡状態におけるヨウ化物イオン I^- の濃度〔mol/L〕を有効数字 2 桁で求めよ。

問2　分配比 D を，K_D, K および $[I^-]$ を用いて表すと，$D = \dfrac{【ア】}{1+【イ】}$ となり，水層中のヨウ化物イオン濃度 $[I^-]$ がテトラクロロメタン層と水層の間のヨウ素の分配比 D に影響することが分かる。【ア】，【イ】にあてはまる数式をそれぞれ選べ。

　　1．K_D　　　2．K　　　3．$[I^-]$　　　4．$[I^-]K_D$
　　5．$[I^-]K$　　6．K_DK　　7．$[I^-]K_DK$　　8．1

問3　濃度未知のヨウ化カリウム水溶液 1.00 L と，4.00×10^{-1} mol のヨウ素 I_2 を含むテトラクロロメタン溶液 1.00 L を混合し，よく振り混ぜてから 25℃ の条件にお

いて十分静置したとき，テトラクロロメタン層のヨウ素の濃度 $[I_2]_{CCl_4}$ は $2.00×10^{-1}$ mol/L であった。このとき，分配比 D の値は【ウ】であり，水層のヨウ化物イオン濃度 $[I^-]$ は【エ】mol/L である。【ウ】，【エ】にあてはまる数値として，最も近いものをそれぞれ選べ。なお，同じ数値を複数回選んでもよい。

　1．0.11　　2．0.13　　3．0.15　　4．0.17　　5．0.19
　6．0.50　　7．1.0　　8．1.5　　9．2.0　　0．2.5　　　〔星薬大 改〕

41. 窒素酸化物の化学平衡 **思考**

以下の文章を読んで，問1〜問9に答えよ。ただし，（気）は気体状態を表し，気体はすべて理想気体として扱えるものとする。(H=1.0, C=12.0, N=14.0, O=16.0, Ag=108.0)

　窒素は様々な酸化数をとることができ，それに対応して異なる組成の酸化物をつくる。一酸化窒素(NO)と二酸化窒素(NO₂)は，室温でどちらも気体状態として存在する。NO(気)が銅と　 ⑦ 　硝酸との反応で発生するのに対して，①NO₂(気)は銅と　 ⑦ 　硝酸の反応で発生する。発生したNO₂(気)は　 ⑦ 　置換によって捕集することができる。

　四酸化二窒素(N₂O₄)も室温では気体状態として存在し，次のような可逆反応により，一部が NO₂(気)へ解離する。

　　$N_2O_4(気) \rightleftharpoons 2NO_2(気)$　　　　　　　　　　　　　　…反応(1)

この可逆反応の速度は非常に速く，N₂O₄(気)とNO₂(気)は常に化学平衡の状態にあると考えることができる。

　一方，五酸化二窒素(N₂O₅)は25℃では，分圧が $5.5×10^4$ Pa を超えると，固体状態と気体状態が共存する。N₂O₅(気)は，次のような一方向にしか進まない不可逆反応によってNO₂(気)と酸素分子に分解する。

　　$2N_2O_5(気) \longrightarrow 4NO_2(気) + O_2(気)$　　　　　　　…反応(2)

反応(2)によるN₂O₅(気)の減少速度(瞬間の反応速度) v 〔mol/(L·s)〕は，N₂O₅(気)のモル濃度 $[N_2O_5]$ に比例して，次の式で表される。

　　$v = k[N_2O_5]$

ただし k〔/s〕は反応速度定数である。異なる温度で k の値を求めるために，次の【実験1】および【実験2】を行った。

【実験1】　温度55℃で，体積一定の容器にN₂O₅を入れた。N₂O₅はすべて気体状態であり，反応開始時のモル濃度は $[N_2O_5]=2.00×10^{-2}$ mol/L であった。反応時間 t_1 経過後にN₂O₅(気)の分解により生じたO₂(気)のモル濃度 $[O_2]$ を測定したところ，$6.00×10^{-3}$ mol/L であった。また，このときのO₂(気)の増加速度(瞬間の反応速度) v' は $6.0×10^{-6}$ mol/(L·s) と求められた。

【実験2】　温度25℃で，体積一定の容器に固体状態のN₂O₅を入れた。この温度でN₂O₅は固体状態であったが，その一部は②液体を経ずに気体状態に直接変化して，固体と気体が速やかに平衡状態に達したのち，反応(2)の分解反応が始まった。

この分解反応が開始したときを反応時間 $t=0$ として，N_2O_5（気）のモル濃度 $[N_2O_5]$ を反応時間とともに測定したところ，図のように $t=0$ から $t=t_2$ まで $[N_2O_5]=2.23\times10^{-2}\,mol/L$ の一定の値を示し，その後減少した。t_2 よ

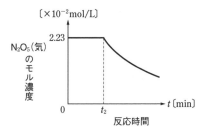

り短い反応時間 $t=56.0$ 分 で O_2（気）のモル濃度 $[O_2]$ を測定したところ，$1.20\times10^{-3}\,mol/L$ であった。

問1 $\boxed{}$ に当てはまる語句をかけ。また，下線部①の反応式をかけ。

問2 体積一定の容器内に $n_0\,mol$ の N_2O_4（気）を入れたところ，反応(1)により N_2O_4（気）の一部が解離して平衡状態になった。平衡状態での N_2O_4（気）の物質量を $n_1\,mol$ とすると，N_2O_4（気）の解離度 α は次の式で表される。

$$\alpha=\frac{n_0-n_1}{n_0}$$

平衡状態での NO_2（気）のモル分率 x_{NO_2} を α で表せ。また，圧平衡定数 K_p を，平衡状態での全圧 P_E と解離度 α で表せ。ただし，K_p は平衡状態での N_2O_4（気）の分圧 $p_{N_2O_4}$ および NO_2（気）の分圧 p_{NO_2} を用いて

$$K_p=\frac{(p_{NO_2})^2}{p_{N_2O_4}}$$

で表される。

問3 【実験1】で，反応時間 $t=t_1$ での N_2O_5（気）のモル濃度および減少速度（瞬間の反応速度）v をそれぞれ有効数字2桁で求めよ。

問4 55℃での反応速度定数 k_{55} を有効数字2桁で求めよ。

問5 反応(2)で生成した NO_2（気）の一部は，反応(1)の逆向きの反応を通して N_2O_4（気）を生成する。【実験1】において，N_2O_5（気）がすべて分解して反応が終了したときの全圧 P_F を，反応開始時の全圧 P_0（すなわち N_2O_5（気）の圧力）と反応終了時の N_2O_4（気）の解離度 α_F を用いて表せ。ただし，NO_2（気）と N_2O_4（気）の間には化学平衡の状態が保たれているとする。

問6 下線部②の状態変化を何というか，漢字2文字でかけ。

問7 【実験2】における $t=0$ から $t=56.0$ 分 までの $[O_2]$ の時間変化をグラフで表せ。ただし，下線部②の状態変化は反応(2)に比べて非常に速く，反応進行中 N_2O_5 の固体状態と気体状態の間には常に平衡が成り立っているとする。また，固体の N_2O_5 の体積は無視できるものとする。

問8 25℃での反応速度定数 k_{25} を有効数字3桁で求めよ。

記述 問9 【実験2】の $t=t_2$ では何が起きたと考えられるか，25文字程度でかけ。

〔札幌医大〕

42. 弱酸の電離平衡

次の文を読み，以下の問に答えよ。

弱酸(HA で表す)の水溶液は，酸の一部が電離すると，次のような平衡状態となる。

$$HA \rightleftharpoons A^- + H^+$$

この電離平衡に対して，化学平衡の法則が成り立つので，

$$K_a = \frac{[A^-][H^+]}{[HA]} \qquad \cdots(1)$$

と表せる。ここで，K_a は酸の電離定数である。

弱酸 HA のモル濃度を $c(\mathrm{mol/L})$，電離度を α とすると，式(1)は，

$$K_a = (\quad ア \quad) \qquad \cdots(2)$$

となる。

弱酸の電離度 α が 1 に比べてかなり小さい場合は，$1-\alpha \fallingdotseq 1$ と近似できるので，

$$\alpha = (\quad イ \quad) \qquad \cdots(3)$$

$$[H^+] = (\quad ウ \quad) \qquad \cdots(4)$$

となる。

α が 1 に比べて無視できない場合は，$[H^+]$ を求めるために，式(2)を α に関する 2 次方程式として解く必要がある。これらの計算では，水の電離による水素イオンが完全に無視できることを前提としている。

水の電離が無視できない場合は，酸の電離平衡の式(1)の他に，

水のイオン積：$[H^+][OH^-] = K_w(K_w = 1.00 \times 10^{-14}\,\mathrm{mol^2/L^2}(25\,°\mathrm{C}))$ $\qquad \cdots(5)$

電気的中性(電荷の関係)：$[H^+] = [A^-] + [OH^-]$ $\qquad \cdots(6)$

物質保存(物質量の関係)：$[HA] + [A^-] = c$ $\qquad \cdots(7)$

を考慮に入れて，式(1), (5), (6), (7)の連立方程式を立てて，$[H^+]$ を解くことになる。ここで，電気的中性の式は，電離により溶液中に陽イオンと陰イオンが生じる際に，溶液全体として電荷はゼロであるという関係を表している。

式(7)を $[HA] = c - [A^-]$ と変形して，式(1)に代入すると，

$$[A^-] = (\quad エ \quad) \qquad \cdots(8)$$

となるので，これを式(6)に代入すると，

$$[H^+] = (\quad エ \quad) + [OH^-] \qquad \cdots(9)$$

となる。$[OH^-] = K_w/[H^+]$ を代入すると，$[H^+]$ のみの方程式になるが，分母をすべてはらうと $[H^+]$ に関する 3 次方程式になるため，液性に応じて近似あるいは省略をしないと計算が煩雑になる。

(実験) $25\,°\mathrm{C}$ においてモル濃度 c が $0.100\,\mathrm{mol/L}$，$0.0100\,\mathrm{mol/L}$，$0.00100\,\mathrm{mol/L}$ の酢酸水溶液，ギ酸水溶液，モノクロロ酢酸水溶液の計 9 種類の試料を準備した。これらの試料の水素イオン濃度 $[H^+]$ および pH を調べたところ，以下の結果が得られた(表)。

表

	試料番号	c〔mol/L〕	$[H^+]$〔mol/L〕	pH
酢酸	①	0.100	1.31×10^{-3}	2.88
	②	0.0100	4.10×10^{-4}	3.39
	③	0.00100	1.24×10^{-4}	3.91
ギ酸	④	0.100	4.12×10^{-3}	2.39
	⑤	0.0100	1.25×10^{-3}	2.90
	⑥	0.00100	3.41×10^{-4}	3.47
モノクロロ酢酸	⑦	0.100	1.11×10^{-2}	1.96
	⑧	0.0100	3.09×10^{-3}	2.51
	⑨	0.00100	6.72×10^{-4}	3.17

問1　空欄ア〜エを α, K_a, c などを用いて表せ。

問2　試料①のデータと式(4)を用いて，酢酸の K_a を有効数字3桁で求めよ。

記述 問3　表の実験結果に基づいて，電離度 α について正しい記述を次の中から一つ選び，その理由を説明せよ。

　　A．いずれの酸も濃度を高くすると，電離度 α は大きくなる。

　　B．いずれの酸も濃度を高くすると，電離度 α は小さくなる。

　　C．いずれの酸も濃度を高くしても，電離度 α は変わらない。

　　D．濃度を高くしたとき，電離度 α が大きくなるか，小さくなるかは酸に依存する。

　　E．この実験結果から電離度 α の大小関係は議論できない。

問4　ギ酸，モノクロロ酢酸の電離定数は，それぞれ 1.77×10^{-4} mol/L，1.38×10^{-3} mol/L である。式(3)を用いて α を計算すると，表の実測で求められる α よりも10％以上ずれてしまう試料を試料番号ですべて答えよ。

記述 問5　表の試料①〜⑨の水素イオン濃度はいずれも式(2)の2次方程式を解けば求められるので，式(9)の方程式を $[H^+]$ の3次方程式として解く必要はない。その理由を説明せよ。

問6　5.00×10^{-8} mol/L HCl 水溶液（25℃）の水素イオン濃度を式(5)〜(7)のように連立方程式を立てて有効数字3桁で求めよ。必要ならば $\sqrt{4.25} = 2.06$ を用いよ。

問7　酸の電離平衡，水のイオン積，電気的中性，物質保存の連立方程式を立てて，1.56×10^{-5} mol/L フェノール水溶液の水素イオン濃度を有効数字2桁で求めよ。フェノールの電離定数は $K_a = 1.35 \times 10^{-10}$ mol/L（25℃）である。わずかに酸性になることが予想されるので，$[H^+] > [OH^-]$ であるが，$[OH^-]$ は省略できないことに注意せよ。

〔東京医歯大〕

5　酸と塩基

A　43. 塩の種類

次のa～eのうち，水溶液が塩基性を示す物質はどれか。最も適切な選択肢を選べ。

a．塩化カリウム　　　b．酢酸ナトリウム　　c．硫酸アンモニウム
d．酸化カルシウム　　e．二酸化硫黄

1．bのみ　　　2．cのみ　　　3．aとd　　　4．aとe　　　5．bとc
6．bとd　　　7．bとe　　　8．cとd　　　9．cとe　　　0．dとe　　　〔星薬大〕

44. 酸と塩基

酸や塩基は，私たちの身の回りの色々なところに見つけることができる。例えば，炭酸水は，　(ア)　が水に溶けてできたものであり，酸性を示す。洗剤には水酸化ナトリウムの成分を含むものがあり，これは塩基性を示す。環境問題の一つである酸性雨には，雨に　(イ)　などが溶けているため酸性(pH＜5.6)を示す。私たちの胃の中では，塩酸が分泌され，食物の消化を助けている。この(あ)塩酸は，すい臓から分泌されるすい液に含まれる炭酸水素ナトリウムにより中和される。

問1　空欄(ア)，(イ)に入る最も適切な物質を，次のa～fから1つずつ選べ。

　　a．CO　　b．CO_2　　c．O_2　　d．O_3　　e．NH_3　　f．H_2SO_4

問2　下線部(あ)に関して，次の反応式の右辺の空欄(a)をうめて化学反応式を完成せよ。

　　$HCl + NaHCO_3 \longrightarrow$　(a)

問3　次の文で，正しいものには○を，誤りであるものには×を記せ。

　　(ⅰ)　水のイオン積の値は，温度によって変化する。
　　(ⅱ)　アンモニアは水によく溶けるため，強塩基である。
　　(ⅲ)　1価の酸よりも2価の酸のほうが強酸である。
　　(ⅳ)　同じモル濃度の1価の酸では，電離度が大きいほどpHは低くなる。

〔京都産大 改〕

45. 酸と塩基の定義

アレニウスは，酸や塩基の水溶液が電気伝導性を示すことから，水溶液中では酸や塩基がイオンに電離していると考え，次のように定義した。「酸とは，水に溶けて　あ　イオンを生じる物質であり，塩基とは，水に溶けて　い　イオンを生じる物質である。」
(a)酸の場合，生成した　あ　イオンは，水溶液中ではH_2Oから非共有電子対を提供されることで，　う　結合して　え　イオンとなる。

問1．空欄　あ　～　え　に最も適切な語句を記せ。
問2．下線部(a)について，酢酸を例にして化学反応式を示せ。
[記述]　問3．アンモニアは分子中に　い　イオンを含まないが，水に溶けると塩基性である。
　　　　アンモニアが水に溶けた場合の電離平衡を化学反応式で示し，塩基性になることをアレニウスの定義に基づき説明せよ。

問4. ブレンステッドとローリーによる酸と塩基の定義は，より広義なものである。以下の反応式において，この定義により酸および塩基として振る舞っている物質を，それぞれすべて化学式で答えよ。

$$CO_3^{2-} + H_2O \rightleftharpoons HCO_3^- + OH^-$$

〔関西学院大 改〕

46. 中和滴定

滴定に関する次の文章を読んで以下の問いに答えよ。酢酸の電離定数は $K_a = 2.7 \times 10^{-5}\,\mathrm{mol/L}$ とし，電離度 α は1より十分に小さいものとする。
（$\sqrt{2.7} = 1.64$，$\sqrt{5.4} = 2.32$，$\log_{10} 1.64 = 0.215$，$\log_{10} 2.32 = 0.365$）

濃度がわからない酢酸水溶液 10.0 mL をビーカーにとり，指示薬を数滴加えたのち，25.0 ℃ において，0.100 mol/L の水酸化ナトリウム水溶液で滴定した。中和点までに20.0 mL の水酸化ナトリウム水溶液が必要であった。また，ビーカー中の水溶液の pH を測定したところ，滴定をはじめてから水酸化ナトリウム水溶液を 10.0 mL ほど滴下したあたりまでは pH の変化が小さかった。

(1) 下線部について，酢酸水溶液のモル濃度を有効数字3桁で計算せよ。

(2) 水酸化ナトリウム水溶液を滴下する前の酢酸水溶液が示す pH を小数第1位まで答えよ。

(3) 中和点での pH は 7.0 より低いか，高いか答えよ。それを説明するのに最も適切な電離平衡の反応式を1つ答えよ。

(4) この滴定において中和点を知るために適切な指示薬を1つ答えよ。　　〔佐賀大 改〕

47. しょうゆ中の塩化物イオン濃度　思考

ある生徒は，「血圧が高めの人は，塩分の取りすぎに注意しなくてはいけない」という話を聞き，しょうゆに含まれる塩化ナトリウム NaCl の量を分析したいと考え，文献を調べた。

文献の記述

> 水溶液中の塩化物イオン Cl^- の濃度を求めるには，指示薬として少量のクロム酸カリウム K_2CrO_4 を加え，硝酸銀 $AgNO_3$ 水溶液を滴下する。水溶液中の Cl^- は，加えた銀イオン Ag^+ と反応し塩化銀 AgCl の白色沈殿を生じる。Ag^+ の物質量が Cl^- と過不足なく反応するのに必要な量を超えると，(a) 過剰な Ag^+ とクロム酸イオン CrO_4^{2-} が反応してクロム酸銀 Ag_2CrO_4 の暗赤色沈殿が生じる。したがって，滴下した $AgNO_3$ 水溶液の量から，Cl^- の物質量を求めることができる。

そこでこの生徒は，3種類の市販のしょうゆA〜Cに含まれる Cl^- の濃度を分析するため，それぞれに次の操作Ⅰ〜Ⅴを行い，表1に示す実験結果を得た。ただし，しょうゆには Cl^- 以外に Ag^+ と反応する成分は含まれていないものとする。

操作Ⅰ　ホールピペットを用いて，250 mL のメスフラスコに 5.00 mL のしょうゆをはかり取り，標線まで水を加えて，しょうゆの希釈溶液を得た。

操作Ⅱ　ホールピペットを用いて，操作Ⅰで得られた希釈溶液から一定量をコニカルビーカーにはかり取り，水を加えて全量を 50 mL にした。

操作Ⅲ　操作Ⅱのコニカルビーカーに少量の K_2CrO_4 を加え，得られた水溶液を試料とした。

操作Ⅳ　操作Ⅲの試料に 0.0200 mol/L の $AgNO_3$ 水溶液を滴下し，よく混ぜた。

操作Ⅴ　試料が暗赤色に着色して，よく混ぜてもその色が消えなくなるまでに要した滴下量を記録した。

表1　しょうゆA〜Cの実験結果のまとめ

しょうゆ	操作Ⅱではかり取った希釈溶液の体積(mL)	操作Ⅴで記録した $AgNO_3$ 水溶液の滴下量(mL)
A	5.00	14.25
B	5.00	15.95
C	10.00	13.70

問1　下線部(a)に示した CrO_4^{2-} に関する次の記述を読み，後の問い（a・b）に答えよ。
　　この実験は水溶液が弱い酸性から中性の範囲で行う必要がある。強い酸性の水溶液中では，次の式(1)に従って，CrO_4^{2-} から二クロム酸イオン $Cr_2O_7^{2-}$ が生じる。

$$\boxed{ア}\ CrO_4^{2-} + \boxed{イ}\ H^+ \longrightarrow \boxed{ウ}\ Cr_2O_7^{2-} + H_2O \qquad \cdots(1)$$

したがって，試料が強い酸性の水溶液である場合，CrO_4^{2-} は $Cr_2O_7^{2-}$ に変化してしまい指示薬としてはたらかない。式(1)の反応では，クロム原子の酸化数は反応の前後で $\boxed{エ}$。

a　式(1)の係数 $\boxed{ア}$〜$\boxed{ウ}$ に当てはまる数字を一つずつ選べ。ただし，係数が1の場合は①を選ぶこと。同じものを繰り返し選んでもよい。

　　① 1　　② 2　　③ 3　　④ 4　　⑤ 5　　⑥ 6　　⑦ 7　　⑧ 8　　⑨ 9

b　空欄 $\boxed{エ}$ に当てはまる記述として最も適当なものを一つ選べ。

　　① +3 から +6 に増加する
　　② +6 から +3 に減少する
　　③ 変化せず，どちらも +3 である
　　④ 変化せず，どちらも +6 である

問2　操作Ⅳで，$AgNO_3$ 水溶液を滴下する際に用いる実験器具として最も適当なものを一つ選べ。

　　① ホールピペット　　② ビュレット　　③ こまごめピペット　　④ 分液漏斗

問3　操作Ⅰ〜Ⅴおよび表1の実験結果に関する記述として誤りを含むものを二つ選べ。ただし，解答の順序は問わない。

　　① 操作Ⅰで用いるメスフラスコは，純水での洗浄後にぬれているものを乾燥させずに用いてもよい。

　　② 操作Ⅲの K_2CrO_4 および操作Ⅳの $AgNO_3$ の代わりに，それぞれ Ag_2CrO_4 と硝酸カリウム KNO_3 を用いても，操作Ⅰ〜Ⅴによって Cl^- のモル濃度を正しく求めることができる。

③ しょうゆの成分として塩化カリウム KCl が含まれているとき，しょうゆに含まれる NaCl のモル濃度を，操作Ⅰ～Ⅴにより求めた Cl⁻ のモル濃度と等しいとして計算すると，正しいモル濃度よりも高くなる。

④ しょうゆCに含まれる Cl⁻ のモル濃度は，しょうゆBに含まれる Cl⁻ のモル濃度の半分以下である。

⑤ しょうゆA～Cのうち，Cl⁻ のモル濃度が最も高いものは，しょうゆAである。

問4 操作Ⅳを続けたときの，$AgNO_3$ 水溶液の滴下量と，試料に溶けている Ag^+ の物質量の関係は図1で表される。ここで，操作Ⅴで記録した $AgNO_3$ 水溶液の滴下量は a(mL)である。このとき，$AgNO_3$ 水溶液の滴下量と，沈殿した AgCl の質量の関係を示したグラフとして最も適当なものを一つ選べ。ただし，CrO_4^{2-} と反応する Ag^+ の量は無視できるものとする。

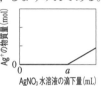

図1 $AgNO_3$ 水溶液の滴下量と試料に溶けている Ag^+ の物質量の関係

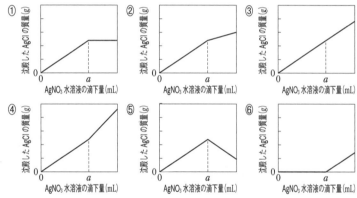

問5 次の問い(a・b)に答えよ。

a しょうゆAに含まれる Cl⁻ のモル濃度は何 mol/L か。最も適当な数値を一つ選べ。

① 0.0143　② 0.0285　③ 0.0570
④ 1.43　⑤ 2.85　⑥ 5.70

b 15 mL(大さじ一杯相当)のしょうゆAに含まれる NaCl の質量は何 g か。その数値を小数第1位まで次の形式で表すとき，[(1)] と [(2)] に当てはまる数字を一つずつ選べ。同じものを繰り返し選んでもよい。ただし，しょうゆAに含まれるすべての Cl⁻ は NaCl から生じたものとし，NaCl の式量を 58.5 とする。

NaCl の質量 [(1)] . [(2)] g

① 1　② 2　③ 3　④ 4　⑤ 5
⑥ 6　⑦ 7　⑧ 8　⑨ 9　⑩ 0　　〔共通テスト 化学基礎(本試験) 改〕

48. 変色域

中和滴定に用いる，ある指示薬を考える。この指示薬を 1 価の弱酸とし，HA で表すと，水溶液中で①式の電離平衡が成立する。また，HA が赤色，A^- が黄色を示すとする。

$$HA \rightleftharpoons H^+ + A^- \qquad \cdots①$$

①式の電離定数を K_a とすると②式が成立する。

$$K_a = \frac{[H^+][A^-]}{[HA]} \qquad \cdots②$$

ただし，$[HA]$，$[H^+]$，$[A^-]$ は，HA，H^+，A^- のモル濃度〔mol/L〕をそれぞれ表す。

中和滴定をおこなうとき，酸あるいは塩基の滴下量に応じて HA，A^- のモル濃度は変化する。ここで，HA，A^- の一方のモル濃度がもう一方のモル濃度の 10 倍を超えると片方の色だけが見えるものとする。色が変化する領域は変色域と呼ばれ，③式の条件を満たしている。

$$0.10 \leqq \frac{[HA]}{[A^-]} \leqq 10 \qquad \cdots③$$

$[HA]$，$[A^-]$ の代わりに，$[H^+]$，K_a を用いて③式を表すと，④式のようになる。

$$0.10 \leqq \boxed{(ア)} \leqq 10 \qquad \cdots④$$

したがって，変色域を pH の範囲で表すと，⑤式のようになる。

$$\boxed{(イ)} \leqq pH \leqq \boxed{(ウ)} \qquad \cdots⑤$$

(i) 文中の空欄(ア)にあてはまる式を答えよ。

(ii) この指示薬の電離定数を $K_a = 3.0 \times 10^{-4} \, mol/L$ とする。文中の空欄(イ)および(ウ)にあてはまる数値を小数第 1 位までそれぞれ答えよ。($\log_{10} 3.0 = 0.48$)　　〔同志社大〕

49. 滴定による水和物量の分析 　思考

純粋な硫酸銅(II)五水和物 $CuSO_4 \cdot 5H_2O$ を 102℃ で長時間加熱すると三水和物 $CuSO_4 \cdot 3H_2O$ が得られるが，水和水は加熱中に徐々に失われていく。そのため，試料全体で平均した組成を化学式 $CuSO_4 \cdot xH_2O$ で表すと，102℃ で加熱した試料では，x は $3 \leqq x \leqq 5$ を満たす実数となる。また，さらに高温(150℃ 以上)で加熱すると，x は 0 まで減少し，硫酸銅(II)無水塩 $CuSO_4$ (式量 160)が得られる。

加熱により，一部の水和水を失った試料Aがある。試料Aの化学式 $CuSO_4 \cdot xH_2O$ における x の値を求めるための実験について，次の問い(a・b)に答えよ。ただし，試料A中には Cu^{2+}，SO_4^{2-} と水和水以外は含まれないものとする。(H=1.0，O=16)

a　試料A中の SO_4^{2-} 含有量から x の値を求めるために，次の実験Iを行った。

　実験I　1.178 g の試料Aを水に完全に溶かし，塩化バリウム $BaCl_2$ 水溶液を硫酸バリウム $BaSO_4$ (式量 233)の白色沈殿が新たに生じなくなるまで徐々に加えた。白色沈殿をすべてろ過により取り出し，洗浄，乾燥して質量を求めたところ，1.165 g であった。

　1.178 g の試料A中の SO_4^{2-} がすべて白色沈殿に含まれたと仮定すると，x の値はいくらか。x を小数第 1 位までの数値として次の形式で表すとき，$\boxed{1}$ と $\boxed{2}$ に

当てはまる数字を一つずつ選べ。ただし，同じものを繰り返し選んでもよい。

$x=\boxed{1}.\boxed{2}$

① 1　　② 2　　③ 3　　④ 4　　⑤ 5

⑥ 6　　⑦ 7　　⑧ 8　　⑨ 9　　⓪ 0

b　試料Aにおけるxの値は，SO_4^{2-}の含有量の代わりに，Cu^{2+}の含有量を用いて求めることもできる。試料A中のCu^{2+}含有量を調べる2通りの手法として，次の実験Ⅱおよび実験Ⅲを考えた。

実験Ⅱ　Cu^{2+}を含む水溶液に，水酸化ナトリウム NaOH 水溶液を十分に加え，生じる沈殿をすべてろ過により取り出し，十分に加熱して純粋な酸化銅(Ⅱ) CuO (式量80)としてから，その質量を求める。

実験Ⅲ　Cu^{2+}を含む水溶液を，陽イオン交換樹脂を詰めたカラムに通し，流出液に含まれる水素イオン H^+ の物質量を，中和滴定により求める。

　ある質量の試料Aを溶かした水溶液Bを用意し，その 10 mL を用いて実験Ⅱを行ったところ，質量 w(mg) の CuO が得られた。また，別の 10 mL の水溶液Bを用いて実験Ⅲを行ったところ，濃度 c(mol/L) の NaOH 水溶液が，中和滴定の終点までに V(mL) 必要であった。用いた水溶液B中の Cu^{2+} が，実験Ⅱではすべて CuO となり，実験Ⅲではすべて陽イオン交換樹脂により H^+ に交換されたものとすると，求められる Cu^{2+} の含有量の値は，実験Ⅱと実験Ⅲで同じ値となる。このとき，w，c，V の値の関係はどのような式で表されるか。最も適当なものを一つ選べ。

① $V=\dfrac{25w}{c}$　　② $V=\dfrac{25w}{2c}$　　③ $V=\dfrac{25w}{4c}$

④ $V=\dfrac{w}{40c}$　　⑤ $V=\dfrac{w}{80c}$　　⑥ $V=\dfrac{w}{160c}$

〔共通テスト 化学(追試験)〕

Ｂ　50．水溶液の電離と中和熱

次の文章を読んで，問いに答えよ。ただし，中和によって生じる塩はすべて水溶液中で完全に電離するものとする。($\log_{10}2=0.301$, $\log_{10}3=0.477$)

1 価の酸性電解質 HA を水に溶かすと，式①のような電離平衡が成り立つ。

$$HA\,aq \rightleftharpoons H^+aq + A^-aq \qquad\qquad\cdots①$$

25℃において，(a)0.100 mol/L の HA 水溶液の電離度は 0.600 であった。(b)この HA 水溶液 1.00 L を同じモル濃度の NaOH 水溶液を用いて過不足なく中和したところ，5.41 kJ の熱量が発生した。この中和操作において，HA aq は式①の正反応により電離した後，中和される。(c)電離している $H^+aq + A^-aq$ と NaOH 水溶液との中和熱は，HCl 水溶液と NaOH 水溶液の中和熱に等しいとみなせる。

問1　下線部(a)について，中和操作前の HA 水溶液の pH を有効数字 3 桁で求めよ。ただし，水溶液中の H^+ はすべて HA の電離によって生じたとする。

問2　下線部(b)について，中和に要した NaOH 水溶液の体積を L 単位で求めよ。有効数字は 3 桁とせよ。

記述 問3 下線部(c)の理由を，イオン反応式を用いて説明せよ。

問4 HCl 水溶液と NaOH 水溶液の中和熱を 56.5kJ/mol として，式①の正反応の反応熱を kJ/mol 単位で求めよ。有効数字は2桁とせよ。発熱反応か吸熱反応かも書け。

〔新潟大 改〕

51. 中和滴定 思考

中和滴定に関する以下の文章を読んで，問いに答えよ。(a)，(b)については小数点第1位まで求めよ。ただし，酢酸の電離定数 K_a を 2.0×10^{-5} mol/L，水のイオン積 K_w を 1.0×10^{-14} (mol/L)^2 とする。酢酸の電離度は1に比べて非常に小さいとしてよい。($\log_{10}2=0.30$)

0.1mol/L の酢酸水溶液 10.0mL に対して，0.1mol/L の水酸化ナトリウム水溶液を滴下した。表は，加えた 0.1mol/L の水酸化ナトリウム水溶液の体積，加えた後の混合水溶液の体積および pH をまとめたものである。この表をもとに滴定曲線を作成しようと思ったが，一部のデータが欠落している。

加えた水酸化ナトリウム水溶液の体積/mL	混合水溶液の体積/mL	混合水溶液のpH
0.0	10.0	(i)
1.0	11.0	3.7
2.0	12.0	4.1
5.0	15.0	4.7
9.0	19.0	5.7
9.9	19.9	6.7
10.0	20.0	8.7
10.1	20.1	10.7
11.0	21.0	11.7
15.0	25.0	(ii)
20.0	30.0	12.5

(a) 表の(i)に入る pH の値を求めよ。

(b) 表の(ii)に入る pH の値を求めよ。

記述 (c) 表を見ると水酸化ナトリウム水溶液を 10.0mL 加えたときの混合水溶液は弱塩基性である。混合水溶液中の電離平衡の式を書き，弱塩基性を示す理由を説明せよ。

(d) 表の値と(a)，(b)で求めた値をもとに，滴定曲線を作成せよ。縦軸に pH，横軸に加えた水酸化ナトリウム水溶液の体積をとり，各軸の目盛りに適切な数値を書き入れること。

記述 (e) 今回の中和滴定に関して，ある学生は「pH=7 で中性だから，pH が6から8に変色域をもつ指示薬を用いればいいね。」と言った。その学生の考えは正しいだろうか。正誤を答え，(d)で作成した

pH

加えた水酸化ナトリウム水溶液の体積 /mL

滴定曲線をもとに，そう考えた理由を説明せよ。「正しくない」と答えた場合は，適切な変色域の pH の範囲を，最大と最小の幅が2となるように整数で答えよ。

〔学習院大〕

52. 有機化合物の反応と電離 　思考

　脂肪族炭化水素の［　ア　］原子を［　イ　］基で置換した構造をもつ化合物を，［　ウ　］という。一方，［　エ　］の［　ア　］原子を［　イ　］基で置換した構造をもつ化合物を，［　オ　］類という。両者共に，それが液体である時に単体のナトリウムを加えると，反応して［　ア　］を発生する。［　オ　］類の中で示性式がC_6H_5OHである［　オ　］は，水酸化ナトリウム水溶液中に加えると［　カ　］という塩をつくり，水に対する溶解度が上がる。

　［　オ　］の25℃における電離定数K_aは1.4×10^{-10}mol/Lであり，したがって［　カ　］は弱酸と強塩基からなる塩であるため，その水溶液ではイオン反応式Aで示される塩の［　キ　］によって水酸化物イオンが生じ，塩基性を示す。なお，このイオン反応式Aの反応の平衡定数K_hは，［　キ　］定数とよばれ，イオン反応式A中のイオンおよび化合物のモル濃度の関数として，$K_h=$①　と表される。この式の分母と分子の両方に［　ア　］［　ク　］濃度をかけると　$K_h=$②　という形となり，したがって，$K_h=$③　というように，［　キ　］定数K_hを［　ケ　］とよばれるK_Wおよび電離定数K_aの関数として表すことができる。また，イオン反応式Aで生じる水酸化物イオンと［　オ　］は物質量が等しい。ここで，［　カ　］のモル濃度をcとすると，$[C_6H_5O^-]$はcと近似できるので，［　キ　］定数K_hは　$K_h=$④　というように$[OH^-]$およびcの関数として表される。以上のことより，水酸化物イオン濃度は，$[OH^-]=$⑤　というようにK_a，K_W，およびcの関数として表される。［　ケ　］とよばれるK_Wは，25℃において1.0×10^{-14}(mol/L)^{2}という値となる。したがって，cが1.4×10^{-2}mol/Lの［　カ　］の水溶液の水酸化物イオン濃度を計算するためには，$[OH^-]=$⑤　の式中のK_a，K_W，およびcにそれぞれの値を代入して$[OH^-]=$⑥　という式を得る。これを計算することで水酸化物イオン濃度が$[OH^-]=$［　コ　］mol/L と求まり，したがってこの水溶液のpHは［　サ　］である。

　炭酸はイオン反応式Bおよびイオン反応式Cで示される2段階で電離して，それぞれの電離定数は7.8×10^{-7}mol/L および 1.4×10^{-10}mol/L であることが報告されている。したがって，［　カ　］の水溶液に二酸化炭素を通じると，化学反応式Iの反応によって［　オ　］が［　シ　］する。

　［　オ　］は，［　ス　］の原料として用いられる。［　オ　］を酸を触媒として［　セ　］と反応させると，まず［　オ　］の［　エ　］が［　セ　］の［　ソ　］基の炭素原子に［　タ　］する。つづいて，この［　タ　］した化合物がさらに［　オ　］と［　チ　］する。この［　タ　］と［　チ　］が繰り返されて［　ツ　］とよばれる低い重合度の生成物が得られる。このように，［　タ　］と［　チ　］が繰り返されて進む重合を［　タ　］［　チ　］とよぶ。一方，塩基を触媒とした場合には，［　テ　］とよばれる低い重合度の生成物が得られる。［　ツ　］に［　ト　］剤や着色剤を加え，型に入れて加圧・［　ナ　］すると，重合が進んで［　ニ　］構造をもった［　オ　］［　ス　］が得られる。一方，［　テ　］は，型に入れて［　ナ　］すると，［　ト　］剤を加えなくても［　オ　］［　ス　］になる。

設問1　［　］にあてはまる最も適切な語句，あるいは数値を書け。

設問2　イオン反応式A，イオン反応式B，イオン反応式C，および化学反応式Iをそれぞれ書け。

設問3 ①〜⑥について，それぞれの式を完成させよ。（イオンや化合物のモル濃度は，[OH⁻] や [C₆H₅OH] のように書け。） 〔慶應大〕

53. 酢酸水溶液の pH の濃度変化

以下の文章を読み，問いに答えよ。なお，[X] は分子もしくはイオン X のモル濃度を表す。

濃度 C〔mol/L〕の酢酸水溶液中で
$CH_3COOH \rightleftarrows CH_3COO^- + H^+$ の
平衡がなりたっているとき，水のイオン積 $K_w=[H^+][OH^-]$ と酢酸の電離定数

$$K_a = \frac{[H^+][CH_3COO^-]}{[CH_3COOH]}$$

を用いて，[H⁺] を表すことができる。陽イオンと陰イオンの電荷のつりあいの条件が

$$[H^+] = \boxed{ア} + \boxed{イ}$$

を満たすこと，および，濃度 C が

$$C = \boxed{ウ} + \boxed{エ}$$

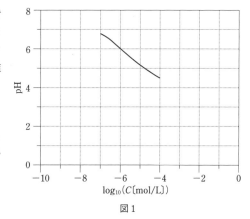

図1

で表されることを考慮すれば，[H⁺] 以外の分子やイオンの濃度を消去することにより，[H⁺] に関する三次方程式

$$[H^+]^3 + (\boxed{オ})[H^+]^2 + (\boxed{カ})[H^+] + (\boxed{キ}) = 0$$

が得られる。この方程式の解 [H⁺] を用い，酢酸の電離定数 $K_a=1.6\times10^{-5}$ mol/L，水のイオン積 $K_w=1.0\times10^{-14}$(mol/L)² として，酢酸水溶液の pH の濃度変化曲線の一部を図1に描いた。

なお，濃度 C が高いときには，水の電離の影響を無視できるので $K_w=0$ の近似が許され，三次方程式を二次方程式

$$[H^+]^2 + K_a[H^+] - K_a C = 0$$

へと変形することができる。この方程式の解 [H⁺] は，高濃度の極限において $\sqrt{K_a C}$ で近似できる。

問1 空欄 $\boxed{ア}$〜$\boxed{エ}$ にあてはまる分子やイオンのモル濃度を答えよ。

問2 空欄 $\boxed{オ}$〜$\boxed{キ}$ を K_a，K_w，ならびに C を用いて表せ。

[記述] 問3 酢酸水溶液の pH は，濃度 C が低い領域でほぼ一定値をとる。その理由を記せ。さらに，$C \leq 10^{-8}$ mol/L の範囲における pH の濃度変化を，図1に書き込め。

問4 酢酸水溶液の pH は，濃度 C が高い極限で $\log_{10}(C$〔mol/L〕) の一次関数となる。まず，$C=1.0$ mol/L の酢酸水溶液の pH を計算し，小数点以下1桁まで答えよ。次に，$C \geq 10^{-3}$ mol/L の範囲で pH の濃度変化を，図1に実線で書き込め。（$\log_{10}2=0.3$） 〔大阪大〕

6 酸化・還元と電池・電気分解

A 54. 酸化数

次のイ～ニのうち酸化還元反応であるものにおいて，その下線部①と②の酸素原子の酸化数として正しいものはどれか。

イ．$\underset{①}{MgO} + 2HCl \longrightarrow MgCl_2 + \underset{②}{H_2O}$

ロ．$Cu(\underset{①}{OH})_2 \longrightarrow Cu\underset{②}{O} + H_2O$

ハ．$2Ag^+ + 2\underset{①}{OH}^- \longrightarrow Ag_2\underset{②}{O} + H_2O$

ニ．$2H_2\underset{①}{O}_2 \longrightarrow 2H_2\underset{②}{O} + O_2$

a．① -2，② -1 b．① -1，② 0 c．① 0，② -2

d．① -1，② -2 e．① 0，② -1 〔立教大〕

55. ダニエル電池

図1のように，金属Aの板とそれを浸した金属Aの硫酸塩の水溶液と，金属Bの板とそれを浸した金属Bの硫酸塩の水溶液との間を素焼き板で仕切って電池を作った。使用した硫酸塩中の金属原子の酸化数はいずれも $+2$ であり，水溶液中の硫酸塩の濃度はいずれも $1\,mol/L$ とする。

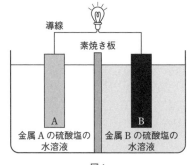

導線

素焼き板

A

B

金属Aの硫酸塩の水溶液 ／ 金属Bの硫酸塩の水溶液

図1

(1) 金属Aに鉄 Fe を用い，金属Bとして
(a)銅 Cu，(b)亜鉛 Zn，(c)スズ Sn を用いたとき，金属Aが正極に，金属Bが負極
となるのはどれか。(a)，(b)，(c)の中からあてはまるものをすべて選べ。

(2) 金属Aに Zn を用い，金属Bに Cu を用い，これらを硫酸亜鉛および硫酸銅(Ⅱ)の水溶液にそれぞれ浸した電池を作った。この電池で，$0.100\,A$ の一定電流を 1.00 時間取り出した。① Zn 板と② Cu 板の質量変化〔g〕を有効数字 3 桁でそれぞれ求めよ。質量が増加した場合は符号＋を，減少した場合は符号－を用いて表すこととし，符号と数値を合わせてそれぞれ書け。ただし，この電池で生じる反応は金属の溶解と析出のみであり，Zn の溶解や析出は Zn 板と硫酸亜鉛水溶液との間でのみ生じ，Cu の溶解や析出は Cu 板と硫酸銅(Ⅱ)水溶液との間でのみ生じるものとする。また，反応に関わる電子はすべて外部に接続した導線中を通るものとする。

（Cu＝63.6，Zn＝65.4，$F＝9.65×10^4\,C/mol$）   〔東北大 改〕

56. 酸化還元反応

銅を空気中で熱すると，酸素と反応して酸化銅(Ⅱ)を生じる。このように物質が酸素を受け取る反応を酸化といい，生成した化合物を酸化物という。一方，物質が酸素を失う反応を還元という。また，ヨウ化水素の分解反応

$$2HI \longrightarrow H_2 + I_2$$

などでは，酸化・還元が物質間の水素のやりとりで定義され，その場合は，反応の過程で水素を失った物質は　ア　されたといい，水素を受け取った物質は　イ　されたという。

酸素や水素が関わらない反応にも酸化・還元の考え方を拡張するために，電子の授受で酸化還元を表すことがある。この場合は酸化数をもちいて，反応の前後でその原子の酸化数が　ウ　したとき，その原子は酸化されたといい，酸化数が　エ　したとき，その原子は還元されたという。

酸化還元反応を利用する電池は，反応の化学エネルギーを電気エネルギーとして取り出す装置である。電池では還元反応が起こる電極を　オ　極，酸化反応が起こる電極を　カ　極という。

(i) 　ア　〜　カ　のそれぞれに当てはまる最も適切な語句を記せ。

(ii) 次の(1)〜(3)の化学反応式について，下線を付した原子の反応前と反応後の酸化数を記せ。

(1) $2\underline{Cu}O + C \longrightarrow 2\underline{Cu} + CO_2$

(2) $2\underline{F}_2 + 2H_2O \longrightarrow 4H\underline{F} + O_2$

(3) $Ba\underline{C}O_3 + 2HCl \longrightarrow BaCl_2 + H_2O + \underline{C}O_2$

(iii) 次の(あ)〜(え)の中から正しい記述を一つ選べ。

(あ) 充電できる電池は，一次電池とよばれる。

(い) ダニエル電池の亜鉛板を鉄板に置き換えると，起電力が大きくなる。

(う) アルミニウム板と銀板を電解液に浸して電池を作ると，銀がイオンになって電子を放出する。

(え) ダニエル電池の硫酸銅(II)水溶液の濃度を高くすると，電池から取り出せる総電気量が増える。 〔広島大〕

57. 酸化還元滴定

過マンガン酸カリウム $KMnO_4$ の水溶液は，酸性条件下で強力な${}_a$酸化作用を示し，酸化還元滴定によく用いられる。過マンガン酸カリウムは精製が困難なため，その水溶液のモル濃度は，次の【実験】のように，純粋なものが容易に得られるシュウ酸などの還元剤で滴定することで求められる。

【実験】 純粋なシュウ酸二水和物 $(COOH)_2 \cdot 2H_2O$ を $1.26\,g$ はかり取り，これを正確に $100\,mL$ の水溶液とした。この水溶液を $10.0\,mL$ 取り，${}_b$希硫酸 $10.0\,mL$ とコニカルビーカー中で混合し，約 $70\,℃$ に温めながら，ビュレットを用いて濃度未知の過マンガン酸カリウム水溶液で滴定した。コニカルビーカー中で過マンガン酸カリウム水溶液の赤紫色が消えなくなった点を終点とし，終点に達するまでに $12.5\,mL$ の過マンガン酸カリウム水溶液を滴下した。

問1 下線部 a について，酸性および中性・塩基性での過マンガン酸イオン MnO_4^- の酸化剤としての反応を考える。次に示した各イオン反応式について，㋐，㋑，㋒，

⑦, ⑦, ⑦については係数として適切な数字を書き, ⑦, ⑧については指定された選択肢から適切なものを選べ。ただし, 酸化還元反応が進行しないと解答する場合には, 係数については(0)を書き, ⑦, ⑧については(4)適切なものはない, を選ぶこと。

酸　　　性：$MnO_4^- +$ 「⑦数字」$H^+ +$ 「④数字」$e^- \longrightarrow$ 「⑦選択肢」$+$ 「⑤数字」H_2O

中性・塩基性：$MnO_4^- +$ 「⑦数字」$H_2O +$ 「⑦数字」$e^- \longrightarrow$ 「⑧選択肢」$+$ 「⑦数字」OH^-

⑦, ⑧の選択肢

(1) Mn^{2+}　　(2) MnO_2　　(3) Mn　　(4) 適切なものはない

問2　【実験】の結果から求められる過マンガン酸カリウム水溶液のモル濃度は何mol/L か。ただし, 解答は有効数字 3 桁の次の形式で表すものとし, 実数部 ⎡(1)⎤～⎡(3)⎤ と指数部 ⎡(5)⎤ には各桁の数字を, 指数部先頭 ⎡(4)⎤ は＋か－の符号を答えること。(H＝1.0, C＝12, O＝16)

$$\underbrace{\boxed{(1)} . \boxed{(2)}\ \boxed{(3)}}_{\substack{\uparrow \\ \text{小数点}}} \times 10^{\boxed{(4)}\boxed{(5)}} \text{mol/L}$$

実数部　　　　　指数部

問3　下線部 b について, 希硫酸のかわりに塩酸または硝酸を用いることができるか。正しい組合せを選べ。

	塩　酸	硝　酸
(あ)	用いることができる	用いることができる
(い)	用いることができる	還元剤としてはたらくため用いることができない
(う)	用いることができる	酸化剤としてはたらくため用いることができない
(え)	還元剤としてはたらくため用いることができない	用いることができる
(お)	還元剤としてはたらくため用いることができない	還元剤としてはたらくため用いることができない
(か)	還元剤としてはたらくため用いることができない	酸化剤としてはたらくため用いることができない
(き)	酸化剤としてはたらくため用いることができない	用いることができる
(く)	酸化剤としてはたらくため用いることができない	還元剤としてはたらくため用いることができない
(け)	酸化剤としてはたらくため用いることができない	酸化剤としてはたらくため用いることができない

問4 【実験】の滴定を中性・塩基性条件下で行った場合，滴定中のコニカルビーカー内ではどのような現象が観察されると予想できるか。適切なものを1つ選べ。

(あ) 滴下初期から過マンガン酸カリウム水溶液の色が消えずに残る。

(い) 橙赤色に変色する。

(う) 青色に変色する。

(え) 黒褐色の沈殿が生じる。

(お) 桃色の沈殿が生じる。   〔防衛医大〕

58. 鉛蓄電池

電解質水溶液に希硫酸，負極として鉛 Pb，正極として酸化鉛 (Ⅳ) PbO_2 を用いてできる電池を鉛蓄電池といい，二次電池として使われる。鉛蓄電池が放電すると，負極では式1が，正極では式2の反応が起こり，両電極ともに表面が硫酸鉛 (Ⅱ) $PbSO_4$ で覆われる。

$$Pb + SO_4{}^{2-} \longrightarrow PbSO_4 + \boxed{(1)}\ e^- \qquad\qquad \cdots(式1)$$

$$PbO_2 + 4\boxed{(2)} + SO_4{}^{2-} + \boxed{(1)}\ e^- \longrightarrow PbSO_4 + 2\boxed{(3)} \qquad \cdots(式2)$$

ある程度放電した鉛蓄電池の負極・正極を，外部の直流電源の負極・正極にそれぞれつなぎ，放電時と逆向きの電流を流せば，鉛蓄電池を充電できる。この充電の操作を行うと，両電極では，それぞれ放電とは逆向きの反応が起こり，電極と電解液がもとの状態に戻る。いま，ある鉛蓄電池を放電し続けたところ，負極の質量が235gとなり，正極の質量が213gとなった。この状態から充電を行い，負極では $PbSO_4$ をすべて Pb に，正極では $PbSO_4$ をすべて PbO_2 へと変化させるのに，10.0A の電流を1時間4分20秒流す必要があった。このとき，負極の質量は235gから$\boxed{(4)}$gへと変化し，正極の質量は213gから$\boxed{(5)}$gへと変化する。なお，充電のときに流れる電子は，両電極で進行する充電の反応にすべて使われたものとする。(O=16.0, S=32.0, $F=9.65\times10^4$C/mol)

$\boxed{(1)}$ に対する解答群(ただし，係数が1の場合は，省略せずに①を選べ。)

① 1   ② 2   ③ 3   ④ 4   ⑤ 5   ⑥ 6   ⑦ 7   ⑧ 8   ⑨ 9

⓪ 10

$\boxed{(2)}$, $\boxed{(3)}$ に対する解答群

① CO   ② CO_2 ③ H^+ ④ H_2 ⑤ H_2O ⑥ H_2O_2 ⑦ HS^-

⑧ H_2S ⑨ $NH_4{}^+$ ⓪ O_2 ⓐ Pb^{2+}

$\boxed{(4)}$, $\boxed{(5)}$ に対する解答群

① 183   ② 187   ③ 189   ④ 191   ⑤ 193   ⑥ 196   ⑦ 200   ⑧ 204

⑨ 207   ⓪ 209   ⓐ 212   ⓑ 216   ⓒ 220   ⓓ 225   ⓔ 231   ⓕ 236

ⓖ 240   ⓗ 243   ⓘ 247   ⓙ 251   〔近畿大〕

59. 水酸化ナトリウムの工業的製法

次の文の□□□および((8))に入れるのに最も適当なものを，それぞれ a群 および (b群)から選べ。また，{ }には係数を含めた化学式を答えよ。

($F=9.6\times10^4$C/mol, H=1, O=16, Na=23)

　水酸化ナトリウムは，セッケンの製造などに大量に用いられ，塩化ナトリウム水溶液を電気分解することによって工業的に製造されている。中性の塩化ナトリウム水溶液中で，陰極に鉄を，陽極に黒鉛を用いて電気分解を行うと，陰極では①式の反応が，陽極では②式の反応が起こる。

　　　陰極：{ (1) } + 2e$^-$ ⟶ { (2) } + { (3) }　　　　　　　　…①

　　　陽極：{ (4) } ⟶ { (5) } + 2e$^-$　　　　　　　　　　　　…②

　全体としての反応は③式で表すことができる。

　　　2NaCl + { (1) } ⟶ { (2) } + { (5) } + { (6) }　　　　　…③

　高純度の水酸化ナトリウムを製造する場合には，陽極と陰極とを ⎡(7)⎤ でしきって，塩化ナトリウム水溶液の電気分解を行っている。3.0kgの水酸化ナトリウムを製造するためには，100Aの電流で((8))時間電気分解することが必要となる。

⎡a群⎤

　(ア) 陽イオン交換膜　　(イ) 陰イオン交換膜　　(ウ) 酸素　　(エ) 窒素

　(オ) 二酸化炭素　　(カ) 強い塩基性　　(キ) 強い酸性

(b群)

　(ア) 1　　(イ) 2　　(ウ) 4　　(エ) 5　　(オ) 10　　(カ) 20　　(キ) 40　　(ク) 50　　(ケ) 100

〔関西大 改〕

60. ナトリウム-硫黄二次電池

　硫黄を正極活物質に用いた二次電池の例として，ナトリウム-硫黄二次電池がある。ナトリウム-硫黄二次電池における正極・負極での代表的な充電・放電反応は以下の通りであり，他の反応はここでは考えない。

　　負極：Na $\underset{充電}{\overset{放電}{\rightleftarrows}}$ Na$^+$ + e$^-$　　　　　　　　　　　　　…式(1)

　　正極：5S + 2Na$^+$ + 2e$^-$ $\underset{充電}{\overset{放電}{\rightleftarrows}}$ Na$_2$S$_5$　　　　　　　…式(2)

(1) この電池の全体の反応式を答えよ。

(2) 電気量〔Ah〕は，電流〔A〕と電流の流れた時間〔h〕の積で表される。式(2)における正極の硫黄を1.00gとするとき，完全に充電された状態から完全に放電するときの電気量〔Ah〕を，有効数字3桁で答えよ。なお，1h(時)＝3600s(秒) である。(S=32.1, $F=9.65\times10^4$C/mol)　　　　　　　　　　　　　　　　　　〔北海道大〕

ⓑ 61. 電気分解と気体の発生 [思考]

　図に示すような絶対温度 T〔K〕に維持された実験系があり，電解槽Ⅰ，Ⅱには0.1mol/L塩化ナトリウム水溶液が，電解槽Ⅲには0.1mol/L硫酸銅(Ⅱ)水溶液が満たされている。電解槽Ⅰ，Ⅱの塩化ナトリウム水溶液は，塩橋で接続されている。電解槽Ⅰ，Ⅱの塩化ナトリウム水溶液中には，それぞれ白金板1，鉄板が，電解槽Ⅲの硫酸銅

（Ⅱ）水溶液中には銅板，白金板 2 が浸されている。白金板 1, 2 は電源に接続され，鉄板と銅板は導線で接続されている。また，白金板 1, 2 の上には，底が開き，上部が密閉された容器 1, 2 が置かれている。容器 1, 2 は，内部の体積が無視できる柔軟なチューブで接続され，上下方向に自由に動かすことができる。また，チューブには閉じたバルブがつながれている。

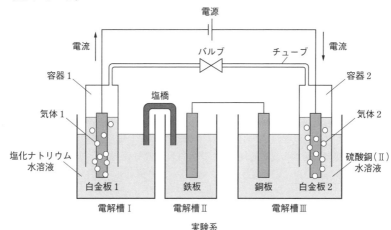

実験系

この実験系で以下の操作 1 ～ 4 を順次行った。

【操作 1 】 容器 1 および 2 を，それぞれの電解槽中の溶液で満たした。白金板 1, 2 間に図に示す向きで一定の電流 i_A〔A〕を時間 t_A〔s〕だけ流したところ，白金板 1, 2 からそれぞれ気体 1, 2 が発生した。この際，流れた電気量を Q_A〔C〕とする。発生した気体 1, 2 を水上置換法によりそれぞれ容器 1, 2 中に集め，容器の内部と外部の水面の高さが同じになるように容器の上下方向の位置を調節した。

【操作 2 】 容器 1, 2 が上下方向に動かないように固定した状態でバルブを開き，容器 1, 2 内の気体を完全に混合した。

【操作 3 】 バルブを再び閉め，操作 1 と同様に一定の電流 i_B〔A〕を時間 t_B〔s〕だけ流したところ，白金板 1, 2 からそれぞれ気体 1, 2 が発生した。この際，流れた電気量を Q_B〔C〕とする。その後，内部の水面の高さが容器外部の水面の高さと同じになるように容器 2 の上下方向の位置を調節した。

【操作 4 】 銅板を装置から取り外し，水で洗ってから乾燥させ，質量を測定した。

ただし，操作 1 ～ 3 の後においても，電解槽Ⅰ～Ⅲ内の電解質濃度には，大きな変化はないものとする。また，気体 1, 2 は理想気体であるとし，これらおよび空気の溶液中への溶解は無視できるものとする。

ファラデー定数を F〔C/mol〕，気体定数を R〔Pa・L/(K・mol)〕，大気圧を p_0〔Pa〕，絶対温度 T〔K〕での飽和水蒸気圧を p_{H_2O}〔Pa〕として，以下の問に答えよ。

問 1 Q_A を i_A を含む式で表せ。

問2 操作1,3で,白金板1,2で起こる反応をそれぞれ電子 e⁻ を含む反応式で表せ。

問3 操作1で発生した気体1,2の物質量 n_1, n_2〔mol〕をそれぞれ Q_A を含む式で表せ。

問4 操作1の結果,容器1,2に集められた気体の体積 V_1, V_2〔L〕を,それぞれ Q_A を含む式で表せ。

問5 操作2の後の接続された容器1,2における気体1,2の分圧 p_1, p_2〔Pa〕をそれぞれ p_0 を含む式で表せ。

問6 操作3の後の容器2内の気体1,2の物質量を $n_1{}'$, $n_2{}'$〔mol〕とする。以下の問に答えよ。

　(i) $n_1{}'$ を Q_A を含む式で表せ。

　(ii) $n_2{}'$ を Q_A, Q_B を含む式で表せ。

問7 操作4の質量測定の結果,銅板の質量は操作1の前と比べて Δm_{Cu}〔g〕だけ増加した。以下の問に答えよ。必要であれば,銅のモル質量 M_{Cu}〔g/mol〕を用いよ。

　(i) 銅板上で起こる反応を電子 e⁻ を含む反応式で表せ。

　(ii) Δm_{Cu} を Q_A, Q_B を含む式で表せ。　　　　　　〔筑波大(前期)〕

62. 金属や電池の酸化還元反応 　思考

　酸化還元反応は,私達の生活に最も身近な化学反応といえる。例えば,金属が錆びる反応や電池の電極で起こる反応は,一見別の機構で起こる反応のように見えるが,どちらも酸化還元反応である。一次電池には正極と負極があるが,負極では ア 反応が起こり,電子が イ される。金属の錆びる反応や電池の電極反応では,金属が酸化還元反応を起こし,酸化還元滴定でもよく利用される。 aシュウ酸と過マンガン酸カリウムの反応では,単体の金属は反応に関わらない。電池と似たような反応が起こる電気分解においても,電極に金属を用いない場合もある。電気分解では,2つの極をそれぞれ陽極と陰極と呼び,陽極において ウ 反応が起こる。

問1 文中の空欄 ア ～ ウ にあてはまる最も適切な語句を漢字2文字で記せ。

記述　問2 金属鉄の錆びる(腐食)現象を考えるには,金属のイオン化傾向が参考となる。鉄は日常的に使用される金属であるが,空気中に放置するとすぐに腐食する。腐食を防ぐ方法としてめっきがあり,ブリキは鉄(鋼板)の表面に別の金属をめっきして,腐食を抑えたものである。ブリキが錆びにくい理由を,金属のイオン化傾向の考えから説明せよ。

問3 電池のなかでも,燃料電池は今後様々な用途での利用が見込まれ,開発や実用化が進められている。燃料電池は,外部から供給される水素と空気中の酸素の化学反応を利用している。燃料電池の負極では水素がイオン化し,正極では水が生成される。この正極で起こっている反応を,電子を含むイオン反応式で示せ。なお,電子は e⁻ で表せ。

問4 下線部 a の反応で,酸化された原子の酸化数の変化を,$+2 \rightarrow +3$ のように矢印(→)を介して数字で示せ。ただし,酸化数には符号も付すこと。

問5 　陽極に炭素(黒鉛)，陰極に鉄を用いて塩化ナトリウム水溶液の電気分解を行った。以下の(1)，(2)の問いに答えよ。

(1) 　陽極と陰極で起こる化学変化を，それぞれ電子 e^- を含むイオン反応式で示せ。

(2) 　0.50 A の電流を 30 分通じたとき，両極から発生する気体の体積 L (標準状態) の合計を有効数字 2 桁で答えよ。ただし，発生した気体の電解液への溶解は無視してよい。($F=9.65\times10^4$ C/mol)　　　　　　　　〔早稲田大〕

63. 水の電気分解　思考

　電解質の水溶液に挿入した一対の電極間に直流電圧を印加すると，通常起こりにくい酸化還元反応が起こる。この操作は「電気分解」と呼ばれる。外部から供給された電気エネルギーは化学エネルギーに変換されるので，電気分解は ア 反応である。また， イ 反応が生じる電極を「陽極」， ウ 反応が生じる電極を「陰極」という。例えば，純水に水酸化ナトリウムを添加し，その中に挿入した一対の炭素棒間に直流電圧を印加すると，水素と酸素が得られる。次に，純水に添加する物質を変更し，同様の操作を行ったところ，添加した物質はガス発生の挙動に応じて次の3グループに分類できた。

グループ① 　両方の電極からガスが発生する

グループ② 　片方の電極のみからガスが発生する

グループ③ 　いずれの電極からもガスは発生しない

問1 　 ア ～ ウ に該当する用語として適当な組合せをA～Dから選べ。

	A	B	C	D
ア	吸熱	吸熱	発熱	発熱
イ	酸化	還元	酸化	還元
ウ	還元	酸化	還元	酸化

問2 　純水に添加し電極間に直流電圧を印加したとき，次に示す各物質が①，②，③のいずれのグループの挙動を示すか答えよ。なお，難溶性塩の水溶液中において，イオン濃度はゼロとみなしてよい。

| 塩化カリウム　　硫酸ナトリウム　　塩化銅　　塩化銀　　硝酸銅 |
| 硝酸銀 |

問3 　問2でグループ①に分類されたある物質を純水に添加し電気分解すると，片方の電極周囲の水 (液量 100 mL) は酸性になり，pH=2 となった。添加した物質の化学式と電気分解時に流れた電子の物質量を求めよ。

問4 　問2でグループ②に分類された物質を純水に添加し電気分解すると，様々な物質が生成する。このとき，陽極・陰極それぞれで生成される物質を，生成させるのに必要な理論分解電圧が高い順にすべて記入せよ。

問5 　水酸化ナトリウムを純水に添加して電気分解し，陽極で発生するガスを回収する

操作を考える。電極間に 20.0 A が流れたとき，標準状態で 1.00 L のガスを回収するために必要な時間を有効数字 3 桁で求めよ。($F=9.65×10^4$ C/mol) 〔神戸大〕

64. 並列回路における電気分解 思考

次の文章を読み，問いに答えよ。ただし，発生した気体は理想気体としてふるまうものとする。また，数値での解答は，有効数字 2 桁で示せ。
($Cu=64$, $Ag=108$, $F=9.6×10^4$ C/mol)

白金板を電極にした電解槽 I，II，III を図 1 のように接続して，電気分解を行った。電解槽 I には硝酸銀水溶液，電解槽 II には水酸化リチウム水溶液，電解槽 III には塩化銅(II)水溶液が入っている。電流計の値が常に 2.0 A になるように 2 時間 40 分電気分解したところ，白金電極 A の質量は 5.4 g 増加した。図 1 に示す回路では，電解槽 I と電解槽 II を流れる電気量は等しく，電解槽 I と電解槽 III を流れる電気量の総和は電流計を流れる電気量と等しくなる。

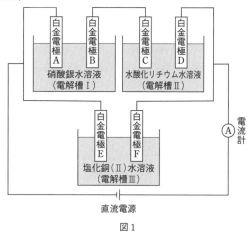

図1

(1) 白金電極 A に関する記述として正しいものを，解答群 1 から選べ。

解答群 1

> ① 白金電極 A は正極であり，表面で酸化反応が起こる。
> ② 白金電極 A は負極であり，表面で酸化反応が起こる。
> ③ 白金電極 A は陰極であり，表面で還元反応が起こる。
> ④ 白金電極 A は陽極であり，表面で還元反応が起こる。

(2) 白金電極 A で起こった反応を電子とイオンを含む化学反応式で記せ。

(3) 白金電極 C で起こった反応を電子とイオンを含む化学反応式で記せ。

(4) 白金電極 D で起こった反応を電子とイオンを含む化学反応式で記せ。

(5) 白金電極 F では気体が発生する。発生した気体と水との反応を化学反応式で表せ。

(6) 電流計を流れた電気量は何 C か。

(7) 電解槽 I を流れた電気量は何 C か。

(8) 電解槽 III を流れた電子は何 mol か。

(9) 白金電極 E の質量は何 g 変化したか。増加した場合は＋，減少した場合は－をつけて記せ。

(10) 白金電極 B で発生した気体の体積は 27℃，$1.0×10^5$ Pa で何 L か。ただし，27℃，$1.0×10^5$ Pa における気体 1 mol の体積は 25 L とする。　〔大阪工大〕

7 元素の周期律，非金属元素とその化合物

A 65. ハロゲン

次の文章中の空欄⑦～⑰には F_2, Cl_2, Br_2, I_2 のうち，それぞれ一つ以上があてはまる。Cl_2 があてはまるものをすべて正しく選んだ組合せはどれか。

ハロゲンの単体である F_2, Cl_2, Br_2, I_2 はいずれも酸化力があり，それらの酸化力の違いは水や水素との反応性でみることができる。水との反応では，　⑦　は反応性が高く，ハロゲン化水素と酸素を生じるが，　④　は水に少し溶け，その一部が反応してハロゲン化水素と次亜ハロゲン酸を生じる。ハロゲンの単体は，水素との反応によりハロゲン化水素を生じるが，光照射下で爆発的に反応するのは　⑰　であり，触媒の存在下で加熱することを必要とするのは，　⑤　である。ハロゲン化物イオンからハロゲン単体が遊離する反応からも酸化力の違いがわかる。例えば，水溶液中で Br^- に　⑪　を加えると Br_2 が遊離する。一方，　⑰　を加えても Br_2 は遊離しない。

(1) ⑦, ⑰, ⑪　　(2) ⑦, ⑤, ⑰　　(3) ④, ⑰, ⑪

(4) ④, ⑰, ⑰　　(5) ④, ⑤, ⑪　　　　　　　　　　　　　　　　〔防衛医大〕

66. 硫黄の化合物

石油は，さまざまな炭化水素を含む混合物である。油田からくみ上げられた石油を分留すると，沸点の差によりナフサ（粗製ガソリン），灯油，軽油などが得られる。石油を分留して得られるガス分を冷却・圧縮して液体とした燃料を，液化石油ガス（LPG または LP ガス）という。液化石油ガスの主成分は，①プロパンやブタンなどであり，硫黄化合物もわずかに含まれている。液化石油ガスを燃焼させたとき，水と二酸化炭素を主成分とした気体が生じる。生成した気体には，硫黄化合物に由来する②二酸化硫黄などの硫黄酸化物も含まれる。硫黄酸化物は，大気汚染物質となるため，生成した気体を大気に放出する際には，その濃度が規制されている。

液化石油ガスを燃焼させて生じた気体中の二酸化硫黄の量は，次のように求めることができる。まず，生成した気体を，過剰のヨウ素を含むヨウ素水溶液（ヨウ素ヨウ化カリウム水溶液）に通して反応させる。このとき，③二酸化硫黄 SO_2 はヨウ素 I_2 によって硫酸 H_2SO_4 に酸化される（式(1)）。

$$(ア)$$ …(1)

問1　下線部①に関して，プロパンとブタンのうち，同一温度において低い飽和蒸気圧を示すものを分子式で答えよ。

問2　下線部②に関して，二酸化硫黄は酸性酸化物であるが，両性酸化物や塩基性酸化物も存在する。次の(1)～(5)から塩基性酸化物をすべて選べ。該当するものがない場合は，「なし」と記せ。

(1) NO_2　　(2) ZnO　　(3) CaO　　(4) Na_2O　　(5) Al_2O_3

問3　下線部③について，問(a)～(c)に答えよ。

(a) 式(1)の(ア)に相当する二酸化硫黄とヨウ素との反応を，化学反応式で示せ。ま

た，その反応の前後における硫黄原子の酸化数を答えよ。

(b)　二酸化硫黄は，ヨウ素水溶液のかわりに，酸性にした過酸化水素 H_2O_2 の水溶液に通しても硫酸に酸化される。このとき，過酸化水素の酸化剤としてのはたらきを，電子 e^- を用いたイオン反応式で示せ。

(c)　二酸化硫黄と過酸化水素は，反応する相手の物質によって酸化剤としても還元剤としてもはたらく。次の(1)〜(3)の実験結果に基づいて，二酸化硫黄と過酸化水素と硫化水素の間で還元剤としてのはたらきの強さを比較し，強い順に化学式で答えよ。

(1)　二酸化硫黄を過酸化水素水溶液に通すと硫酸が生じた。

(2)　硫化水素を過酸化水素水溶液に通すと水溶液が白濁した。

(3)　二酸化硫黄を硫化水素水溶液に通すと水溶液が白濁した。〔京都工繊大　改〕

67.　気体

次の(a)〜(d)は，常温常圧で気体として存在する物質の性質について記述した文章である。□にもっとも適切なものを一つ解答群から選べ。

(a)　□ア□は銅に希硝酸を反応させて得られる無色の気体であり，常温の空気中では赤褐色の気体に変化する。

(b)　□イ□は有毒で特異臭をもつ淡青色の気体であり，水で湿らせたヨウ化カリウムデンプン紙を青紫色に変化させる。

(c)　□ウ□は水と激しく反応し，酸素が生成する。

(d)　□エ□は還元性を有する無色の気体で，金属イオンの分離や検出に利用される。

解答群　(0) He　　(1) O_2　　(2) O_3　　(3) NO　　(4) NO_2

(5) CO_2　　(6) F_2　　(7) Cl_2　　(8) NH_3　　(9) H_2S　　　　　　〔金沢工大〕

68.　原子のイオン化

次の文章中の空欄□にあてはまる最も適切なものをそれぞれの解答群から選べ。ただし，同じものを何度選んでもよい。

第1周期から第3周期の元素に属する原子のうち，最も陰性の強い原子は価電子を □(1)□ 個もち，電子を □(2)□ 個受け取ってイオン化すると，□(3)□ 原子と同じ電子配置になる。一方，最も陽性の強い原子が □(4)□ 個の電子を失ってイオン化すると □(5)□ 原子と同じ電子配置になる。原子が陽イオンになる際に吸収するエネルギーをイオン化エネルギーとよび，その値は □(6)□ 原子が最も大きい。

□(1)□，□(2)□ および □(4)□ に対する解答群

① 1　　② 2　　③ 3　　④ 4　　⑤ 5　　⑥ 6　　⑦ 7　　⑧ 8　　⑨ 9　　⓪ 0

□(3)□，□(5)□ および □(6)□ に対する解答群

① H　　② He　　③ Li　　④ Be　　⑤ B　　⑥ C

⑦ N　　⑧ O　　⑨ F　　⓪ Ne　　ⓐ Na　　ⓑ Mg

ⓒ Al　　ⓓ Si　　ⓔ P　　ⓕ S　　ⓖ Cl　　ⓗ Ar　　　　　　〔近畿大　改〕

69. 炭素

炭素は，生物・有機化合物・高分子化合物を構成する主要元素の1つであり，我々にとって非常に身近な元素である。炭素には質量数が12，13，14の3つの同位体が存在する。質量数12の同位体は最も多く存在する同位体である。質量数13の同位体は核磁気共鳴(NMR)法による物質の構造解析に役立っている。また，質量数14の同位体は放射性同位体であり，生物由来の炭素原子を含む物質が存在した(a)年代の推測に用いられている。また炭素には ア ， イ ， ウ ，カーボンナノチューブなどの同素体が存在する。 ア は黒色で，その構造は エ を基本単位とする平面層状構造を形成し，層と層は分子間力で積み重なっている。 イ はサッカーボール形などの球状の分子構造をとる物質の総称である。 ウ は無色透明でとても硬く，すべての炭素原子が オ 結合で結びついており，その構造は正四面体が基本単位となっている。

炭素の酸化物には カ と キ があり， カ は水に溶けにくい気体で，きわめて毒性が高い。 キ は水に少し溶け，その水溶液の液性は ク 性を示す。また キ の固体は ケ と呼ばれ，昇華性がある。

炭素と同族元素である コ の単体の結晶は，炭素の同素体の1つである ウ と同じ オ 結合の結晶を形成し，電気伝導性は サ 体の性質を示す。 コ の酸化物である シ は，水晶や石英の主成分であり安定な化合物であるが，フッ化水素酸とは反応する。

問1　文中の空欄 ア ～ シ に当てはまる適切な語を記せ。

問2　下線部(a)について，質量数14の炭素の同位体は，β崩壊により電子を1個放出し異なる核種に変わる。

   (1)　このβ崩壊によって生成する核種を例にならって記せ。　　　　[例]　$^{14}_{6}C$

   (2)　このβ崩壊は炭素の濃度によらず一定の半減期をもち，その値は5.7×10^3年である。遺跡より1.71×10^4年前のものと考えられる木片が発掘された。この木片中の質量数14の炭素の同位体の存在率(%)を求め，3桁目を四捨五入して有効数字2桁で記せ。ただし，自然界における当時および現在の質量数14の炭素の同位体の存在率は，1.2×10^{-8}%で一定である。

問3　炭素の同素体 ア ～ ウ のうち，電気伝導性が最も優れている同素体の物質名を記せ。

問4　150Kにおいて33gの ケ がある。これを1.0×10^5Paで300Kにしたときの気体の体積(L)を求め，3桁目を四捨五入して有効数字2桁で記せ。

   (C=12，O=16，$R=8.3 \times 10^3$Pa·L/(K·mol))　　　　　　　　〔名古屋工大 改〕

70. 再生可能エネルギー 　思考

以下の文を読み，問に答えよ。(H=1.0，C=12.0，N=14.0，O=16.0，$F=9.65 \times 10^4$C/mol)

近年，「脱炭素」や「カーボンニュートラル」といった言葉を耳にする機会が増えてきた。これは あ を防ぐためである。18世紀の産業革命以降，(a)人類は石炭や石油など

の化石燃料をエネルギー源として用い，大量に燃焼することで　い　を発生させ，　あ　を招いてきたと考えられている。それを防ぐために，化石燃料の使用を減らし，　い　の発生を少なくする試みが脱炭素である。幸いにも，(b)地球上では植物が　う　により　い　を消費している。そのため，　う　で消費される　い　と化石燃料の燃焼で排出される　い　が同程度であれば，　い　の量が増えることはない。これがカーボンニュートラルという考え方である。

　身の回りにある　い　排出源の1つが自動車などのエンジンである。(c)エンジンはガソリンを燃焼させ，エネルギーを得ている。そのため，近年では電気自動車が世界各国で推奨されている。電気自動車では，(d)電池に充電した電力によりモーターを回転させ，それを動力源としている。しかし，必要な電力を火力発電など化石燃料の燃焼により作っていたら意味がない。また，今後問題となるのが，化石燃料の埋蔵量であり，石油は可採年数が50年程度とのデータもある。そのため，これまで頼ってきた化石燃料に代わる新たな燃料が必要になる。

　そこで注目されているのが，太陽光，風力，水力など，枯渇することのないエネルギー，すなわち再生可能エネルギーである。これらは，枯渇することがないばかりでなく，エネルギー源として使用しても，　い　を排出しないクリーンなエネルギーである。その中でも太陽光は有望なエネルギーである。太陽からは，地球表面に到達する1時間分のエネルギー量で，全世界が1年間に消費するエネルギー量と同程度の莫大なエネルギーが放射されている。そこで，このエネルギーの有効利用が種々検討されている。その1つが太陽光発電であり，民家の屋根に取り付けられたパネルやメガソーラー施設などをよく目にする。

　また，太陽光を使って，エネルギー源となる水素やアンモニアなどを合成することも検討されている。(e)水素は水の電気分解により得られるが，電気分解では電力を消費してしまう。そこで電気分解に代わり，太陽光を電極表面の半導体に照射することで水を分解し，水素を得る方法が研究されている。(f)水素は燃料電池の負極活物質として必要なだけでなく，燃焼しても　い　を発生しないクリーンな燃料として重要である。

　近年では，アンモニアもエネルギー源として注目されている。アンモニアは肥料としての利用が最も多く，(g)ハーバー・ボッシュ法は，初めてアンモニアの工業的な合成に成功したものであり，20世紀初頭に問題となっていた人口増加による食糧問題を解決したとされる。アンモニアを分解すると水素が得られることから，アンモニアは水素の貯蔵・運搬媒体として重要なだけでなく，燃焼しても　い　を発生しない燃料として今後の活用が期待されている。

問1．空欄　あ　～　う　に入る最も適切な語句を下記より選べ。

　　　オゾン，オゾン層破壊，光合成，酸素，地球温暖化，二酸化炭素，発酵，メタン

問2．下線部(a)について，以下の問に答えよ。

　　(1)　化石燃料の一種であるプロパンについて，完全燃焼の化学反応式を記せ。

　　(2)　　あ　の原因となる可能性がある気体の総称を答えよ。

　　記述(3)　(2)で答えた気体が　あ　の原因となる理由を答えよ。

問3．下線部(b)について，$\boxed{う}$ によりグルコース($C_6H_{12}O_6$）1mol が生成する反応は，2803kJ の吸熱反応であり，必要なエネルギーを植物は光から受け取っている。グルコースが生成するこの反応の熱化学方程式を記せ。

問4．下線部(c)について，ガソリンは数種類の炭化水素からなる混合物であるが，ここではオクタンのみからなると仮定する。標準状態において，1.12L の空気とちょうど完全燃焼するオクタンの質量（グラム）を求めよ。ただし，空気中には酸素が体積割合で 20％ 存在しているとし，酸素は理想気体として取り扱うこと。

問5．下線部(d)について，充電によってくり返し使うことができる電池の総称とその代表的な電池名を1つ答えよ。

問6．下線部(e)について，白金電極を両極に用い，少量の水酸化ナトリウムを加えて，電気分解を行った。以下の問に答えよ。
(1) 陰極および陽極で起こる変化を，電子 e^- を用いたイオン反応式でそれぞれ記せ。
(2) 一定電流を1時間 20 分 25 秒間流して電気分解を行ったところ，陰極から標準状態で 112mL の気体が発生した。流した電流（アンペア）を求めよ。ただし，気体は理想気体として取り扱うこと。

問7．下線部(f)について，正極活物質に酸素，電解液にリン酸水溶液を用いた燃料電池を考える。負極および正極で起こる変化を，電子 e^- を用いたイオン反応式でそれぞれ記し，全体の反応式も記せ。

問8．下線部(g)について，以下の問に答えよ。
(1) アンモニアの合成反応は可逆反応であり，アンモニア 1mol が生成する場合は 46kJ の発熱反応である。この反応の熱化学方程式を記せ。
(2) 平衡を移動させ，アンモニアの生成率を高くするためには，反応時の圧力と温度をそれぞれどのようにするべきか答えよ。　　　　　　　〔関西学院大 改〕

B 71. シュウ酸カルシウム 思考

シュウ酸カルシウム一水和物 $CaC_2O_4 \cdot H_2O$ とシュウ酸カルシウム二水和物 $CaC_2O_4 \cdot 2H_2O$ の混合物を，室温から 1000℃ まで一定速度で加熱したところ，図1に示す段階的な質量の減少（①〜③）が観測された。質量の減少はいずれも気体の脱離によるものであり，％で示された数値は加熱前の質量に対する減少率を示す。

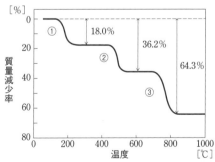

図1　シュウ酸カルシウム水和物の加熱による質量変化

実験において，①の質量減少率（18.0％）をもとに，シュウ酸カルシウム一水和物 $CaC_2O_4 \cdot H_2O$ の物質量に対するシュウ酸カルシウム二水和物 $CaC_2O_4 \cdot 2H_2O$ の物質量の比を有効数字二桁で答えよ。（H＝1.00，C＝12.0，O＝16.0，Ca＝40.0）　〔大阪公大 改〕

72. 窒素

窒素は周期表の（ あ ）族に属し，原子は（ い ）個の価電子をもち，他の原子と共有結合をつくる。アンモニアは刺激臭のある無色の気体である。実験室で①アンモニアは塩化アンモニウムと水酸化カルシウムの混合物の加熱により合成される。アンモニアは非共有電子対をもち，多くの遷移元素と配位結合する。例えば水酸化銅（II）はアンモニア水に溶けて②$[Cu(NH_3)_4]^{2+}$ を生じる。このような中心となる金属イオンに非共有電子対をもつ分子や陰イオンが配位結合してできたイオンを（ う ）といい，配位結合する分子や陰イオンを（ え ）という。アンモニア水は塩基性の水溶液である。アンモニアと塩化アンモニウムとの混合水溶液は緩衝液として利用される。近年，水素を燃料に利用した燃料電池による発電が注目されており，水素を安全に輸送・保管する方法が検討されている。水素を水素ガスの状態ではなく，窒素と反応させてアンモニアにし，それを凝縮して液化アンモニアとして輸送・保管する方法や，水素を金属に吸蔵させて輸送・保管する方法が検討されている。

窒素は様々な酸化物を形成する。③一酸化窒素を実験室で生成するには，銅に希硝酸を反応させる。硝酸はアンモニアを原料としてつくる。白金を触媒としてアンモニアを酸素により酸化して一酸化窒素をつくり，つづいて一酸化窒素を酸素で酸化して二酸化窒素とする。④二酸化窒素を温水に吸収させて，硝酸とする。このような硝酸の工業的製法を（ お ）法という。

(1) 文中の空欄（ ）にあてはまる最も適切な語句あるいは数字を記せ。

(2) 文中の下線部①，③，および④の反応の化学反応式をそれぞれ記せ。

(3) 文中の下線部②のイオンの名称を記せ。またこのイオンの構造を次の語群から選べ。
   語群：(ア) 直線形　　(イ) 正四面体形　　(ウ) 正方形　　(エ) 正八面体形

(4) 窒素原子はさまざまな酸化状態をとることができる。文中にあらわれる窒素，アンモニア，一酸化窒素，硝酸，および二酸化窒素のうち窒素原子の酸化数が最大になる化合物と，酸化数が最小になる化合物の化学式と酸化数をそれぞれ記せ。

(5) 濃度 0.10 mol/L のアンモニア水 100 mL と濃度 0.10 mol/L の塩化アンモニウム水溶液 100 mL を混合し，緩衝液 200 mL を得た。水溶液の温度は常に 25℃ であったとする。

   (i) 得られた緩衝液の水素イオン濃度〔mol/L〕を有効数字 2 桁で求めよ。ただし 25℃ においてアンモニアの電離定数 $K_b = 2.3 \times 10^{-5}$ mol/L，水のイオン積 $K_W = 1.0 \times 10^{-14}$ (mol/L)^2 とし，塩化アンモニウムは水溶液中で完全に電離したとする。

   (ii) 得られた緩衝液 200 mL に 0.050 mol/L の塩酸 40 mL を混合した。塩酸混合後の水溶液の水素イオン濃度〔mol/L〕を有効数字 2 桁で求めよ。ただし塩酸混合後の水溶液の体積は 240 mL であったとする。　　　　〔同志社大 改〕

73. 水素

つぎの文章を読んで，問いに答えよ。

先生：今回は，水素について考えてみます。まず，水素について知っていることを述べなさい。

W君：水素は宇宙にもっとも多く存在する元素で，地球上でも_(問1)さまざまな物質中に化合物として含まれています。ただ，単体としてはほとんど存在していません。

先生：それでは水素の単体はどのように得られるのでしょうか。

W君：実験室での製法に加えて，工業的にはニッケルを触媒として_(問2)石油や天然ガスから製造されています。また，_(問3)イオン交換膜を用いた食塩水の電気分解による水酸化ナトリウムの工業的製法でも，水素が副生物として得られています。

先生：エネルギー源として水素が注目されていますが，なぜでしょうか。

W君：水素は燃焼させても温室効果ガスのほとんどを占める二酸化炭素を出さないためだと思います。

先生：その通りです。実際，_(問4)都市ガスへの混合や_(問5)製鉄業における水素の利用も検討されています。ただ，化石燃料から水素を製造したのでは，結果的には二酸化炭素の排出は避けられません。そのため，太陽光発電や風力発電などの再生可能エネルギーから得た電気エネルギーを使って水の電気分解により水素を得ることが望ましいわけです。

W君：_(問6)家庭用の燃料電池システムは，ガス管から送られてくるメタンなどから水素を製造して，それで電気エネルギーを作るそうですね。また，_(問7)燃料電池自動車では水素を高圧タンクに充填しているとも聞きました。

先生：水素は常温常圧で気体なので，_(問8)水素を高密度に貯蔵し，安全に輸送する技術が欠かせません。クリーンな水素エネルギーの利用拡大には，さらなる科学技術の進歩が必要です。

問1　試料に水素が含まれることを確認する方法として，もっとも適切なものを一つ選べ。

　　(ア) 試料を加熱した銅線に付着させ，ガスバーナーの外炎に入れて青緑色の炎色反応を観察する。

　　(イ) 試料に水酸化ナトリウムを加えて加熱し，発生した気体に水で湿らせたリトマス紙を接触させて赤から青への色の変化を観察する。

　　(ウ) 試料を完全燃焼させ，発生した気体を石灰水に通じて白く濁ることを観察する。

　　(エ) 試料を水に溶かし，硝酸銀水溶液を滴下して白色沈殿の生成を観察する。

　　(オ) 試料に水酸化ナトリウムを加えて加熱し，酢酸鉛(II)水溶液を加えて黒色沈殿の生成を観察する。

　　(カ) 試料を完全燃焼させ，発生した気体に塩化コバルト紙を接触させて青から赤への色の変化を観察する。

問2　工業的には，水素はメタンを含む炭化水素と水蒸気の反応により製造される。この反応は，一般的な炭化水素の分子式をC_mH_nとしたとき，以下のような化学反応式で表される。空欄①〜③に入る係数を m, n の記号を用いて答えよ。また，

④，⑤に入る化学式を答えよ。

$$C_mH_n + (\ ①\ )H_2O \longrightarrow (\ ②\ )H_2 + (\ ③\ )CO$$
$$\boxed{④} + CO \longrightarrow \boxed{⑤} + H_2$$

問3 食塩水の電気分解について，陽極と陰極で起こる反応を表す半反応式をそれぞれ答えよ。

問4 現在，使用されている都市ガスの主成分はメタンである。メタンに水素を添加した混合ガス1molを完全燃焼させると，800kJの熱量が得られた。メタンと水素の燃焼熱をそれぞれ890kJ/molと286kJ/molとするとき，混合ガス1mol中の水素の物質量を有効数字2桁で答えよ。また，この割合で水素を添加することで，同一の熱量を得る場合に発生する二酸化炭素は，添加前に比べて何%削減されるか，有効数字2桁で答えよ。

問5 鉄鉱石の主成分は酸化鉄(Ⅲ)である。酸化鉄(Ⅲ)を一酸化炭素または水素を用いて鉄へ還元する反応について，それぞれ化学反応式で答えよ。

問6 水素－酸素燃料電池を80Aの一定電流で5分間放電した。消費された水素の物質量を有効数字2桁で答えよ。($F=9.65×10^4$ C/mol)

問7 ある燃料電池自動車は，水素1kgあたり120km走行できる。100Lの水素タンクで700kmを走行できるようにするには，20℃で大気圧の何倍の圧力の水素を充填する必要があるか，もっとも適切なものを一つ選べ。(H=1.0，$R=8.31×10^3$ Pa·L/(mol·K))

(ｱ) 約14倍　　(ｲ) 約35倍　　(ｳ) 約70倍　　(ｴ) 約140倍　　(ｵ) 約350倍
(ｶ) 約700倍

問8 水素の貯蔵・輸送には，つぎの3つの方法がある。
(a) 水素を冷却して液体水素にし，体積を1/800にする方法
(b) 水素をトルエンと反応させて，常温常圧で液体のメチルシクロヘキサン(分子量98，密度770kg/m³)にする方法
(c) 水素を窒素と反応させてアンモニアにし，低温常圧で液体アンモニア(密度690kg/m³)にする方法

これらの方法のうち，単位体積あたりに貯蔵できる水素の質量を大きい順に並べるとどうなるか，もっとも適切なものを一つ選べ。(H=1.0，N=14)

(ｱ) (a)＞(b)＞(c)　　(ｲ) (a)＞(c)＞(b)　　(ｳ) (b)＞(a)＞(c)　　(ｴ) (b)＞(c)＞(a)
(ｵ) (c)＞(a)＞(b)　　(ｶ) (c)＞(b)＞(a)

〔早稲田大〕

74. フッ化水素 （思考）

フッ化水素HFは，①他のハロゲン化水素とは異なる性質をもつ。また，フッ素樹脂の原料として用いられるほか，②ガラスの表面加工や半導体の製造過程における酸化被膜の処理においても重要な役割を果たす。

気体ではHF2分子が会合し，1分子のようにふるまう二量体を形成する。かつては低濃度のフッ化水素酸(HFの水溶液)中においても，気体中と同様に二量体を形成し得

ると考えられていた。しかし，③凝固点降下の実験で，低濃度のフッ化水素酸中におけ<u>る二量体の形成を裏付ける結果は得られていない。</u>現在ではフッ化水素酸中において，主に以下の二つの平衡が成り立つと考えられている。

$$HF \rightleftharpoons H^+ + F^- \qquad K_1 = \frac{[H^+][F^-]}{[HF]} = 7.00 \times 10^{-4}\,mol \cdot L^{-1} \qquad \cdots (式1)$$

$$HF + F^- \rightleftharpoons HF_2^- \qquad K_2 = \frac{[HF_2^-]}{[HF][F^-]} = 5.00\,mol^{-1} \cdot L \qquad \cdots (式2)$$

④これらの平衡にもとづき，$[H^+]$ と $[HF]$ の関係を考えることができる。ここで K_1，K_2 は平衡定数であり，$[H^+]$，$[F^-]$，$[HF]$，$[HF_2^-]$ はそれぞれ H^+，F^-，HF，HF_2^- のモル濃度を表す。また，以下の問では水の電離は考えないものとする。

記述 問ア　下線部①について，HF，塩化水素 HCl，臭化水素 HBr，ヨウ化水素 HI を沸点の高いものから順に並べよ。また，沸点の順がそのようになる理由を，以下の語句を用いて簡潔に答えよ。
　　　　〔語句〕　水素結合，ファンデルワールス力，分子量

　　問イ　下線部②について，二酸化ケイ素 SiO$_2$ とフッ化水素酸の反応では，2価の酸であるAが生成する。SiO$_2$ と気体のフッ化水素の反応では，正四面体形の分子Bが生成する。AとBの分子式をそれぞれ答えよ。

記述 問ウ　下線部③について，フッ化水素酸中の二量体の形成が凝固点降下に与える影響を考える。ある濃度のフッ化水素酸中において，二量体を形成すると仮定したときに，凝固点降下の大きさは二量体を形成しないときと比べてどうなると考えられるか，理由とともに簡潔に答えよ。ただし，ここではフッ化水素酸中の HF の電離は考えないものとする。

　　問エ　下線部④について，十分に低濃度のフッ化水素酸は弱酸としてふるまうため，式1の平衡を考えるだけでよい。式1のみを考え，pH が 3.00 のフッ化水素酸における HF の濃度 $[HF]$ を有効数字2桁で求めよ。

　　問オ　下線部④について，(a) 式1の平衡のみを考える場合および (b) 式1と式2の両方の平衡を考える場合における $[HF]$ と $[H^+]$ の関係として最も適切なものを，図のグラフの(1)～(5)からそれぞれ選べ。ただし二量体の形成は考えないものとする。
　　　　　　　　　　　　　　　　〔東京大〕

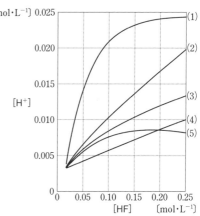

フッ化水素酸における $[HF]$ と $[H^+]$ の関係

8 金属元素(Ⅰ)-典型元素-

A **75. アルカリ土類金属**

次の ㋐ ～ ㋔ にもっとも適切なものを一つ各解答群から選べ。

(a) 2族元素はすべて金属元素で,価電子を ㋐ 個もつ。

(b) カルシウム,ストロンチウム,バリウム,ラジウムは ㋑ である。

(c) カルシウムは常温の水と反応し, ㋒ を発生する。

(d) ストロンチウムは,炎色反応により ㋓ 色を示す。

(e) バリウムの化合物である ㋔ は水や酸に溶けにくく,医療用のX線撮影の造影剤に用いられる。

㋐の 解答群	(0) 4 (1) 1 (2) 2 (3) 3
㋑の 解答群	(0) アルカリ金属 (1) アルカリ土類金属 (2) 遷移金属 (3) レアメタル
㋒の 解答群	(0) 水素 (1) 酸素 (2) 過酸化水素 (3) 二酸化炭素
㋓の 解答群	(0) 黄 (1) 緑 (2) 紫 (3) 紅(赤)
㋔の 解答群	(0) 水酸化バリウム (1) 塩化バリウム (2) クロム酸バリウム (3) 硫酸バリウム

〔金沢工大〕

76. ナトリウム

周期表の1族に属する元素のうち水素H以外の元素を (1) という。 (1) のひとつであるナトリウム Na の単体は,塩化ナトリウム NaCl の溶融塩電解によって得られ,このときの陰極上での反応は式①で表される。

$$Na^+ + e^- \longrightarrow Na \qquad\qquad\qquad\qquad \cdots①$$

この溶融塩電解で5.75kgのナトリウムを製造するためには,少なくとも (i) Cの電気量が必要となる。

ナトリウムの化合物は,様々な化学反応に利用されている。例えば,塩化ナトリウム NaCl に濃硫酸 H_2SO_4 を加えておだやかに加熱すると,気体の (2) が得られる。また,水酸化ナトリウム NaOH と亜鉛 Zn を反応させると,気体の (3) が得られる。

ナトリウムの化合物のうち,炭酸ナトリウム Na_2CO_3 の工業的製法に (4) がある。 (4) では,NaCl の飽和水溶液にアンモニア NH_3 を吸収させたのち,二酸化炭素 CO_2

を通じ，$\boxed{(A)}$ を析出させ(式②)，この $\boxed{(A)}$ を熱分解して Na_2CO_3 を得る (式③)。

$$NaCl + H_2O + NH_3 + CO_2 \longrightarrow \boxed{(A)} + \boxed{(B)} \qquad \cdots ②$$

$$2\boxed{(A)} \longrightarrow Na_2CO_3 + \boxed{(C)} + CO_2 \qquad \cdots ③$$

$\boxed{(4)}$ において，1.17 kg の NaCl と標準状態で 672 L の気体の CO_2 を用いると，最大で $\boxed{(ii)}$ kg の Na_2CO_3 が得られる。

問 1 空欄(1)〜(4)に入る最も適切な語句をそれぞれ記せ。

問 2 空欄(A)〜(C)にあてはまる最も適切なものをそれぞれ選べ。

① CO ② H_2 ③ HCl ④ H_2CO_3 ⑤ HNO_3 ⑥ H_2O
⑦ $NaHCO_3$ ⑧ NaOH ⑨ NH_4Cl ⓪ O_2 ⓐ O_3

問 3 空欄(ⅰ)，(ⅱ)に入る数値をそれぞれ記せ。原子量は C＝12.0，O＝16.0，Na＝23.0，Cl＝35.5 とし，ファラデー定数を $9.65×10^4$ C/mol とする。気体はすべて理想気体とし，標準状態($0°C$，$1.01×10^5$ Pa)における気体 1 mol の体積は 22.4 L とする。四捨五入して有効数字 3 桁で答えよ。 〔近畿大 改〕

77. カルシウム

次の文の ( ) には化学式を，{(2)} には化学反応式を，[(3)] には必要なら四捨五入して有効数字 2 桁の数値を，それぞれ答えよ。なお，原子量は C＝12，O＝16，Mg＝24，Ca＝40 とする。

単体のカルシウムは，銀白色の光沢をもつやわらかい金属である。常温の水にカルシウムの金属片を入れると，気体の ((1)) が発生する。この反応で得られたカルシウム化合物の飽和水溶液は，石灰水とよばれる。石灰水に二酸化炭素を通じると，炭酸カルシウムが沈殿として生じる。しかし，さらに二酸化炭素を通じ続けると，①式の反応により沈殿は溶解する。

$$\{ \qquad\qquad (2) \qquad\qquad \} \qquad \cdots ①$$

炭酸カルシウムは石灰石や大理石の主成分である。石灰石は一般的に，炭酸カルシウムと炭酸マグネシウムの両方を含んでおり，これらを加熱すると二酸化炭素を発生して，それぞれ酸化カルシウムと酸化マグネシウムが生成する。いま，炭酸カルシウムと炭酸マグネシウムのみから構成され，炭酸カルシウムの割合が質量パーセントで 90 ％ である石灰石 100 g を，気体が発生しなくなるまで加熱したところ，固体 [(3)] g が残った。

私たちの身の回りでは，他にもカルシウム化合物が利用されている。炭酸カルシウムと塩酸との反応により生成する ((4)) は，潮解性があり，また水への溶解度が大きく，凍結防止剤などに用いられている。一方，セッコウは ((5)) の二水和物であり，セッコウを 120〜140°C で加熱すると焼きセッコウになる。焼きセッコウを水で練ると，体積がわずかに増加しながら硬化し，再びセッコウになることから，医療用ギプスや建築材料に使われている。 〔関西大〕

78. 両性金属

　アルミニウム Al, 亜鉛 Zn, スズ Sn, 鉛 Pb は, 酸とも強塩基とも反応する 　(A)　 金属
である。単体のアルミニウムは, 鉱石の 　(1)　 から得られる酸化アルミニウム Al_2O_3
(　(2)　 ともよばれる)を高温で融解し, 炭素電極を用いてこれを電気分解して製造され
る。このように, ①金属の酸化物や塩を融解状態にして電気分解を行うと, 金属の単体
が得られる。単体のアルミニウムは, 空気中では, 表面に酸化アルミニウムのち密な被
膜を生じ, 内部を保護するので, それ以上は酸化されない。このような状態を 　(B)　 と
いう。硫酸カリウムアルミニウム十二水和物 $AlK(SO_4)_2\cdot12H_2O$(　(3)　 ともよばれる)
のように, 複数の塩が結合した化合物で, 水に溶けると個々の成分イオンに電離するも
のを 　(C)　 という。

　アルミニウムやスズは, 合金やめっきなど幅広い用途で利用されている。アルミニウ
ムが主成分の合金である 　(4)　 は, 軽いが強く, 航空機の機体や建築材に使われる。鋼
板の腐食防止のためにその表面にスズメッキしたものは 　(5)　 と呼ばれ, 缶詰などに利
用されている。

問1　空欄(A)〜(C)に入る最も適切な語句をそれぞれ記せ。

問2　空欄(1)〜(5)に入る最も適切な語句を次の語群からそれぞれ1つずつ選べ。

$\left(\begin{array}{l}\text{アルマイト, アルミナ, アマルガム, ジュラルミン, ステンレス鋼,}\\\text{トタン, はんだ, ブリキ, ボーキサイト, ミョウバン}\end{array}\right)$

問3　下線部①について, 次の問いに答えよ。

　　(i) 金属の単体を得るこのような方法を何というか, 記せ。

　　(ii) 酸化アルミニウム Al_2O_3 を融解状態にして電気分解を行い, アルミニウムの
　　　　単体を得た。2.16 kg のアルミニウムの単体を得るためには, 理論上, 300 A
　　　　の電流で何秒間電気分解する必要があるか, 有効数字3桁で答えよ。ただし,
　　　　原子量は $Al=27.0$ とし, ファラデー定数は $F=9.65\times10^4$ C/mol とする。

　[記述]　(iii) アルミニウムの単体は, アルミニウムイオンを含む水溶液を電気分解しても
　　　　得ることができない。その理由を60字以内で記せ。　　　　　　　〔京都産大 改〕

79. シュウ酸カルシウム一水和物の熱分解

　シュウ酸カルシウム一水和物($CaC_2O_4\cdot H_2O$)73 mg をゆっくり加熱しながらその質量
変化を測定した。その結果, 時間とともに温度は上昇し, 質量は図1のように変化した。
190 ℃ 近傍で質量が減少し, そのとき気体Aのみが発生した。続いて 500 ℃ 近傍で気体
Bのみが発生し, さらに加熱すると 780 ℃ 付近で気体Cのみが発生した。以降加熱を続
けても気体は発生せず, 900 ℃ まで昇温したところ, 試料は1種類の固体の化合物にな
っていた。発生した気体A, B, Cの各分子の分子量を M_A, M_B, M_C とすると, 分子量
の大小関係は $M_A<M_B<M_C$ であった。このとき, 各気体の分子式を記せ。(H=1.00,
C=12.0, O=16.0, Ca=40.0)

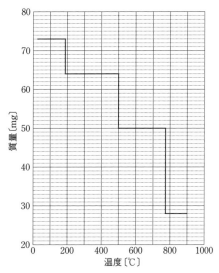

図1　シュウ酸カルシウム一水和物の質量変化

〔同志社大 改〕

B 80. アルミニウム 思考

　金属 Al の主な工業的製造プロセスでは，原料として酸化アルミニウム Al_2O_3 を主成分とするボーキサイトが用いられる。①ボーキサイトに水酸化ナトリウム NaOH 水溶液を加えて高温・高圧とし，不溶物を除去する。不溶物を除去した溶液を冷却し，②pH を調整して水酸化アルミニウム $Al(OH)_3$ を沈殿させ，これを 1300℃ 程度で熱処理することで高純度の Al_2O_3 を得る。最後に，Al_2O_3 の溶融塩(融解塩)電解により金属 Al を得る。

問1　下線部①に関して，ボーキサイトに含まれる化合物として，Al_2O_3，酸化鉄 Fe_2O_3，二酸化ケイ素 SiO_2 を考える。これらの中で，加熱下で NaOH 水溶液と反応し，溶解する化合物をすべて挙げ，各化合物と NaOH 水溶液の化学反応式を書け。

問2　下線部②に関して，3 価の Al イオンは，溶液中では水分子 H_2O あるいは水酸化物イオン OH^- が配位した錯イオン $[Al(H_2O)_m(OH)_n]^{(3-n)+}$（$m$, n は整数，$m+n=6$）および沈殿 $Al(OH)_3$(固)として存在し，それらが平衡状態にあるとする。平衡状態における錯イオンの濃度の pH 依存性が図1のように表されるとき，錯イオンの濃度の合計が最も低くなり，$Al(OH)_3$(固)が最も多く得られる pH を整数で答えよ。

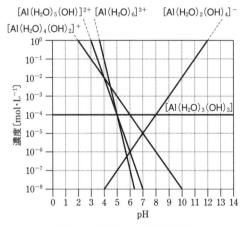

図1　pH と錯イオンの濃度の関係

〔東京大　改〕

9 金属元素(Ⅱ)-遷移元素，陽イオン分析

A 81. 遷移元素の性質

周期表で，3～11族に属する元素を(ア)といい，鉄をはじめ，銅，銀，マンガンなど，日常生活で重要なものが多く含まれる。(ア)のイオンや化合物は有色のものが多く，錯イオンをつくりやすい。錯イオンにおいて，金属イオンに結合した分子やイオンは(イ)とよばれる。錯イオンの立体構造は中心金属イオンの種類や(イ)の数により決まる傾向があり，ジアンミン銀(Ⅰ)イオンでは(ウ)形，ヘキサシアニド鉄(Ⅲ)酸イオンでは(エ)形の構造をとっている。金属イオンは，それぞれ特定の試薬と反応して特有の色の沈殿を生じるものが多い。例えば，鉄(Ⅱ)イオン Fe^{2+} を含む水溶液にヘキサシアニド鉄(Ⅲ)酸カリウム水溶液を加えると，(オ)色の沈殿を生じる。このような性質を利用して，各種金属イオンの混合水溶液から，それぞれの金属イオンを分離することができる。また，酸化数の高いマンガンやクロムを含む化合物は，酸化力が強く酸化剤として用いられる。

問1．文章中の(ア)～(オ)に当てはまる最も適切な語句を，次の中から1つずつ選べ。

(A) 淡黄　　　(B) 赤褐　　　(C) 黒　　　(D) 濃青　　　(E) 原子

(F) 配位子　　(G) 官能基　　(H) 水和水　　(I) コロイド　　(J) 錯塩

(K) 中間子　　(L) 折れ線　　(M) 直線　　(N) 正四面体　　(O) 正方四辺

(P) 正八面体　(Q) 正六面体　(R) 典型元素　(S) 遷移元素　(T) 非金属元素

(U) ハロゲン元素　　(V) 希土類元素　　(W) アルカリ金属元素

問2．第4周期元素は，K殻からN殻まで電子が収容されている。原子番号26の鉄 Fe の各殻に収容されているそれぞれの電子数を答えよ。

問3．Cu^{2+}，Fe^{3+}，Al^{3+} を含む混合水溶液に，過剰のアンモニア水を加えたときに生じる沈殿に含まれる2種類の金属イオンを化学式で答えよ。また，溶液中に含まれる錯イオンの化学式と名称を答えよ。

〔九州大 改〕

82. 銅・鉄

テトラアンミン銅(Ⅱ)イオンは中心金属イオンが銅 Cu の錯イオンであり，水溶液は深青色を示す。この錯イオンの配位結合にはアンモニア分子の [ア] 電子対が寄与している。銅化合物の一つである硫酸銅(Ⅱ)五水和物 $CuSO_4 \cdot 5H_2O$ を溶かした水溶液に(a)水酸化ナトリウム水溶液を加えると，青白色沈殿が生じる。さらに，(b)この沈殿をガスバーナーなどで穏やかに加熱すると，黒色に変化する様子を観察することができる。

鉄 Fe は湿った空気中で酸化されやすく赤褐色の [イ] {Fe_2O_3, Fe_3O_4}（赤さび）を生じるが，Fe を高温で融解し，クロム Cr やニッケル Ni と混合してできる [ウ] は酸化や腐食が起こりにくく，台所用品や鉄道の車両など，生活に関わる幅広い用途で利用されている。一方，Fe は希硫酸を加えて反応させると気体の [エ] が発生する性質をもつ。また，マンガン Mn の化合物である酸化マンガン MnO_2 は [オ] {赤色, 黒色} の物質であり，濃塩酸を加えて加熱すると塩素 Cl_2 が発生する。この Cl_2 の発生の反応において，

MnO_2 は $\boxed{(\mathcal{カ})}$ 剤としてはたらく。

問1 $\boxed{(\mathcal{ア})}$ 〜 $\boxed{(\mathcal{カ})}$ にあてはまる適切な語句をそれぞれ答えよ。ただし，$\boxed{(\mathcal{イ})}$，$\boxed{(\mathcal{オ})}$ には{　}内から適切な語句を選べ。

問2 下線部(a)について，青白色の沈殿が生じる反応は下記の化学反応式で表すことができる。$\boxed{(\mathcal{キ})}$ および $\boxed{(\mathcal{ク})}$ にあてはまる化学式をそれぞれ示せ。

$$Cu^{2+} + 2\boxed{(\mathcal{キ})} \longrightarrow \boxed{(\mathcal{ク})}$$

問3 下線部(b)の反応を化学反応式で示せ。

問4 問3で生成する黒色沈殿を1.5g得るために必要な最少量の $CuSO_4 \cdot 5H_2O$ の質量〔g〕を求めよ。ただし，銅イオンはすべて黒色の沈殿に変化するものとする。（H＝1.0，O＝16，S＝32，Cu＝64）

〔岐阜大 改〕

83. クロム酸イオンの反応

次の文章を読み，問いに答えよ。

クロム Cr の単体は，銀白色の光沢をもつ硬い金属であり，比較的イオン化傾向は大きいが，空気中で表面に酸化物の被膜ができるので，不動態をつくりやすい。腐食防止のためのめっき材料や $\boxed{A}$ との合金であるステンレス鋼に用いられる。クロムは，主に酸化数 +3 と酸化数 $\boxed{1}$ の化合物をつくる。酸化数 $\boxed{1}$ の化合物は毒性が強い。黄色のクロム酸イオンの水溶液を酸性にすると，赤橙色の二クロム酸イオンの水溶液に変化し(式(1))，二クロム酸イオンの水溶液を塩基性にすると，クロム酸イオンの水溶液にもどる(式(2))。

$$\boxed{2}CrO_{\boxed{3}}^{\boxed{4}} + 2H^+ \longrightarrow \boxed{5}Cr_2O_{\boxed{6}}^{\boxed{7}} + H_2O \qquad \cdots(1)$$

$$\boxed{8}Cr_2O_{\boxed{6}}^{\boxed{7}} + 2OH^- \longrightarrow \boxed{9}CrO_{\boxed{3}}^{\boxed{4}} + H_2O \qquad \cdots(2)$$

硫酸酸性の二クロム酸カリウム水溶液は，強い酸化作用があり，このとき電子を含むイオン反応式は式(3)で表される。

$$\boxed{10}Cr_2O_{\boxed{6}}^{\boxed{7}} + 14H^+ + \boxed{11}e^- \longrightarrow \boxed{12}\boxed{B} + 7H_2O \qquad \cdots(3)$$

問1 $\boxed{A}$ に当てはまる元素を，次の解答群から選べ。

① マグネシウム Mg　② アルミニウム Al　③ チタン Ti　④ マンガン Mn
⑤ 鉄 Fe　⑥ 銅 Cu　⑦ 亜鉛 Zn　⑧ 銀 Ag　⑨ スズ Sn

問2 $\boxed{1}$ 〜 $\boxed{12}$ に当てはまる数値を答えよ。ただし，係数や原子の数が1の場合は1と答え，$\boxed{1}$，$\boxed{4}$，$\boxed{7}$ は電荷の正負を付けて答えよ。

問3 $\boxed{B}$ に当てはまるイオン式を，次の解答群から選べ。

① Cr^+　② Cr^{2+}　③ Cr^{3+}　④ Cr^{4+}　⑤ Cr^{5+}　⑥ Cr^{6+}　⑦ Cr^{7+}

〔近畿大 改〕

84. 金属イオンの系統分析

金属イオン Ag^+, Al^{3+}, Cu^{2+}, Fe^{3+}, Zn^{2+} の硝酸塩のうち二つを含む水溶液Aがある。Aに対して次の図1に示す操作Ⅰ~Ⅳを行ったところ, それぞれ図に示すような結果が得られた。Aに含まれる二つの金属イオンとして最も適当なものを, 後の①~⑤のうちから二つ選べ。ただし, 解答の順序は問わない。

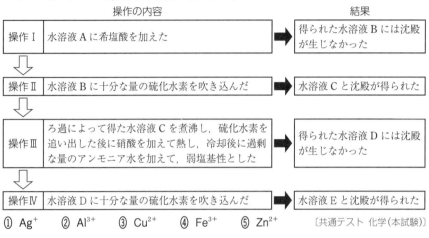

操作の内容		結果
操作Ⅰ	水溶液Aに希塩酸を加えた	得られた水溶液Bには沈殿が生じなかった
操作Ⅱ	水溶液Bに十分な量の硫化水素を吹き込んだ	水溶液Cと沈殿が得られた
操作Ⅲ	ろ過によって得た水溶液Cを煮沸し, 硫化水素を追い出した後に硝酸を加えて熱し, 冷却後に過剰な量のアンモニア水を加えて, 弱塩基性とした	得られた水溶液Dには沈殿が生じなかった
操作Ⅳ	水溶液Dに十分な量の硫化水素を吹き込んだ	水溶液Eと沈殿が得られた

① Ag^+　② Al^{3+}　③ Cu^{2+}　④ Fe^{3+}　⑤ Zn^{2+}　〔共通テスト 化学(本試験)〕

85. 系統分析時のイオン濃度の条件

図は, Ag^+, Fe^{3+}, Cu^{2+} を含む混合水溶液から, 沈殿の生成反応を利用して金属イオンを分離する方法の一つを表したものである。これに関して以下の(i)と(ii)の問いに答えよ。

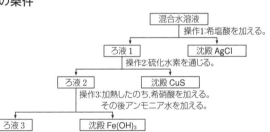

(i) 操作1で得られるろ液1には, 微量の Ag^+ が残っている。操作2では Cu^{2+} のみを沈殿させたい。この条件を満たすために, ろ液1に含まれてよい Ag^+ の濃度〔mol/L〕の上限値と, 必要な Cu^{2+} の濃度〔mol/L〕の下限値を求め, 有効数字2桁で記せ。ただし, ろ液1に硫化水素 H_2S を通じたときの硫化物イオン濃度 $[S^{2-}]$ は 1.0×10^{-21} mol/L, 硫化銀 Ag_2S の溶解度積が 6.4×10^{-50} $(mol/L)^3$, 硫化銅(Ⅱ) CuS の溶解度積を 6.3×10^{-36} $(mol/L)^2$ とする。

(ii) 操作3について, 希硝酸を加える理由として正しい記述を次の中から一つ選べ。

　(あ) 加熱によって生じた硫化物の沈殿を溶解させるため。

　(い) 硫化水素により Fe^{3+} イオンが還元されているため。

　(う) 水酸化物イオンを増加させるため。

　(え) アンモニアを完全に中和するため。　〔広島大〕

B 86. 鉄の製造

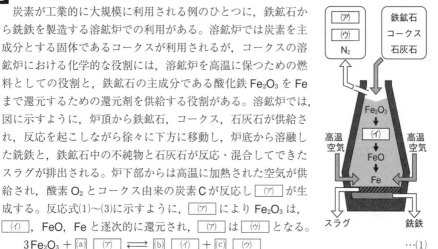

　炭素が工業的に大規模に利用される例のひとつに，鉄鉱石から銑鉄を製造する溶鉱炉での利用がある。溶鉱炉では炭素を主成分とする固体であるコークスが利用されるが，コークスの溶鉱炉における化学的な役割には，溶鉱炉を高温に保つための燃料としての役割と，鉄鉱石の主成分である酸化鉄 Fe_2O_3 を Fe まで還元するための還元剤を供給する役割がある。溶鉱炉では，図に示すように，炉頂から鉄鉱石，コークス，石灰石が供給され，反応を起こしながら徐々に下方に移動し，炉底から溶融した銑鉄と，鉄鉱石中の不純物と石灰石が反応・混合してできたスラグが排出される。炉下部からは高温に加熱された空気が供給され，酸素 O_2 とコークス由来の炭素 C が反応し ［(ア)］ が生成する。反応式(1)〜(3)に示すように，［(ア)］により Fe_2O_3 は，［(イ)］，FeO，Fe と逐次的に還元され，［(ア)］は ［(ウ)］ となる。

$$3Fe_2O_3 + \boxed{\text{(a)}}\ \boxed{\text{(ア)}} \rightleftharpoons \boxed{\text{(b)}}\ \boxed{\text{(イ)}} + \boxed{\text{(c)}}\ \boxed{\text{(ウ)}} \quad \cdots(1)$$

$$\boxed{\text{(イ)}} + \boxed{\text{(d)}}\ \boxed{\text{(ア)}} \rightleftharpoons \boxed{\text{(e)}}\ FeO + \boxed{\text{(f)}}\ \boxed{\text{(ウ)}} \quad \cdots(2)$$

$$FeO + \boxed{\text{(g)}}\ \boxed{\text{(ア)}} \rightleftharpoons Fe + \boxed{\text{(h)}}\ \boxed{\text{(ウ)}} \quad \cdots(3)$$

一方，反応(1)〜(3)に必要な ［(ア)］ が，反応(4)によりコークス中の C から生成する。

$$C + \boxed{\text{(i)}}\ \boxed{\text{(ウ)}} \rightleftharpoons \boxed{\text{(j)}}\ \boxed{\text{(ア)}} \quad \cdots(4)$$

反応(1)〜(3)のいずれかと反応(4)がともに進行することで，炭素の消費と酸化鉄の還元が進み，［(ア)］，［(ウ)］，N_2 を主成分とするガスが炉頂から排出される。反応(1)〜(4)はいずれも可逆反応であり，溶鉱炉の運転条件はさまざまな化学平衡の制約を受ける。

　この化学平衡の制約に関して，気体として ［(ア)］，［(ウ)］，N_2 のみが存在するものとして，反応(3)と反応(4)のみが起こる場合について考えてみよう。全圧は 100 kPa，温度は 939 K であり，この温度での反応(3)と反応(4)の圧平衡定数はそれぞれ 1.0（単位なし），42 kPa である。［(ア)］，N_2 のモル分率をそれぞれ x，y とすると，反応(3)が右向きに進行するためには，x，y が次の式(5)を満たす必要がある。

$$y\ \boxed{\text{(エ)}}\ \{=, >, <\}\ \boxed{\qquad\text{(オ)}\qquad} \quad \cdots(5)$$

また，反応(4)が右向きに進行するためには，x，y が次の式(6)を満たす必要がある。

$$y\ \boxed{\text{(カ)}}\ \{=, >, <\}\ \boxed{\qquad\text{(キ)}\qquad} \quad \cdots(6)$$

これらのことから，y が ［(ク)］ 以下では，反応(3)と反応(4)がともに右向きに進行する気体組成が存在しないことになる。

問1 ［(ア)］〜［(ウ)］に入る適切な化学式を答えよ。また，[(a)]〜[(j)]に入る適切な係数を整数で答えよ。

問2 ［(エ)］，［(カ)］に入る適切な記号を，{ 　　}の中からそれぞれひとつ選べ。また，［(オ)］，［(キ)］に入る適切な式を x を用いて答えよ。

問3 ［(ク)］に入る適切な数値を答えよ。　　　　　　　　　　　　〔京都大〕

87. 水素吸蔵合金の構造

次の文章を読み，ア エ オ カ には有効数字 3 桁の数値，イ キ には適切な語句，ウ には整数を答えよ。なお，気体はすべて理想気体とする。(H=1.00，Ti=47.9，Fe=55.8，$\sqrt{2}=1.41$，$\sqrt{3}=1.73$，$N_A=6.02 \times 10^{23}$/mol，$R=8.31 \times 10^3$ Pa・L/(K・mol)=8.31 J/(K・mol))

鉄 Fe とチタン Ti からなる Fe-Ti 合金の結晶では，図のように体心立方格子の中心に Fe 原子が，頂点に Ti 原子が配列している。Fe 原子の半径を 0.124 nm，Ti 原子の半径を 0.146 nm とし，隣り合う Fe 原子と Ti 原子が接しているとすると，単位格子の一辺の長さは ア nm となる。

Fe-Ti 合金は，水素 H_2 分子を H 原子として取り込み金属水素化合物となる。このような性質をもつ合金を イ 合金と呼ぶ。Fe-Ti 合金の結晶中で，2 個の Fe 原子と，その両方に隣接する 4 個の Ti 原子からなる八面体の中心に，H 原子がすべて取り込まれると仮定すると，一つの単位格子に取り込まれる H 原子の数は ウ 個である。このとき，すべての H 原子が Fe 原子または Ti 原子と接しており，H 原子の半径を 0.0370 nm とすると，H 原子を取り込んだ結晶の単位格子の一辺の長さは エ nm と求まる。ただし，各原子の半径は変化せず，H 原子を取り込んだ結晶の単位格子は立方体であるとする。

しかし，実際の Fe-Ti 合金では，取り込まれる H 原子の数は温度や水素の圧力に依存する。水素で満たされた容器に Fe-Ti 合金を入れたところ，298 K，1.00×10^6 Pa のとき，Fe：Ti：H の原子数の比が 1：1：1 の金属水素化合物 FeTiH が得られた。FeTiH の密度を 6.19 g/cm³ とすると，1.00 L の FeTiH に含まれる H 原子の数は オ 個である。オ 個の H 原子が 298 K，1.00×10^6 Pa で H_2 分子の気体として占める体積は カ L である。一方，オ 個の H 原子を H_2 分子として 298 K で 1.00 L の密閉容器に充塡すると キ 流体となる。なお，水素の気体と液体の密度は 33.2 K，1.32×10^6 Pa で等しくなる。

〔慶應大〕

88. 銅

銅は 11 族の遷移元素で，その単体は赤色の金属光沢をもつ。(i)展性・延性に富み，熱・電気の伝導性が大きい。銅の単体の工業的製法では，銅鉱石 (主に黄銅鉱) をコークスや石灰石などとともに熱して粗銅を得る。さらに，(ii)粗銅の電解精錬により純銅が得られる。銅は熱・電気の伝導性が大きいので，調理器具や電気材料に用いられている。また，ほかの金属などと融かし合わせてつくられる合金は，それぞれの単体とは異なる性質をもつ金属材料として，装飾品や硬貨などに用いられている。

銅は塩酸や希硫酸には溶けないが，酸化力のある(iii)熱濃硫酸に溶けて硫酸銅 (Ⅱ) を生成する。(iv)硫酸銅 (Ⅱ) の水溶液から結晶を析出させると，硫酸銅 (Ⅱ) 五水和物の青色結晶が得られる。この結晶をゆっくりと加熱していくと，段階的に水分子が失われ，150 ℃ を超えると白色粉末状の硫酸銅 (Ⅱ) 無水塩となる。

記述〔1〕 下線部(i)の理由を，金属結合の特徴から説明せよ。

〔2〕 下線部(ii)について，以下の(1)と(2)に答えよ。

(1) 粗銅と純銅を電極として用いるが，陰極として用いるのに適切なものはどちらか示せ。また，陰極での反応をイオン反応式で記せ。

記述 (2) 粗銅に不純物として鉄と銀が含まれているとき，それらはそれぞれどうなるか。理由とともに述べよ。

〔3〕 下線部(iii)の化学反応式を記せ。

〔4〕 下線部(iv)の硫酸銅(Ⅱ)水溶液に，酒石酸ナトリウムカリウムを水酸化ナトリウム水溶液に溶かしたものを混合し，さらに十分な量のアセトアルデヒドを加えて加温したところ，赤色の沈殿が生じた。このときの反応をイオン反応式で記せ。

〔5〕 硫酸銅(Ⅱ) 30.0 g を 60℃ の水 93.2 g に溶解し，この硫酸銅(Ⅱ)水溶液を冷やしていくと，20℃ で $\boxed{(ア)}$ g の硫酸銅(Ⅱ)五水和物が析出した。析出した硫酸銅(Ⅱ)五水和物を取り除き，残りの硫酸銅(Ⅱ)水溶液の水を 20℃ で 16.0 g 蒸発させると $\boxed{(イ)}$ g の硫酸銅(Ⅱ)五水和物が析出した。$\boxed{(イ)}$ g の硫酸銅(Ⅱ)五水和物を 150℃ を超えて加熱したところ，白色粉末状の硫酸銅(Ⅱ)無水塩 $\boxed{(ウ)}$ g が得られた。このことについて，以下の(1)と(2)に答えよ。ただし，硫酸銅(Ⅱ)の式量は 160，硫酸銅(Ⅱ)五水和物の式量は 250，硫酸銅(Ⅱ)の水に対する溶解度は 20℃ で 20，60℃ で 40 とする。

(1) $\boxed{(ア)}$ を求めよ。解答は有効数字 2 桁で示せ。

(2) $\boxed{(ウ)}$ を求めよ。解答は有効数字 2 桁で示せ。

〔6〕 銅に関する(a)〜(e)の記述のうち，誤っているものをすべて選べ。

(a) 銅は湿った空気中で徐々に酸化され，緑色のさび(緑青)が生じる。

(b) 銅(Ⅱ)イオンを含む水溶液に少量の塩基の水溶液を加えると，青白色の沈殿を生じる。

(c) テトラアンミン銅(Ⅱ)イオンは，正四面体形の立体構造をとっている。

(d) 水酸化銅(Ⅱ)の沈殿が生成した水溶液に過剰のアンモニア水を加えると，溶解して黄緑色の溶液となる。

(e) 銅を元素として含む化合物を炎の中に入れると炎が青緑色になる。

〔京都府医大 改〕

89. マンガンの定量

0.10 g の酸化マンガン(Ⅳ)と 0.10 g の硝酸カリウム，0.30 g の水酸化カリウムを，試験管の中でよく振り混ぜた。その試験管をガスバーナーの弱火でおだやかに加熱し，全体が融解したところで加熱を止め空冷した。その試験管に，蒸留水 10.0 mL を加えて振り混ぜた。静置して得られた緑色の上澄み液 1.0 mL を，別の試験管に加え，1.0 mol/L の硫酸を 1.0 mL 加えて十分に反応させたところ，水溶液は赤紫色を示した。この赤紫色を示すマンガンを含むイオンのカリウム塩を化合物Aとする。その後，Aを含むこの試験管に(a)1% の過酸化水素水 1.0 mL を加え十分に反応させたところ，水溶液はほぼ無色になった。化合物Aと過酸化水素との反応により生じたマンガンを含む化合物をBとする。(O＝16，K＝39，Mn＝55)

問1　化合物Aの化合物名を記せ。

問2　下線部(a)に関して，化合物Aと過酸化水素の反応を化学反応式で記せ。

問3　水溶液中の化合物Bの濃度を求めるために，EDTAという試薬が用いられる。図には，EDTAの電離した構造を示す。化合物B中のマンガンイオンとEDTAは，ある適切なpH(Xとする)において1:1の比で錯イオンを生成する。その生成に関する平衡定数Kは，以下の式で表される。

$$K = \frac{[\mathrm{Mn(EDTA)}]}{[\mathrm{Mn}][\mathrm{EDTA}]}$$

式中の$[\mathrm{Mn(EDTA)}]$，$[\mathrm{Mn}]$，$[\mathrm{EDTA}]$はそれぞれ，マンガンイオンとEDTAの錯イオン，化合物B中のマンガンイオン，および錯イオンを形成していないEDTAの溶液中のモル濃度を表す。pH=Xにおいて $K=2.0\times10^{13}\,\mathrm{L/mol}$である。ただし，EDTAが水溶液中で示す酸・塩基の電離平衡は，ここでは無視してよい。

また化合物B中のマンガンイオンの酸化数が，空気中の酸素などの影響で変化しないように，水溶液中には適切な還元剤を共存させている。以下の(i)，(ii)に答えよ。

(i)　化合物Bが，濃度c〔mol/L〕で溶けた pH=X の水溶液と，同じ濃度cでEDTAが溶けた pH=X の水溶液を，1:1の体積比で混ぜた時に，化合物B中のマンガンイオンの90%が，EDTAと錯イオンを形成していた。濃度cを有効数字2桁で求めよ。

(ii)　5.0mgの化合物Aを5.0mLの水に完全に溶解させ，1.0mol/Lの硫酸を5.0mL加えてから，十分な量の過酸化水素水を加えて反応させた。その後，水溶液のpHをXに調整した。この水溶液中の化合物Bの濃度を求めるために，適切な指示薬を用いて，pH=X に調整した0.010mol/LのEDTA水溶液で滴定した。この際に，滴定の終点までに加える必要があるEDTA水溶液の体積を有効数字2桁で求めよ。ただし，最初に加えた化合物Aはすべて過酸化水素と反応し，化合物Bになったものとする。

記述　問4　酸化マンガン(Ⅳ)を含む水に1%の過酸化水素水を加えたところ，気体の発生が観察された。このとき生じている反応を化学反応式で記せ。また，その際，酸化マンガン(Ⅳ)の果たしている役割を簡潔に説明せよ。

問5　マンガンの用途の一つにマンガン乾電池がある。次の問いに答えよ。

(i)　マンガン乾電池の正極および負極の活物質をそれぞれ化学式で答えよ。

記述(ii)　一般に電池の起電力とは何か，簡潔に説明せよ。

(iii)　次の電池(ア)～(エ)を一次電池と二次電池に分類せよ。

(ア) 空気電池　　(イ) 酸化銀電池　　(ウ) ニッケル・水素電池　　(エ) 鉛蓄電池

〔筑波大(前期)〕

90. チタンの製造と金属の変形

　金属チタン Ti の主な工業的製造プロセスでは，原料として酸化チタン TiO_2 を主成分とする鉱石などが用いられる。ここでは，TiO_2 を原料として考える。①TiO_2 とコークスを 1000℃ 程度に加熱し，ここに塩素ガス Cl_2 を吹き込むことで，塩化チタン $TiCl_4$ を得る。蒸留精製した②$TiCl_4$ を金属マグネシウム Mg を用いて還元することで，金属 Ti を得る。この過程で生成した③塩化マグネシウム $MgCl_2$ は，溶融塩電解により，金属 Mg と Cl_2 としたのち，再利用される。

　金属 Ti と金属アルミニウム Al の性質の違いとして，④展性・延性の違いが挙げられる。金属 Ti は展性・延性が低く変形しにくいため，強度が要求される用途に用いられる。金属 Al は展性・延性が高く加工性に優れる。

ア　下線部①，②，③に関して，それぞれの化学反応式を書け。また，全体としての化学反応式を書け。下線部①の反応では，コークスは C のみからなるものとし，CO_2 まで完全に酸化されるものとする。下線部③の反応に関しては，溶融塩電解全体としての化学反応式を書け。

記述 イ　下線部③に関して，2 価の Mg イオンの還元には，$MgCl_2$ 水溶液の電気分解ではなく，溶融塩電解が用いられる理由を簡潔に述べよ。

ウ　下線部④に関して，結晶構造から考察する。金属原子が最も密に詰まった平面（ここでは最密充塡面と呼ぶ）の数は結晶構造によって異なり，最密充塡面の数が多い金属結晶ほど変形しやすい傾向がある（注）。金属 Ti の結晶構造は六方最密構造に分類されるが，理想的な六方最密構造からずれた構造をとる。ここでは，図1に示すような図中の矢印方向に格子が伸びた結晶構造を考える。このとき，最密充塡面の数は 1 つとなる。一方，金属 Al は面心立方格子の結晶構造をとる（図2）。図3 (i)～(iii)の中から，面心立方格子の最密充塡面として最も適切なものを答えよ。また，面心立方格子における最密充塡面の数を答えよ。互いに平行な面は等価であるとし，1 つと数えること。

　（注）　金属に力が加わるとき，金属原子層が最密充塡面に沿ってすべるように移動しやすいことが知られている。

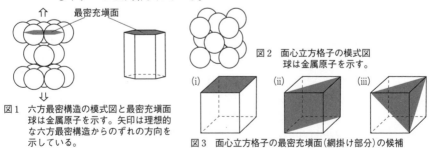

図1　六方最密構造の模式図と最密充塡面
　　　球は金属原子を示す。矢印は理想的な六方最密構造からのずれの方向を示している。

図2　面心立方格子の模式図
　　　球は金属原子を示す。

図3　面心立方格子の最密充塡面（網掛け部分）の候補

〔東京大 改〕

10 脂肪族化合物と芳香族化合物

A 91. 有機化合物の性質

次の(ア)〜(オ)は有機化合物の説明文である。該当する有機化合物の名称をそれぞれ記せ。

(ア) 無色の液体であり，工業的にはリン酸を触媒としエチレンに水を付加してつくられる。

(イ) 無色の液体であり，刺激臭がある。工業的にはメタノールに一酸化炭素を付加して
つくられる。

(ウ) 沸点が −25℃ の気体であり，分子式 C_2H_6O で表される。スプレー用噴射剤として
利用されている。

(エ) 無色で粘性のある不揮発性の液体であり，分子式 $C_2H_6O_2$ で表される。自動車エン
ジンの冷却液(不凍液，クーラント)に使用される。

(オ) 無色の液体であり，水と任意の割合で混じる。工業的にはクメン法でフェノールと
同時に生成するほか，プロペンを酸化してつくられる。 〔大阪工大〕

92. C_nH_{2n} で表される化合物

分子式 C_nH_{2n} の炭化水素は数多く存在し，また n が大きくなるにつれて異性体の数は
増大する。C_2H_4 の分子式をもつ化合物は工業原料として重要な(i)エチレンだけである
が，C_3H_6 には(ii)2種類の異性体が存在する。

C_4H_8 には，シス-トランス異性体を含めると全部で [(ア)] 種類の異性体が存在する。
それらを，直鎖状構造であるかどうか，環状構造を含むかどうかでそれぞれ分類すると，
直鎖状構造であるものは [(イ)] 種類，環状構造を含むものは [(ウ)] 種類存在する。

C_6H_{12} について，直鎖状構造の異性体は，シス-トランス異性体を含めると全部で
[(エ)] 種類ある。これらに対して触媒を用いて(iii)ある気体と反応させると，(iv)同一の有
機化合物を与えた。また，臭素を反応させると，不斉炭素をもつ付加生成物が生じる場
合があった。その際，[(オ)] 種類の異性体からは不斉炭素を2個もつ生成物が，[(カ)] 種
類の異性体からは不斉炭素を1個もつ生成物が得られた。不斉炭素をもたない付加生成
物が生じるものは [(キ)] 種類であった。

問1 異性体の数を示す空欄 [(ア)]〜[(キ)] にあてはまる最も適切な数字を，それぞれ整
数で記せ。該当する異性体が無い場合には，0と記せ。

問2 下線部(i)に関して，以下の(あ)〜(お)の記述について，正しいものをすべて選べ。

(あ) エチレンの炭素原子間距離はエタンの炭素原子間距離よりも大きい。

(い) エタノールに濃硫酸を作用させて加熱するとエチレンが生成する。

(う) エチレンにリン酸を触媒として水を付加させるとエタノールが生成する。

(え) エチレンの縮合重合により，ポリエチレンテレフタラート(PET)が生成する。

(お) エチレンの酸化反応により，アセトン(ジメチルケトン)が生成する。

問3 下線部(ii)の2種類の異性体にそれぞれ臭素を反応させると，どちらからも付加生
成物が得られた。生成物が1,3-ジブロモプロパン($Br-CH_2-CH_2-CH_2-Br$)である
異性体はどちらか，その物質名を答えよ。

問4　下線部(iii)として最も適切な物質名を答えよ。

問5　下線部(iv)の化合物には，異性体が存在する。分枝状構造をもつ異性体の数を整数で答えよ。

〔北海道大〕

93. ザイツェフ則

第一級アルコールの分子内脱水反応では，考えられる生成物は一つである。第二級または第三級アルコールの分子内脱水反応では，二つ以上の生成物が考えられる場合がある。このとき，ヒドロキシ基が結合している炭素原子の隣の炭素原子のうち，結合している水素原子の数が少ないほうから水素原子がとれた生成物が，主に得られる。これをザイツェフ則という。

あるアルコール(i)および(ii)の分子内脱水反応により，それぞれ右のアルケン(i)′および(ii)′が主に得られた。

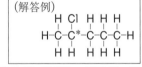

(i)および(ii)の構造を，解答例にならってそれぞれ記入せよ。考えられるアルコールが一つの場合はその構造を記入し，二つ以上のアルコールが考えられる場合は，不斉炭素をもつ構造を一つ記入せよ。その際，＊を不斉炭素の元素記号の右肩に付記せよ。ただし，原子はすべて省略せずに表記し，原子間の結合はすべて線（価標）を用いて表せ。

〔立命館大〕

94. 酸素を含む有機化合物

酸素を含む有機化合物に関する次の問い（a〜c）に答えよ。($H=1.0$, $C=12$, $O=16$)

a　エステルに関する記述として誤りを含むものはどれか。最も適当なものを一つ選べ。
　① サリチル酸に無水酢酸を反応させると，アセチルサリチル酸が生成する。
　② 濃硫酸を触媒として，酢酸とエタノールから酢酸エチルを合成する反応は，可逆反応である。
　③ ニトログリセリンはグリセリンと硝酸とのエステルである。
　④ 水酸化ナトリウム水溶液を用いる酢酸エチルの加水分解反応は，可逆反応である。

b　ある植物の葉には，炭素，水素，酸素のみからなるエステルAが含まれている。49.0 mgのAを完全に加水分解すると，カルボン酸Bと，分子式 $C_{10}H_{18}O$ の1価アルコールC 38.5 mgが得られた。Bの示性式として最も適当なものを一つ選べ。
　① CH_3COOH　② CH_3CH_2COOH　③ $HOOC-COOH$
　④ $HOOC-CH_2-COOH$

c　1価アルコールCは不斉炭素原子をもち，シス-トランス異性体は存在しない。Cのすべての二重結合に，触媒を用いて水素を付加させた。得られたアルコールは，硫酸酸性の二クロム酸カリウム水溶液と加熱しても，酸化されなかった。Cの構造式として最も適当なものを一つ選べ。

①

H_3C、H_3C—C=C—H、CH_2-CH_2-$\overset{OH}{\underset{CH_3}{C}}$-CH=CH_2

②

H_3C、H_3C—C=C—H、CH_2-$\overset{CH_3}{CH}$-$\overset{OH}{CH}$-CH=CH_2

③

H_3C、H_3C—C=C、$\overset{H_3C}{\underset{HH}{C}}$、$\overset{OH}{C}$、C=C、$\overset{CH_3}{\underset{CH_3}{}}$

④

H_3C-H_2C、H—C=C、CH_2-$\overset{OH}{\underset{CH_3}{C}}$-$\overset{H}{\underset{H}{C}}$=C、$\overset{H}{\underset{}{}}$-CH_3

〔共通テスト 化学（追試験）〕

95. トリグリセリドの構造

グリセリンの三つのヒドロキシ基がすべて脂肪酸によりエステル化された化合物をトリグリセリドと呼び，その構造は図1のように表される。

あるトリグリセリドX（分子量882）の構造を調べることにした。(a)Xを触媒とともに水素と完全に反応させると，消費された水素の量から，1分子のXには4個のC=C結合があることがわかった。また，Xを完全に加水分解した

図1　トリグリセリドの構造
（R^1, R^2, R^3 は鎖式炭化水素基）

ところ，グリセリンと，脂肪酸A（炭素数18）と脂肪酸B（炭素数18）のみが得られ，AとBの物質量比は1：2であった。トリグリセリドXに関する次の問い（a〜c）に答えよ。

a 下線部(a)に関して，44.1gのXを用いると，消費される水素は何molか。その数値を小数第2位まで次の形式で表すとき，ᐧ(1)ᐧ〜ᐧ(3)ᐧに当てはまる数字を一つずつ選べ。ただし，同じものを繰り返し選んでもよい。また，XのC=C結合のみが水素と反応するものとする。ᐧ(1)ᐧ．ᐧ(2)ᐧᐧ(3)ᐧmol

① 1　② 2　③ 3　④ 4　⑤ 5　⑥ 6　⑦ 7　⑧ 8　⑨ 9
⓪ 0

b トリグリセリドXを完全に加水分解して得られた脂肪酸Aと脂肪酸Bを，硫酸酸性の希薄な過マンガン酸カリウム水溶液にそれぞれ加えると，いずれも過マンガン酸イオンの赤紫色が消えた。脂肪酸A（炭素数18）の示性式として最も適当なものを一つ選べ。

① $CH_3(CH_2)_{16}COOH$ 　② $CH_3(CH_2)_7CH=CH(CH_2)_7COOH$

③ $CH_3(CH_2)_4CH=CHCH_2CH=CH(CH_2)_7COOH$

④ $CH_3CH_2CH=CHCH_2CH=CHCH_2CH=CH(CH_2)_7COOH$

⑤ $CH_3CH_2CH=CHCH_2CH=CHCH_2CH=CHCH_2CH=CH(CH_2)_4COOH$

c トリグリセリドXをある酵素で部分的に加水分解すると，図2のように脂肪酸A，脂肪酸B，化合物Yのみが物質量比1：1：1で生成した。また，Xには鏡像異性体（光学異性体）が存在し，Yには鏡像異性体が存在しなかった。AをR^A-COOH，BをR^B-COOHと表すとき，図2に示す化合物Yの構造式において，ᐧアᐧ・ᐧイᐧに当てはまる原子と原子団の組合せとして最も適当なものを一つ選べ。

〔共通テスト 化学(本試験)〕

トリグリセリド X

$\longrightarrow$ 脂肪酸 A + 脂肪酸 B +
CH$_2$-O-□ ア
CH-O-□ イ
CH$_2$-O-H

化合物 Y

図2 ある酵素によるトリグリセリドXの加水分解

	ア	イ
①	$\overset{O}{\underset{\parallel}{C}}$-R^A	H
②	$\overset{O}{\underset{\parallel}{C}}$-R^B	H
③	H	$\overset{O}{\underset{\parallel}{C}}$-R^A
④	H	$\overset{O}{\underset{\parallel}{C}}$-R^B

96. フェノール

ベンゼンは,水にはほとんど溶けない無色の揮発性の液体であり,ニトロベンゼンやフェノールなどの多くの芳香族化合物の原料となる。また,ベンゼンは置換反応を起こしやすいが,(a)特別な条件のもとでは付加反応を起こす。

芳香族カルボン酸である安息香酸は,冷水には溶けにくいが熱水に溶けて弱酸性を示す。フェノールは水に溶けて,その水溶液は弱酸性を示す。フェノールはクメン法によりベンゼンから合成できるが,(b)スルホン化や塩素化を利用してもベンゼンから合成できる。

問1 下線部(a)について,3.9gのベンゼンに気体Aをある条件のもとで完全に反応させると,すべての不飽和結合に気体Aが付加して4.2gの化合物Bが生成した。気体Aと化合物Bの分子式を書け。(H=1.0, C=12)

問2 下線部(b)を利用した合成経路では,ベンゼンから4段階の化学反応を経てフェノールが合成される。4段階目を除くそれぞれの反応において生成する化合物の構造式を,生成する順番で左から並べて書け。また,3段階目の反応の名称を書け。

問3 フェノールも置換反応を起こしやすく,フェノールを混酸と十分に反応させるとピクリン酸が生成する。この反応を化学反応式で書け。

記述 問4 安息香酸とフェノールの混合物からそれぞれを分離する方法として,その混合物をジエチルエーテルに溶解したのちに,炭酸水素ナトリウム水溶液を加えて一方を水溶液側に抽出して分離する方法がある。この分離方法の原理を説明せよ。

〔新潟大〕

97. アゾ化合物の合成

ベンゼンを原料として用いて,化合物A〜Fを経て *p*-ヒドロキシアゾベンゼンを得る下記の経路を設計した。

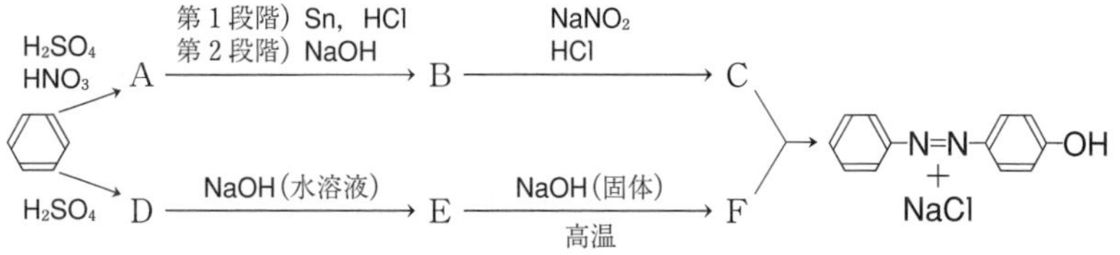

問1　化合物A〜Fの構造式を記せ。

問2　ベンゼンを得る反応としてアセチレン3分子の付加反応がある。この反応にアセ
　　　チレンの代わりにプロピンを用いると，ベンゼン誘導体として何種類の構造異性
　　　体が生じるかを記せ。

問3　ベンゼンから化合物Aを得る反応において，ベンゼンの代わりにトルエンを用い
　　　た場合に生じる3種類の構造異性体(オルト体・メタ体・パラ体)のうち，生成量
　　　の最も少ない異性体を記せ。

問4　化合物Aから化合物Bに変換する反応の第1段階ではBの塩酸塩が得られる。こ
　　　の過程を表す下記の反応式の左辺と右辺がつり合うように，係数 a 〜 f を整数で
　　　記せ。

$$\boxed{a}\,A + \boxed{b}\,Sn + \boxed{c}\,HCl \longrightarrow \boxed{d}\,B\text{の塩酸塩} + \boxed{e}\,SnCl_4 + \boxed{f}\,H_2O$$

問5　化合物Fを高温高圧のもとで二酸化炭素と反応させたのち，酸を加えることで得
　　　られる化合物を化合物名で答えよ。　　　　　　　　　　　　　　　〔関西学院大 改〕

B 98. アルケンの反応

　①環状構造を含まない炭素数4以下の炭化水素のうちで，過剰の臭素の存在下におい
て，臭素の付加により分子量が160だけ増加するアルケンがすべてここにある。これら
のアルケンを，硫酸を触媒にして水と反応させて生成物を得た。得られた生成物はすべ
てナトリウムと反応し，水素とナトリウムアルコキシドが生じた。また，硫酸触媒によ
る水との反応における主生成物に着目した場合，②いくつかのアルケンから同じ生成物
が得られた。

　なお，不斉炭素原子を有する化合物の立体構造は以下の例にならって表現する。

例：不斉炭素を有する化合物Aの表記

化合物Aの3つの炭素は紙面上にあり，くさび型の太い実線
は紙面手前への結合を，くさび型の破線は紙面奥への結合を
示している。

問1　下線部②の生成物は，鏡像異性体の等量混合物である。この混合物を構成するそ
　　　れぞれの異性体の構造式を，上の枠内に示す例にならって，くさび型の線を用い
　　　て書け。

問2　下線部②の生成物を与えたすべてのアルケンの構造式を書け。

問3　下線部②の生成物は鏡像異性体の混合物である。鏡像異性体
　　　は，融点・密度やふつうの化学反応性などの性質が同じで，
　　　通常の操作では分離することができない。しかし，下線部②
　　　の生成物を右に示す化合物Bを用いてエステルに変換すると，
　　　通常の操作で分離することができた。その理由を示せ。

問4　下線部①の反応は，下図に示すような形式で進行することが知られている。すなわち，アルケンのつくる平面の上下に1つずつ Br が付加した形の生成物を与える（下図参照）。

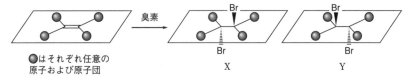

●はそれぞれ任意の
原子および原子団

平面の上下に1つずつBrが付加することにより，XとYは
等量生じる。なお，XとYは同一の化合物の場合もある。

　　　下線部②の生成物を与えたすべてのアルケンを原料として，それぞれのアルケンに対して下線部①に示す臭素の付加反応を行ったところ，単一の化合物を与える場合と，鏡像異性体の混合物を与える場合があった。単一の化合物を与えた原料のアルケンの構造式を書け。（H＝1.0，C＝12，Br＝80）　　　〔大阪大　改〕

99．シクロアルカンの立体配座　思考

　　三員環から七員環のシクロアルカンのひずみエネルギーを図1(a)に示す。メタン分子のH–C–Hがなす角は約109°である（図1(b)）。シクロプロパンのC–C–Cがなす角は109°より著しく小さく（図1(c)），ひずみエネルギーが大きい。そのため，シクロプロパンは臭素と容易に反応する。

　　シクロアルカンが平面構造であると仮定すると，内角が109°からずれることにより，シクロヘキサンよりもシクロ

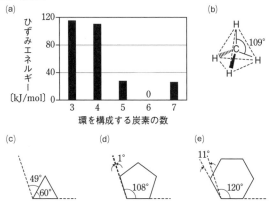

図1　(a)シクロアルカンの環構成炭素数と分子あたりのひずみエネルギー，(b)メタンの立体構造，(c)～(e)正多角形の内角と正四面体構造の炭素がなす理想的な角度とのずれ

ペンタンの方がひずみエネルギーが小さく，安定であると予想される（図1(d)，(e)）。しかし，実際にはシクロヘキサンが最も安定である。これは分子構造を三次元的に捉えることで説明できる。

　　分子の立体構造を考える上で，図2に示す投影図が有用である。ブタンを例にすると，C^{α} と C^{β} の結合軸に沿って見たとき，投影した炭素と水素がなす角はおよそ120°である。①C^{α}，C^{β} 間の単結合が回転することで異性体の一種である配座異性体を生じる。ブタンのメチル基どうしがなす角 θ が180°のときをアンチ形という。C^{α} と C^{β} の結合をアンチ形から60°回転すると置換基が重なった不安定な重なり形の配座異性体となる。さらに60°回転した配座異性体をゴーシュ形という。ゴーシュ形はメチル基どうしの反

発により，アンチ形より約 4kJ/mol 不安定である。

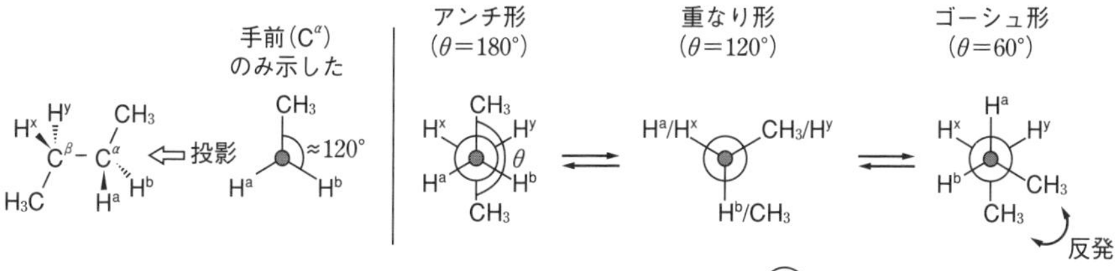

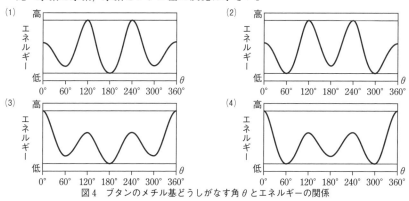

図2　ブタンの投影図と配座異性体(C$^\alpha$は●で，C$^\beta$は◯で示す。)

シクロヘキサンのいす形の配座異性体A(図3)の各 C-C 結合の投影図を考えると，すべてにおいて CH$_2$ どうしが $\boxed{\text{a}}$ となる。また，C-C-C がなす角が 109° に近づくため，ひずみエネルギーをもたない。Aには環の上下に出た水素(H^b, H^y)と環の外側を向いた水素(H^a, H^x)がある。不安定なBを経て配座異性体Cへと異性化することで，水素の向きが入れ替わる。

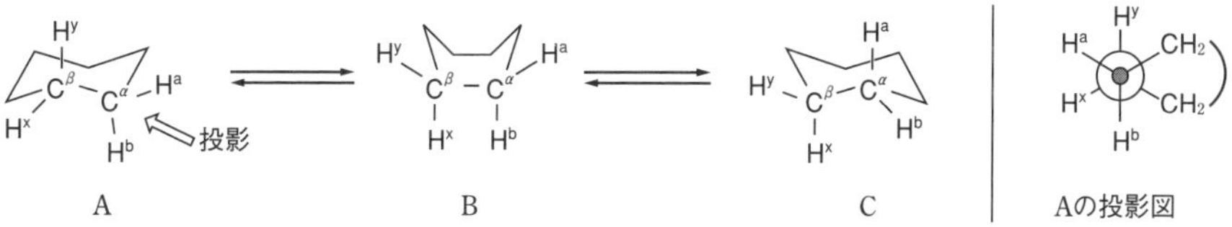

図3　シクロヘキサンの環反転(いくつかの中間体は省略。一部の CH$_2$ は略記。)
　　　と投影図(C$^\alpha$は●で，C$^\beta$は◯で示す。シクロヘキサンの残りの部分は〜〜で略記。)

②1, 2-ジメチルシクロヘキサンには立体異性体DとEがある。立体異性体Dにはいす形の配座異性体としてエネルギー的に等価なもののみが存在する。③立体異性体Eにはエネルギーの異なる2つのいす形の配座異性体がある。

ア　下線部①について，ブタンの配座異性体のエネルギーと角 θ との関係の模式図として相応しいものを図4の(1)〜(4)の中から1つ選べ。なお，メチル基どうしの反発に比べ水素と水素，水素とメチル基の反発は小さい。

図4　ブタンのメチル基どうしがなす角 θ とエネルギーの関係

イ 空欄 a に入る語句として適切なものを以下から選べ。

　　アンチ形　　　重なり形　　　ゴーシュ形

ウ 下線部②に関して，最も安定ないす形の配座異性体の投影図を立体異性体 D，E について それぞれ示せ。投影図はメチル基が結合した 2 つの炭素の結合軸に沿って見たものを A の投影図（図 3）にならって図示すること。なお，CH_2 とメチル基がゴーシュ形を取るときの反発は，メチル基どうしのそれと同じとみなしてよい。

記述 エ 最も安定ないす形の配座異性体において，立体異性体 D，E のどちらが安定か選び，理由とともに答えよ。

オ 下線部③に関して，E の最も安定ないす形の配座異性体において，2 つのメチル基が占める位置を図 5 の構造式中の空欄 b ～ e から選べ。　〔東京大 改〕

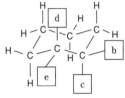

図5 1,2–ジメチル
シクロヘキサンの構造式

100. 油脂

　油脂は，グリセリン（分子量 92.0）1 分子と高級脂肪酸 3 分子からなるエステルである。エステルに水酸化ナトリウム NaOH 水溶液を加えて加熱すると，カルボン酸の塩とアルコールが生成する。この反応をけん化という。油脂をけん化すると，高級脂肪酸のナトリウム塩（セッケン）とグリセリンが生じる。

　油脂に関する次の実験 I と II を行った。（H=1.00，C=12.0，O=16.0，Na=23.0）

実験 I 油脂の混合物 X を水酸化ナトリウム水溶液で完全にけん化したところ，パルミチン酸，リノール酸，オレイン酸，ステアリン酸のそれぞれのナトリウム塩を 1：3：5：1 の物質量比で含むセッケン 129 g とグリセリンが得られた。

実験 II 油脂 Y は，グリセリンの 3 つのヒドロキシ基すべてにリノール酸が結合した化合物であった。油脂 Y の一部分を水酸化ナトリウム水溶液で加水分解すると，不斉炭素原子を 1 つももつ化合物 Z と，リノール酸のナトリウム塩が得られた。化合物 Z 177 mg を完全燃焼させたところ，二酸化炭素 CO_2 462 mg と水 H_2O 171 mg がそれぞれ生成した。

　上記の高級脂肪酸の化学式と分子量を，表 1 に示す。

表1　高級脂肪酸の化学式と分子量

名称	化学式	分子量
パルミチン酸	$C_{15}H_{31}COOH$	256
リノール酸	$C_{17}H_{31}COOH$	280
オレイン酸	$C_{17}H_{33}COOH$	282
ステアリン酸	$C_{17}H_{35}COOH$	284

問1 混合物 X の平均分子量はいくらか。有効数字 3 桁で答えよ。

問2 実験 I において，使用した混合物 X は少なくとも何 g か。有効数字 3 桁で答えよ。

問3 混合物 X を構成する高級脂肪酸の炭素-炭素二重結合に水素を完全に付加したとき，得られる可能性のある油脂は全部で何種類か。ただし，鏡像異性体（光学異

性体)は考慮しなくてよい。

問4　化合物Zの構造式を示せ。ただし，不斉炭素原子には＊印を付け，リノール酸の炭化水素基は $C_{17}H_{31}-$ と表記すればよい。　　　　　　　　　　　　〔上智大 改〕

101. フェノールと関連化合物　思考

　フェノールは，多くの化合物の原料として用いられる。例えば，pH指示薬であるフェノールフタレインや，解熱鎮痛作用を示す医薬品であるアセトアミノフェン(右図)の原料である。

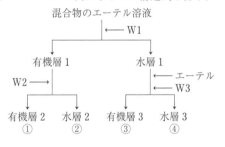

アセトアミノフェン

　医薬品アセトアミノフェンは，(a)フェノールをニトロ化し，(b)得られた p-ニトロフェノールを塩酸とスズで還元し，(c)次いでアセチル化させる工程を経て得ることができる。

　ベンゼン環への置換反応は，初めに結合した置換基の種類によって，次に置換が起こりやすい位置が決まる。これを配向性といい，初めに結合した置換基が，カルボキシ基やニトロ基，スルホ基の場合，メタ位で次の置換反応を起こしやすくなり，メタ配向性があるという。メチル基，アミノ基，ヒドロキシ基などは，オルト-パラ配向性である。

問1　下線部(a)の反応では，反応に用いる混酸中でニトロニウムイオン(NO_2^+)が生じ，これがフェノールと反応する。混酸からニトロニウムイオンが生じる化学反応式(式1)を答えよ。また，下線部(b)の還元反応の化学反応式(式2)を答えよ。なおベンゼン環を含む化合物は，アセトアミノフェンの例にならって構造式を書け。

問2　下線部(c)の工程で得られた反応後の生成物には，未反応の p-アミノフェノールおよび p-アミノフェノールの2つの官能基がアセチル化された化合物が不純物として混入している可能性が考えられた。そのため，希塩酸あるいは水酸化ナトリウム水溶液，エーテルを用いて，右図の抽

混合物のエーテル溶液
↓ ← W1

有機層1　　　水層1
W2 → 　　　← エーテル
　　　　　　← W3

有機層2　水層2　有機層3　水層3
①　　　②　　　③　　　④

出操作でアセトアミノフェンと不純物を分離したいと考えた。次の(i)と(ii)に答えよ。ただし，これらの抽出操作において化合物の分解は起こらないものとする。

(i) 反応後の生成物のエーテル溶液にW1として希塩酸を加え，良く振り混ぜた後に有機層1と水層1に分けた。得られた有機層1にW2として水酸化ナトリウム水溶液を加え，同様の操作を行い有機層2と水層2に分けた。一方，水層1にはエーテルを加えた後，W3として水酸化ナトリウム水溶液を十分にアルカリ性に変化するまで加えて，同様の操作を行い有機層3と水層3に分けた。アセトアミノフェンはどの層に溶けているか。①〜④の番号で答えよ。ただし，アセトアミノフェンと不純物を分離できない場合は，×と答えよ。

(ii) (i)とは逆にW1に水酸化ナトリウム水溶液，W2およびW3に希塩酸を用いて同じ分離操作を行った場合，アセトアミノフェンはどの層に溶けているか。①〜④の番号で答えよ。ただし，アセトアミノフェンと不純物を分離できな

い場合は，×と答えよ。また，水層1に加えるW3(希塩酸)は，十分に酸性に変化するまで加えることとする。

問3 下線部(a)～(c)の各工程で得られた物質が目的物質であるかを確かめるために，2つの呈色反応を用いた。下表は，それぞれの化合物の呈色反応をまとめたものであり，○は呈色することを，×は呈色しないことを示している。表中の(ア)，(イ)に該当する呈色反応に用いる水溶液の名称を答えよ。また，(ウ)～(オ)に入る呈色反応の結果を，○か×で答えよ。なお，*p*-アミノフェノールのアミノ基は，アニリンのアミノ基と同様の反応性を示すものとする。

呈色反応に 用いる 水溶液	呈色反応		
	p-ニトロフェノール	*p*-アミノフェノール	アセトアミノフェン
(ア)	○	(ウ)	(エ)
(イ)	×	○	(オ)

問4 フェノール20.0mgを用いて下図のような元素分析を行った。
  (i) 試料を完全燃焼させた後，吸収管Xの増加した質量を有効数字2桁で求めよ。
    (H=1.0, C=12, O=16)
  (ii) 吸収管Xに入れるべき物質を吸収管Yへ，吸収管Yに入れるべき物質を吸収管Xへ入れ間違って分析した場合，吸収管Yの質量はどうなるか答えよ。

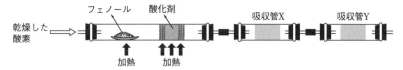

問5 下記の工程(1)はトルエンを原料として*m*-ヒドロキシ安息香酸を得る工程を，工程(2)はベンゼンを原料として*m*-ニトロフェノールを得る工程をそれぞれ示している。操作a，c，d，fにあてはまる適切な操作を，以下の(あ)～(け)の中から選べ。また，化合物B，Dの構造式を，アセトアミノフェンの例にならって書け。

トルエン $\xrightarrow{\boxed{a}}$ A $\xrightarrow{b}$ $\boxed{B}$ $\xrightarrow{\boxed{c}}$ *m*-ヒドロキシ安息香酸 …工程(1)

ベンゼン $\xrightarrow{\boxed{d}}$ C $\xrightarrow{(く)}$ $\boxed{D}$ $\xrightarrow{e}$ E $\xrightarrow{\boxed{f}}$ *m*-ニトロフェノール …工程(2)

(あ) 過マンガン酸カリウムを用いて酸化する
(い) スズと塩酸を用いて還元する (う) 濃硝酸と濃硫酸を用いてニトロ化する
(え) 濃硫酸を用いてスルホン化する (お) 加温(5℃以上)して加水分解する
(か) 硫酸と共に無水酢酸を加えてアセチル化する
(き) 氷冷下，酸性条件で亜硝酸ナトリウムを加えてジアゾ化する
(く) ベンゼン環上に2つの同じ置換基があるとき，1つの置換基のみ還元する
(け) 中和後に水酸化ナトリウム(固体)を加えてアルカリ融解し，反応後に塩酸で処理する

〔和歌山県医大 改〕

11 有機化合物の構造と性質

A 102. 有機化合物の元素分析

図で示したような実験装置は，有機化合物の元素分析に用いられる。この装置を用いて有機化合物を完全燃焼し，発生した水 H_2O を塩化カルシウムに，また，二酸化炭素 CO_2

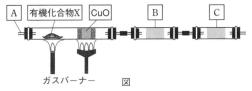

をソーダ石灰にそれぞれ吸収させる。そこから，燃焼により生じた水や二酸化炭素の質量を調べ，それらの値にもとづいて，有機化合物に含まれる特定の成分元素の含有量を推定する。この装置を用い，適切な手順にしたがって C, H, O のみからなる有機化合物 X 60 mg を完全燃焼したところ，88 mg の二酸化炭素と 36 mg の水が生じた。(H=1.0, C=12, O=16)

問1 図の装置を用いた元素分析について書かれた以下の文のうち，内容が正しいものには○を，誤りであるものには×をそれぞれ記せ。

(a) 大気中に存在する水や二酸化炭素が外部から燃焼管に混入すると正確な測定値が得られない。そのため，試料を燃焼する時には，図中のガラス管Aの口を閉じる必要がある。

(b) 図中の酸化銅(Ⅱ)CuO は，試料の完全燃焼を促進するはたらきがある。

(c) 図中のBにはソーダ石灰を，また，Cには塩化カルシウムをそれぞれ入れる。

(d) この実験では，発生した水や二酸化炭素に含まれる水素 H，炭素 C，酸素 O が，いずれも試料のみに由来するものとして計算を行うことで，試料中の各成分元素の含有量を求めることが出来る。

問2 有機化合物Xの組成式(実験式)を記せ。

問3 有機化合物Xの分子量を別の方法で測定したところ，180 であった。有機化合物Xの分子式を記せ。 〔京都産大〕

103. 脂肪族炭化水素の構造異性体

五つの炭素原子からなる脂肪族炭化水素 C_5H_{12} には３種類の構造異性体A，B，Cが存在する。それらの水素原子一つあるいは二つをヒドロキシ基で置換した。A，B，Cから生じるアルコールの構造異性体の数を下の表に示す。なお，各アルコール中の一つの炭素に複数のヒドロキシ基が結合していないものとし，鏡像異性体の数は含まれないものとする。(H=1.0, C=12.0, O=16.0)

	A	B	C
水素原子一つをヒドロキシ基に置換した場合	3	(ア)	1
水素原子二つをヒドロキシ基に置換した場合	(イ)	(ウ)	1

(1) ( )に当てはまる数字を答えよ。

(2) 化合物 A，B，Cのうち沸点が最も低いものはいずれか。記号で答えよ。

(3) 化合物Bの水素原子一つをヒドロキシ基で置換したアルコールを水酸化ナトリウムの存在下，ヨウ素 I_2 と反応させたところヨードホルムと化合物Dが生じた。化合物Dの構造式を答えよ。

(4) 化合物Bの水素原子二つをヒドロキシ基に置換した。なお，一つの炭素に複数のヒドロキシ基が結合していないものとする。それらのうち，不斉炭素原子をもたない化合物EとFの構造式を答えよ。

　　また，不斉炭素原子をもつ構造異性体Gから水2分子を分子内で脱水させると化合物Hが生じる。化合物Hは天然ゴムの熱分解で得られる。化合物Hの構造式を答えよ。 〔大阪公大 改〕

104. 不飽和炭化水素の反応

　分子式 C_6H_{12} で表される不飽和炭化水素Aに臭素を付加させたところ，生成物Bが得られた。Aに適切な触媒を用いて水を付加させたところ，マルコフニコフの法則[注]に従い，生成物Cが主に得られた。Bは2つの不斉炭素原子をもち，Cは不斉炭素原子をもたない。

[注]　分子構造が二重結合に対して対称でないアルケンに HX 型の分子が付加するとき，アルケンの二重結合を形成している炭素のうち，結合している水素原子が多い方の炭素原子にHが，結合している水素原子が少ない方の炭素原子にXが付加しやすいという経験則

(1) BとCの構造式をしるせ。

(2) Aの構造異性体のなかで，下線部のどちらの反応を行っても不斉炭素原子をもたない生成物をあたえるものはいくつあるか。 〔立教大 改〕

105. 芳香族化合物の分析と反応

　炭素原子7個，酸素原子1個，水素原子8個から構成され，ベンゼン環を持つ化合物には，5個の構造異性体A〜Eがある。化合物A〜Eに対して行った分析または反応操作とその結果を(1)〜(5)に示す。

(1) ヒドロキシ基を持つ化合物は無水酢酸との反応でアセチル化されることが知られているが，化合物A〜Eのそれぞれと無水酢酸の反応では，化合物E以外はエステルに変換された。また，この反応の速度を化合物BとCで比べると，化合物Cでは反応点近くの置換基が障害となるため，反応が遅くなった。

(2) 化合物A〜Eのそれぞれに塩化鉄(Ⅲ)水溶液を加えると，化合物A〜Cにおいて青紫〜赤紫色に呈色した。

(3) 化合物A〜Cに白金触媒を加え水素と反応させて，ベンゼン環の不飽和結合すべてを飽和なものに変換すると，化合物Aのみ不斉炭素原子を持たない化合物となった。

(4) 化合物Dを酸化すると化合物Fが得られた。この化合物Fにアンモニア性硝酸銀水溶液を作用させると，反応容器の内壁に物質が付着し鏡のようになった。

(5) 化合物Fをさらに酸化し酸で処理すると化合物Gが得られた。酸触媒存在下で化合

物Gをエタノールと反応させると安息香酸エチルに変換された。

問1　化合物A～Gの構造式を記せ。

問2　(4)において，内壁に付着した物質を元素記号で答えよ。

問3　化合物B・D・E・Gを酸性が強い順に並べて答えよ。

問4　(5)において，質量数18の酸素の同位体 ^{18}O を大量に含むエタノール
（$CH_3CH_2{}^{18}OH$）を用いると，得られる安息香酸エチルのどの酸素が ^{18}O となるか。
安息香酸エチルの構造式を記した上で，質量数18の酸素を四角で囲んで示せ。

問5　化合物Eは，ある化合物とヨウ化メチルの反応で合成できた。なお，この反応で
はヨウ化ナトリウムも同時に生じた。ヨウ化メチルと反応させた化合物の化合物
名を答えよ。〔関西学院大〕

106. 芳香族化合物の構造異性体

分子式 $C_8H_{10}O$ で表される芳香族化合物 A，B，C，D および E がある。化合物 A，B
および C はベンゼンの水素原子2個が置換された p-異性体である。化合物 D および E
は，ベンゼンの水素原子1個が置換された化合物である。

化合物 A，B および C のうち，化合物 A と B は金属ナトリウムと反応して水素を発生
したが，化合物 C は反応しなかった。また，化合物 B を酸化すると，ペットボトルの原
料として使われる化合物 F が生成した。

化合物 D を酸化すると化合物 G を経て化合物 H が生成した。(ア)化合物 G にフェーリン
グ液を加えて加熱すると赤色沈殿が生成した。化合物 E に硫酸酸性の二クロム酸カリウ
ム水溶液を加えて加熱すると化合物 I が生成した。(イ)化合物 I にヨウ素と水酸化ナトリ
ウム水溶液を加えて加熱すると，黄色結晶が生じた。

(1)　以上の結果より，化合物 A～F の構造式を示せ。

(2)　化合物 G の構造式を示せ。また，下線部(ア)の反応性は G のどのような性質に由来す
るか。次から選べ。

　　① 酸化作用　　② 還元作用　　③ 酸性　　④ 塩基性　　⑤ 水溶性

(3)　化合物 A は水には溶けにくいが，□□□□には徐々に溶ける。
　　□□□□にあてはまる水溶液を次から選べ。

　　① 希塩酸　　② 過酸化水素水　　③ 塩素水　　④ 塩化ナトリウム水溶液
　　⑤ 水酸化ナトリウム水溶液

(4)　化合物 I の構造式を示せ。また，下線部(イ)の操作で，黄色結晶とともに生成する物
質を次から選べ。

　　① NaCl　　② CH_3COONa　　③ CHI_3　　④ AgI　　⑤ C_6H_5COONa

〔近畿大　改〕

107. 有機化合物の分離

以下の化合物A～Dの混合物のジエチルエーテル溶液があり，これらの化合物の分離
を試みた。（$H=1.0$，$C=12$，$O=16$）

A　　　　　B　　　　　C　　　　　D

(1)　化合物A～Dの名称を書け。

(2)　化合物D 1.0 g を完全燃焼したときに発生した気体を(a) 塩化カルシウム管，続けて(b) ソーダ石灰管に吸収させたとき，それぞれの管の増加した質量を求めよ。

(3)　混合溶液を希塩酸と一緒に振り混ぜ，静置すると二層に分かれた。水層は上か下か書け。

(4)　(3)において，水層とエーテル層を分離するために用いられる器具の名称を書け。

記述 (5)　(3)の水層中に存在する主な有機化合物のイオンの構造式を書け。また，その理由を50 字以内で書け。

(6)　(3)のエーテル層を分離し，これに炭酸水素ナトリウム水溶液を加えて振り混ぜ，静置すると二層に分かれた。水層を分離し，希塩酸で酸性にすると，白色沈殿が生じた。この沈殿の構造式を書け。

(7)　(6)の操作で得られたエーテル層に，水酸化ナトリウム水溶液を加えて振り混ぜ，静置すると二層に分かれた。エーテル層を分離し，慎重に蒸留すると得られる主な化合物はA～Dのうちどれか書け。

〔佐賀大 改〕

B 108.　有機化合物の構造の推定

　次の文章を読み，問いに答えよ。なお，反応はすべて完全に進行して副反応は起こらないものとし，鏡像異性体は区別しないものとする。(H=1.00，C=12.0，O=16.0，$R=8.31×10^3\,Pa\cdot L/(K\cdot mol)$)

　a) 有機化合物AおよびBに触媒を用いて水素を付加させると，ともに化合物Cを生じた。化合物AおよびBの水素原子1個がメチル基で置換された化合物をそれぞれ化合物DおよびEとすると，これらの化合物においても下線部 a)と同様の反応が進行し，化合物DおよびEのいずれからも化合物Fを生じた。化合物Eを96.0 mg 完全燃焼させると，二酸化炭素および水をそれぞれ308 mg および108 mg 生じた。化合物Aの水素原子1個がヒドロキシ基で置換された化合物を化合物Gとすると，この化合物においても下線部 a)と同様の反応が進行し，化合物Hを生じた。化合物Gの水素原子1個がメチル基で置換された化合物を化合物Iとし，化合物Iと構造異性体の関係にある化合物を化合物Jとする。化合物 G，H，I，J はいずれもヒドロキシ基をもつが，化合物Gおよび I の水溶液が弱酸性であるのに対し，化合物Hおよび J の水溶液は中性を示した。化合物 A，B，C，D，F，G をそれぞれ水と混合し，b) これらに臭素水を加えると外観の変化が観察された化合物は2つあった。化合物Dを過マンガン酸カリウム水溶液と反応させると化合物Kを生成するが，この化合物は化合物Jを酸化することでも生成した。

　ただし，化合物Eは環状化合物であり，化合物Lとエチレンの反応によって生じる。なお，この反応によって生成する化合物は化合物Eのみとする。化合物Lの重合体は天然ゴムの主成分である。

エチレンに水を付加させると化合物Mが生じた。化合物Mと化合物Kは，縮合反応により化合物Nを生じた。また，化合物Mを酸化すると化合物Oが生じた。化合物Oに脱水剤を加えて加熱すると化合物Pを生じた。化合物Pを化合物Gと反応させると化合物Qを生じた。化合物Gは酸触媒下でホルムアルデヒドと反応してやわらかい固体物質Rを生じた。物質R1.00gを溶媒に完全に溶解させ，この溶液100mLの浸透圧を300Kで測定したところ，浸透圧は$2.50×10^4$Paであった。

問1　下線部b)について，臭素水を加えると次の(i)または(ii)の変化が観察された。

　　(i) 臭素水(赤褐色)が脱色された。

　　(ii) 白色沈殿を生じた。

　　(i)または(ii)の変化が観察された化合物として最も適切なものを，化合物A，B，C，D，F，Gの中から1つずつ選び記号で答えよ。また，選んだ化合物が臭素水と反応して生じる化合物の構造式をそれぞれ答えよ。

問2　化合物Iはヒドロキシ基の置換位置によって3種類の異性体がある。このうち，最も融点が高い化合物の構造式を答えよ。

問3　化合物N，P，Qの構造式をそれぞれ答えよ。

問4　物質Rの名称を答えよ。また，その分子量はいくらか，有効数字3桁で答えよ。

〔九州大〕

109. アルケンの二重結合の開裂　思考

$$R_1 \backslash \atop R_2 / C=C \begin{matrix} \backslash R_3 \\ / R_4 \end{matrix} \longrightarrow \begin{matrix} R_1 \backslash \\ R_2 / \end{matrix} C=O + O=C \begin{matrix} \backslash R_3 \\ / R_4 \end{matrix} \qquad 反応(1)$$

アルケンを，酸性条件下に過マンガン酸カリウムにより酸化すると，反応(1)のように二重結合が開裂する。この式では$R_1 \sim R_4$は任意の炭化水素基を示す。反応産物であるカルボニル化合物中，2つのRのうちの1つが水素原子Hの場合には生じたアルデヒドはさらにカルボン酸にまで酸化され，またRが2つともHの場合にはH_2OとCO_2にまで酸化される。この反応は構造解析などに利用できる。

分子式C_5H_{10}で表される4種類の炭化水素A，B，C，Dに対して以下の実験を行った。

【実験1】　それぞれ1molを取り白金触媒存在下に水素分子と反応させたところ，A，B，Cは水素分子1molを消費した。このとき①AとCの生成物は同一であった。その一方Bの生成物はこれらとは異なっていた。Dは水素と反応しなかった。

【実験2】　A，B，Cは希硫酸存在下の反応により②アルコールをそれぞれ2種類ずつ生成した。このうちBから生じたアルコールはどちらもヨードホルム反応に陰性であった。Dはアルコールを生成しなかった。

【実験3】　酸性条件下に過マンガン酸カリウムを用いて酸化したところ，A，Bからは1種類の有機化合物が，③Cからは2種類の有機化合物が生成した。Dは酸化されなかった。

【実験4】　化合物Dは④化学的に極めて安定であり通常の条件では化学反応は観察され

なかった。そこで特殊な装置を用いて白金触媒存在下，高温高圧条件下で水素分子と反応させたところ，ある単一の化合物が生成した。これは【実験1】においてA，Cから生成した化合物と同一であった。

問1 下線部①について，この同一の化合物は何か，構造式でかけ。

問2 下線部②について，過マンガン酸カリウムによる酸化を受けないアルコールを生成するような化合物はA～Dのうちのどれか，記号で答えよ。また，その酸化を受けないアルコールを構造式でかけ。

問3 下線部③について，2種類の化合物を構造式でかけ。

記述 問4 【実験3】により酸化されない炭化水素 C_6H_{10} は化合物D以外にも何種類か存在する。これらの化合物は【実験4】では化合物Dの反応に用いた条件よりもずっと低温低圧で水素と反応し，一方，化合物Dは下線部④に示すように，より困難な操作を経なければ水素と反応しない。これらの化合物が化合物Dよりも容易に水素と反応する理由をかけ。

問5 A～Dの化合物は何か，構造式でかけ。シス-トランス異性体が存在する場合には両方をかけ。　　　　　　　　　　　　　　　　　　　　　　　　〔札幌医大〕

110. メチルオレンジとプロントジルの合成

つぎの文章を読んで，設問に答えよ。各化合物の密度は，ジエチルエーテル $0.7\,g/cm^3$，エタノール $0.8\,g/cm^3$，クロロホルム $1.5\,g/cm^3$ とする。($H=1.0$，$C=12.0$，$N=14.0$，$O=16.0$）

〈文章Ⅰ〉

図1にメチルオレンジとプロントジルの合成経路を示す。酸や塩基から塩が生成する反応や，塩から酸や塩基が遊離する反応は，1つの独立した反応としては扱わず，関連した前後いずれかの反応に含める。アミノ基の水素原子は，アルカン分子中の水素原子がハロゲン原子で置き換わったハロゲン化アルキル存在下で加熱することにより，アルキル基と置換される。

ベンゼンに濃硝酸と濃硫酸の混合物を作用させ，分子量170以下の化合物Aおよび化合物Bを得た。化合物Aに濃硝酸と濃硫酸の混合物を作用させると，化合物Bが得られる。化合物Aにニッケルを触媒として水素を作用させ，化合物Cを得た。化合物Cに濃硫酸を加えて加熱し，同じ分子量をもつ化合物Dと化合物Eを得た。化合物Eは，化合物Cにおける置換基の o-位の水素を1つ，酸性の官能基で置換された構造をもつ。化合物Dを希塩酸に溶解したのち，氷冷しながら亜硝酸ナトリウム水溶液を加え，化合物Fを得た。化合物Cの水溶液にヨウ化メチル(CH_3I)を作用させ，官能基の2つの水素が置換された化合物Gを得た。(i)化合物Fの水溶液と化合物Gの水溶液を混合し，メチルオレンジを得た。

化合物Bにニッケルを触媒として水素を作用させ，化合物Hを得た。スルファニルアミドを希塩酸に溶解したのち，氷冷しながら亜硝酸ナトリウム水溶液を加え，化合物Iを得た。化合物Hの水溶液と化合物Iの水溶液を混合し，プロントジルを得た。プロン

トジルは生体内で還元され，スルファニルアミドを生じる。

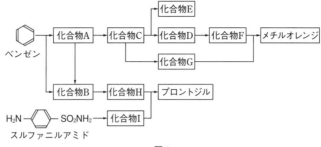

図1

〈文章Ⅱ〉

　ベンゼンの一置換体にさらに置換反応を行う場合，置換基 −X の種類によってつぎの置換反応がどの位置で起こりやすいかが決まる。これを置換基の配向性という。置換基 −X が，−CH₃ や −NH₂ のとき $o-$, $p-$配向性，−COOH, −NO₂ のとき $m-$配向性を示す。ベンゼンの二置換体に，さらに置換反応を行う場合，両隣に置換基をもつ位置への反応は一般的に起こりにくい。

〔1〕　化合物 C, D, F, G の構造式をかけ。

〔2〕　プロントジルの構造式をかけ。また，プロントジルの薬理作用を答えよ。

〔3〕　図2に示す操作によりベンゼン，化合物 A, C の混合物の分離を行った。ただし，本操作で使用するすべての水溶液の密度は 1.0g/cm³ とする。

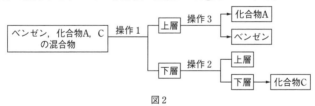

図2

〔Ⅰ〕　操作1，2は分液ろうとを用いて行った。操作1，2について最も適切な操作を1つずつ選べ。

(ア)　希塩酸を加え酸性としたのち，ジエチルエーテルを加え，ふり混ぜる。

(イ)　飽和炭酸水素ナトリウム水溶液を加えて塩基性としたのち，ジエチルエーテルを加え，ふり混ぜる。

(ウ)　水酸化ナトリウム水溶液を加えて塩基性としたのち，ジエチルエーテルを加え，ふり混ぜる。

(エ)　希塩酸を加え酸性としたのち，クロロホルムを加え，ふり混ぜる。

(オ)　飽和炭酸水素ナトリウム水溶液を加えて塩基性としたのち，クロロホルムを加え，ふり混ぜる。

(カ)　水酸化ナトリウム水溶液を加えて塩基性としたのち，クロロホルムを加え，ふり混ぜる。

　　　㈔ 希塩酸を加え酸性としたのち，エタノールを加え，ふり混ぜる。

　　　㈗ 飽和炭酸水素ナトリウム水溶液を加えて塩基性としたのち，エタノー
　　　　　ルを加え，ふり混ぜる。

　　　㈘ 水酸化ナトリウム水溶液を加えて塩基性としたのち，エタノールを加
　　　　　え，ふり混ぜる。

　〔Ⅱ〕　操作3では化合物の沸点の違いにより化合物を分離した。この操作名を答
　　　　えよ。また，分離操作中，枝付きフラスコ内に移した化合物を適切な操作
　　　　により加熱した。枝付きフラスコの枝の位置の温度について以下の選択肢
　　　　から正しいものを選べ。

　　　㈆ ベンゼンのみが蒸発している間，一定の温度を示す。

　　　㈅ ベンゼンのみが蒸発している間，徐々に温度が低下する。

　　　㈇ ベンゼンのみが蒸発している間，徐々に温度が上昇する。

記述 〔4〕 下線部(i)にしたがってメチルオレンジを合成しようとしたが，目的としないフェ
　　　ノール類の化合物も生成した。この理由を説明せよ。　　　　　〔京都府医大 改〕

111. シクロプロパン誘導体 　思考

　　化合物Aは炭素原子C，水素原子H，酸素原子Oのみからなる分子量244の化合物で
あり，分子内にエステル結合を一つ含むが，それ以外には酸素原子をもたない。水酸化
ナトリウム水溶液を用いて，化合物Aを加水分解した。得られた反応混合物を水で希釈
し，さらにジエチルエーテルを加えて抽出したところ，エーテル層から化合物Bが得ら
れた。残った水層に塩酸を加えて酸性にした後，再びジエチルエーテルで抽出したとこ
ろ，エーテル層から化合物Cが得られた。

　　化合物Bはベンゼンの一置換体であり，ヨードホルム反応を示さなかった。一方，化
合物Cは分子式 $C_8H_{12}O_2$ で表されるシクロプロパン誘導体であった。化合物Cに ①オゾ
ン O_3 を反応させた後に，過酸化水素 H_2O_2 を含む水溶液で処理したところ，化合物Dと
アセトンが生じた。②化合物Dには鏡像異性体は存在しなかった。また，化合物Dを加
熱したところ，分子内で脱水反応がおこり，化合物Eが生じた。（H＝1.00，C＝12.0，
O＝16.0）

⑴ 化合物Aを完全燃焼したところ，二酸化炭素 1.76g と水 0.450g が生じた。化合物
　　Aの分子式を記せ。

⑵ 化合物Bの構造式を記せ。

⑶ 化合物Bの構造異性体のうち，ベンゼンの二置換体であり，塩化鉄(Ⅲ)水溶液を加
　　えると呈色するものは何種類あるか答えよ。

⑷ 化合物Cの構造の一部を図1に示す(太いくさび形の結合は紙面の手前側にあるこ
　　とを示す)。□にあてはまる部分構造を記せ。なお，下線①の反応では，アルケン
　　の炭素原子間の二重結合が酸化され，開裂する。たとえば図2の反応では，カル
　　ボン酸およびケトンが得られる。

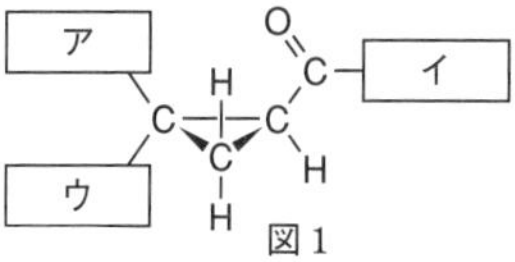

図1

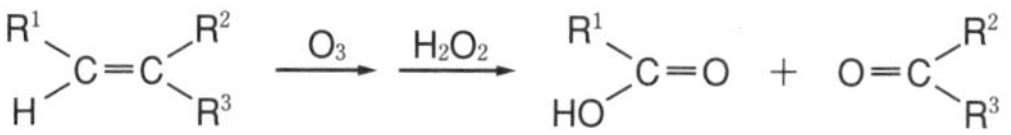

図2
(R¹, R², R³ はアルキル基を示す)

(5) 図3のように, シクロプロパン環を構成する三つの炭素原子からなる平面に対して
同じ側にある置換基 R⁴ と R⁵ は近接しているが, 反対側に位置する R⁴ と R⁶ は離れ
ている。この位置関係は, 図4で示したアルケンの置換基 R⁷, R⁸, R⁹ の位置関係に
類似している。このことをふまえて, 化合物Eの構造式を図5にならって記せ。

図3　　　　　　　　　図4 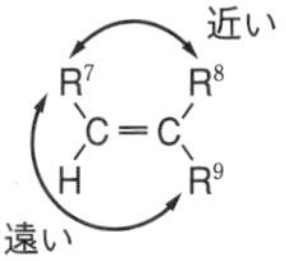　　　　　　　　　図5

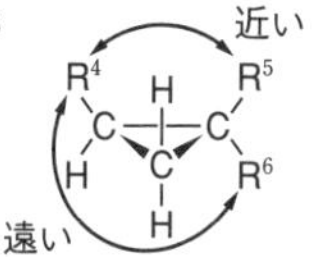

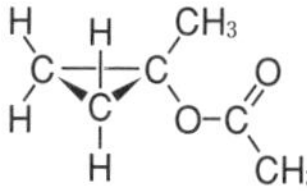

(6) 化合物Dの立体異性体として, 化合物FとGが存在する。下線②の情報をふまえて,
化合物D, F, G について述べた以下の文章のうち, 正しいものをすべて選び, 記号
で記せ。正しいものがなければ「なし」と記せ。

(あ) 化合物D, F, G は, いずれもシクロプロパン誘導体である。

(い) 化合物FとGは, 互いにシス-トランス異性体の関係にある。

(う) 化合物D, F, G を 1mol ずつ含む水溶液は, ある特定方向にのみ振動する光(偏
光)の振動面を回転させる性質(旋光性)を示さない。

(え) 化合物FとGは, 水に対する溶解度が異なる。　　　　　　　　　〔名古屋大〕

112. 芳香族化合物の構造決定 （思考）

黒田チカ博士は日本の女性化学者のさきがけであり, 天然色素の研究で顕著な業績を
残した。以下では, 黒田が化学構造を解明した色素成分に類似の芳香族化合物Aの構造
を考える。Aは分子量272で, 炭素, 水素, 酸素の各元素のみからなる。次の実験1～
8を行い, Aの構造を決定した。(H=1.0, C=12.0, O=16.0)

実験1：136mg のAを完全燃焼させると, 352mg の二酸化炭素と 72.0mg の水が生じ
た。

実験2：Aを亜鉛末蒸留(解説1)すると, ナフタレンが生成した。

解説1：試料を粉末状の金属亜鉛と混合して加熱・蒸留すると, 主要炭素骨格に対応す
る芳香族炭化水素が得られる。例えば, 下式に示すように, モルヒネを亜鉛末
蒸留するとフェナントレンが生成する。

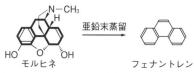

一部の炭素および水素原子の表記
は省略した。太線で示した主要炭
素骨格に対応する芳香族炭化水素
フェナントレンが得られる。

モルヒネ　　　　　　　フェナントレン

実験3：酸化バナジウム(V)を触媒に用いてナフタレンを酸化すると, 分子式 $C_8H_4O_3$
の化合物Bと分子式 $C_{10}H_6O_2$ の化合物Cが生成した。Cは平面分子でベンゼ

ン環を有し，同じ化学的環境にあるために区別できない5種類の炭素原子をもつ(解説2)。なお，Aは部分構造としてCを含む。すなわち，Cの一部の水素原子を何らかの置換基にかえたものがAである。

解説2：解説1に示したフェナントレン(分子式 $C_{14}H_{10}$)を例に考えると，分子の対称性から，同じ化学的環境にあり区別できない炭素原子が7種類ある。

実験4：Aに塩化鉄(Ⅲ)水溶液を作用させると呈色した。

実験5：Aに過剰量の無水酢酸を作用させると，アセチル基が2つ導入されたエステルDが得られた。

実験6：Dにオゾンを作用させたのちに適切な酸化的処理を行い(図(a))，続いて実験5で生成したエステル結合を加水分解すると，化合物E，化合物F，コハク酸 $HOOC-CH_2-CH_2-COOH$，二酸化炭素および酢酸が生じた。この酢酸は，アセチル基に由来するものである。また，反応途中で生成する1,2-ジカルボニル化合物は，酸化的分解を受けてカルボン酸となった(図(b))。一連の反応でベンゼン環は反応しなかった。

図　実験6の反応の概要：(a)炭素間二重結合のオゾン分解($R^{1\sim3}$：炭化水素基など)
(b)1,2-ジカルボニル化合物の酸化的分解(R^4, R^5：ヒドロキシ基や炭化水素基など)

実験7：Eにヨウ素と水酸化ナトリウム水溶液を作用させると，黄色固体Gと酢酸ナトリウムが得られた。

実験8：Fは分子式が $C_8H_6O_6$ であり，部分構造としてサリチル酸を含み，同じ化学的環境にあるために区別できない4種類の炭素原子をもつ。また，Fを加熱すると分子内脱水反応が起こり，化合物Hが得られた。

ア　実験1より，化合物Aの分子式を示せ。

イ　実験3より，化合物BおよびCの構造式をそれぞれ示せ。

ウ　化合物Eの構造式を示せ。

エ　化合物Hの構造式を示せ。

オ　化合物Aの構造式を示せ。　　　　　　　　　　　　　　　　　　　〔東京大〕

12 天然有機化合物

A 113. 糖類の構造

グルコースやフルクトースは単糖類である。水溶液中でグルコースは，六員環の環状構造の α-グルコース，β-グルコースと鎖状構造のグルコースの3種類の異性体が平衡状態で存在する(図1)。①ガラス容器中でアンモニア性硝酸銀水溶液にグルコースを加えて温めると銀鏡が生じる(銀鏡反応)。

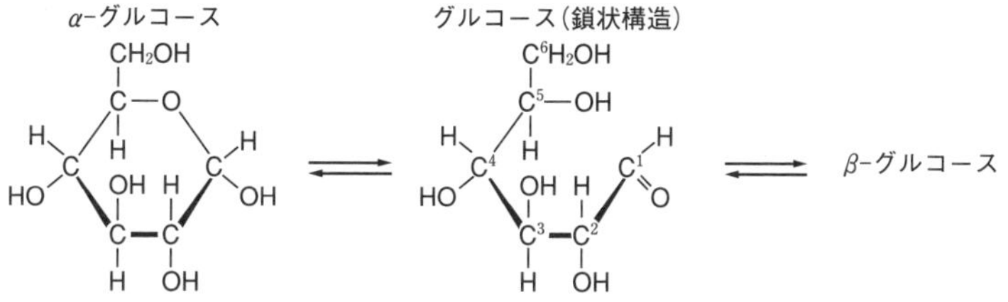

α-グルコース　　**グルコース(鎖状構造)**

（CH₂OH … C⁶H₂OH … β-グルコース の構造式）

図1 水溶液中のグルコース分子の構造変換(鎖状構造にのみ炭素原子の番号が示されている)

フルクトースはグルコースの構造異性体であり，水溶液中では六員環の環状構造，鎖状構造のほか，五員環の環状構造も存在する(図2)。

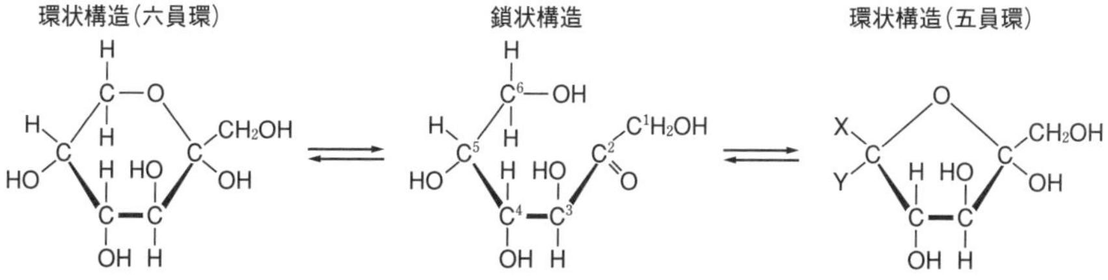

環状構造(六員環)　　**鎖状構造**　　**環状構造(五員環)**

（フルクトースの構造式）

図2 水溶液中のフルクトース分子の構造変換(環状構造は α 型のみが示されているが，β 型も存在する)

二糖類にはマルトースやスクロースなどがある。マルトースには α 型と β 型の2つの立体異性体があり，その1つである α-マルトースは，2分子の α-グルコースが，一方の分子の C^1 に結合したヒドロキシ基(–OH)と，もう一方の分子の C^4 に結合した –OH との間で縮合した構造をもつ。スクロースは，α-グルコースの C^1 に結合した –OH と，五員環構造の β-フルクトースの C^2 に結合した –OH との間で縮合したものである。

多糖類のデンプンにはアミロースとアミロペクチンという2種類の成分があり，いずれも α-グルコース分子が繰り返し縮合した高分子化合物である。アミロースは α-グルコースの②$C^{(a)}$ と $C^{(b)}$ に結合した –OH どうしの間で縮合した構造であり，アミロペクチンはアミロースと同じ結合をもつほか，③$C^{(c)}$ と $C^{(d)}$ に結合した –OH の間でも縮合した枝分かれ構造を含んでいる。

問1　β-グルコースの構造式を書け。

問2　下線部①の操作によりグルコースから生じる生成物の構造式を書け。

問3　図2の**X**と**Y**にあてはまる原子または原子団を示せ。

問4　α-マルトースの構造式を書け。

問5　右の図の□に原子または原子団を記
　　　入してスクロースの構造式を完成させよ。
　　　ただし，図2のXとYをそのまま用いる
　　　こと。

問6　下線部①の実験において，グルコースをフルクトース，マルトース，スクロース
　　　のそれぞれにかえて同じ操作を行ったとき，グルコース以外に銀鏡反応を示す化
　　　合物の名称をすべて書け。

問7　下線部②と③の(a)～(d)にあてはまる炭素原子の番号を書け。ただし，(a)≦(b)，
　　　(c)≦(d) とすること。

問8　アミロペクチン $3.89\,g$ のすべての –OH を –OCH$_3$ に変化
　　　させてから酸で完全に加水分解すると，$0.208\,g$ の化合物
　　　A(α 型の構造を示すが，β 型も存在する)やそれとほぼ同
　　　じ物質量の化合物Bを含む混合物が得られた。このアミロ
　　　ペクチンは，グルコース単位が平均して何個あたりに1個
　　　の枝分かれをもつかを，整数で答えよ。また，化合物Bの
　　　構造式を書け。($H=1.0$，$C=12$，$O=16$)　　　　　〔大阪大〕

114. セルロースの反応

　次の文の□，((2))に入れるのに最も適当なものを，それぞれ a群，(b群)から
選べ。また，[(4)]には有効数字3桁の数値を記入せよ。($H=1$，$C=12$，$O=16$)

　植物細胞壁の主成分であるセルロース($C_6H_{10}O_5)_n$ は，□ (1) □ が縮合した天然高分子で
ある。セルロースは((2))。セルロースを化学的に処理して溶液とし，これを再度繊維
状にしたものは□ (3) □ とよばれ，衣料品等に利用されている。セルロースを無水酢酸と
反応させると，そのヒドロキシ基がアセチル化される。平均分子量 8.10×10^5 のセルロ
ースのヒドロキシ基がすべてアセチル化された場合，得られるアセチルセルロースの平
均分子量は[(4)]となる。なお，セルロースの末端の影響は無視できるものとする。

a群 (ア) α-グルコース　　(イ) β-グルコース　　(ウ) マルトース　　(エ) フルクトース
　　 (オ) シルク　　(カ) アラミド繊維　　(キ) ナイロン　　(ク) レーヨン

(b群) (ア) 直線状にのびた構造をとっており，ヨウ素デンプン反応を示す
　　　 (イ) 直線状にのびた構造をとっており，ヨウ素デンプン反応を示さない
　　　 (ウ) らせん状の構造をとっており，ヨウ素デンプン反応を示す
　　　 (エ) らせん状の構造をとっており，ヨウ素デンプン反応を示さない　　　〔関西大〕

115. ジペプチドの構成アミノ酸

　　　　　　　　　　　　　R　O
　2種類の α-アミノ酸 H$_2$N–CH–C–OH (–R は側鎖)からなるジペプチド A，B，C につ
いて，以下の(a)～(e)の実験結果が得られた。ジペプチド A，B，C それぞれを構成する

α-アミノ酸を下の表から2つずつ選べ(順不同)。

選択肢	(1) グリシン	(2) システイン	(3) グルタミン酸	(4) リシン	(5) フェニルアラニン	(6) チロシン
側鎖 -R	-H	-CH₂-SH	$-(CH_2)_2-\overset{\displaystyle O}{\overset{\|}{C}}-OH$	-(CH₂)₄-NH₂	-CH₂-⟨⟩	-CH₂-⟨⟩-OH
等電点	5.97	5.07	3.22	9.74	5.48	5.66

(a) ジペプチド A, B, C を加水分解したところ, 6種類の α-アミノ酸が得られた。

(b) ジペプチド A, B, C それぞれを加水分解して得られた α-アミノ酸を pH 4.5 の緩衝液中で電気泳動により分析した結果, 陽極側へ移動する α-アミノ酸はジペプチド A のみに存在することがわかった。また, pH 7.4 の緩衝液中で電気泳動により分析した結果, 陰極側へ移動する α-アミノ酸はジペプチド C のみに存在することがわかった。

(c) ジペプチド B を構成する α-アミノ酸を分析したところ, 鏡像異性体をもたない α-アミノ酸が含まれていることがわかった。

(d) ジペプチド A, B, C それぞれの水溶液に塩化鉄(Ⅲ)水溶液を加えると, ジペプチド B の水溶液のみ紫色になった。

(e) ジペプチド A, B, C それぞれの水溶液に水酸化ナトリウムを加えて熱し, 酢酸鉛(Ⅱ)水溶液を加えると, ジペプチド C の水溶液のみ黒色の沈殿が生じた。 〔防衛医大〕

116. タンパク質と酵素

　生体のタンパク質を構成する主要なアミノ酸は約20種類であり, そのうち, ヒト体内で合成されない, あるいはされにくく外部から摂取する必要があるものは □(ア) □ アミノ酸と呼ばれる。タンパク質は, アミノ酸どうしがペプチド結合によりつながった高分子鎖からなり, ペプチド結合の部分で水素結合が形成されることにより, α-ヘリックス構造, β-シート構造などの二次構造がつくられる。また, この高分子鎖の側鎖間の相互作用や結合によって高分子鎖が複雑に折りたたまれ, 特有の立体構造をとる。これを(i)タンパク質の三次構造という。

　タンパク質の中には, 生体内で起こる種々の化学反応を促進する機能をもつものがあり, 酵素と呼ばれる。酵素反応では反応する物質が決まっており, それ以外の物質は反応しない。この性質を酵素の □(イ) □ 特異性という。生体内では, (ii)酸化還元反応, (iii)加水分解反応, 転移反応, 脱離反応など様々な化学反応が起こるが, その大部分は酵素の機能によって穏和な条件で効率よく進行する。

問1 　□□□にあてはまる最も適切な語句を, 次からそれぞれ一つずつ選び記号で答えよ。
　　　(あ) 反応　(い) 基質　(う) 活性　(え) 必需　(お) 絶対　(か) 必須

問2 　下線部(i)の形成および安定化に関与するアミノ酸側鎖どうしの相互作用および結合のうち, 下の図中の □□□ 内の構造が示す相互作用または結合について, その名称と関与しているアミノ酸名を答えよ。

問3 下線部(ii), (iii)の化学反応に関与する酵素と反応する物質の組合せとして適切なものを，次からそれぞれ一つずつ選び記号で答えよ。

	酵素	反応する物質
(あ)	カタラーゼ	過酸化水素
(い)	インベルターゼ	マルトース
(う)	リパーゼ	油脂
(え)	プロテインキナーゼ	ATP(アデノシン三リン酸)
(お)	セルラーゼ	セロビオース

〔北海道大 改〕

B 117. デンプンとセルロースの加水分解

次の文章中の（　）にあてはまる最も適切な数字，語句あるいは化合物名を記せ。また，図1に示す化合物Gの構造式を記せ。

デンプンは植物中で光合成によりつくられる天然高分子化合物であり，その平均分子量は粘度測定あるいは（ A ）測定によって求めることができる。デンプンを（ B ）によって加水分解して得られる（ C ）を希酸で加水分解すると（ D ）が得られる。こうして得られる天然由来の（ D ）は水溶液中において，六員環構造あるいは鎖状構造をもつ（ E ）種類の異性体が平衡状態にあり，鎖状構造の（ D ）は（ F ）基を有するため還元性を示す。植物の細胞壁の主成分であるセルロースを酸と反応させ（ D ）を得ることもできる。このようにして得られる（ D ）から合成される2,5-フランジカルボン酸は，2価アルコールを反応させてポリエステルを得ることができるため，植物由来のプラスチック原料として注目されている。2,5-フランジカルボン酸は（ D ）から，「1分子の化合物から3分子の水がとれる反応」と「酸化反応」を用いて合成され，その合成ルートには図1に示す2通りが考えられる。

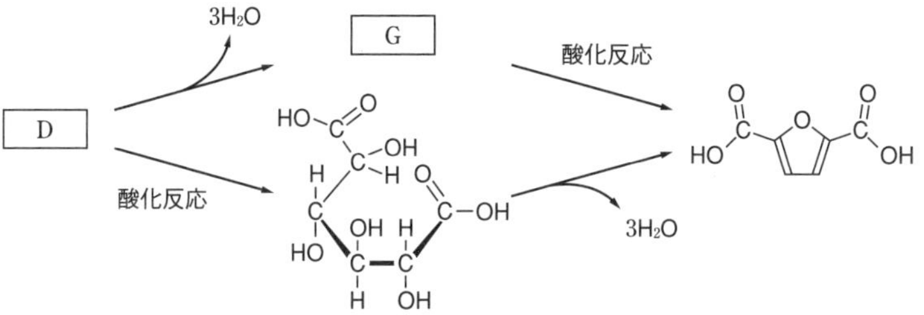

図1　2,5-フランジカルボン酸の合成　　　　〔同志社大〕

118. アミノ酸の構造決定　思考

　分子内にアミノ基($-NH_2$)とカルボキシ
基($-COOH$)の両方をもつ化合物をアミノ
酸という。タンパク質は約20種類のα-

$$\underset{\text{図1}}{\overset{NH_2}{R-CH-COOH}} \qquad \underset{\text{図2}}{\overset{NH_2}{CH_3-CH-CH_2-COOH}}$$

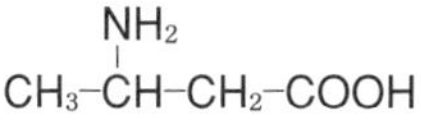

アミノ酸が縮合してできているが，タンパク質を構成しない様々なα-アミノ酸も存在
する。なお，ここでは図1の構造式で表されるα-アミノ酸について考える。さらに，
図2に示すように，α-アミノ酸以外のアミノ酸も考えられる。

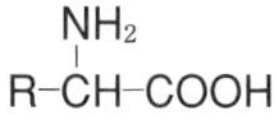

　次に，ジペプチドAとトリペプチドBについて以下の情報が与えられている。

　ジペプチドAは不斉炭素原子を1つもつ化合物であり，分子式は$C_7H_{12}N_2O_5$であった。
Aに塩酸を加えて加熱し，完全に加水分解すると，環状構造をもたない2種類のアミノ
酸X1とX2が生じた。X1とX2はいずれも図1の構造式で表されるα-アミノ酸であ
った。X1を酸触媒の存在下でメタノールと反応させ，完全にエステル化させると，分
子式$C_5H_9NO_4$の化合物が得られた。pH 7.0において，それぞれのアミノ酸の電気泳動
を行うと，X2はほとんど移動しなかったが，X1は大きく陽極側に移動した。

　トリペプチドBの分子量は289であった。Bに塩酸を加えて加熱し，完全に加水分解
すると，環状構造をもたない2種類のアミノ酸Y1とY2が物質量比1：2で生じた。
Y1とY2のうち，Y2のみが図1の構造式で表されるα-アミノ酸であった。Y1を酸触
媒の存在下でメタノールと反応させ，完全にエステル化させると，分子式$C_4H_9NO_2$の化
合物が得られた。

　Y2中の窒素原子はすべてアミノ基として含まれていた。0.1 molのY2に含まれる窒
素原子をすべてアンモニアに変えた。生じたアンモニアを1 mol/Lの硫酸水溶液
250 mLに吸収させたのち，残った硫酸を完全に中和するためには，1 mol/Lの水酸化ナ
トリウム水溶液が300 mL必要であった。この実験結果から，Y2に含まれる窒素の数
は　ア　と決定される。

　トリペプチドBとアミノ酸Y2は不斉炭素原子をもつが，Y2に対してカルボキシ基
を水素原子に置き換える反応を行うと，不斉炭素原子をもたない化合物が得られた。
($H=1.0$, $C=12$, $N=14$, $O=16$)

問1　図2に示した化合物の構造異性体となるアミノ酸の構造式をすべて記せ。ただし，
　　　化合物の電離は考慮しないものとする。

問2　アミノ酸 X1 と X2 の構造式を記せ。

問3　ジペプチド A の構造式を記せ。

問4　［ア］に当てはまる適切な数値を答えよ。

問5　アミノ酸 Y1 と Y2 の構造式を記せ。　　　　　　　　　　　　　〔京都大〕

119. DNA の構成塩基　思考

　核酸は，塩基，糖，リン酸からなるヌクレオチドがつながってできたポリヌクレオチドとよばれる高分子化合物である。核酸には DNA と RNA があり，このうち DNA は 2 本の分子鎖からなる二重らせん構造をとっている。この DNA を構成する塩基は，アデニン，グアニン，シトシン，チミンである。DNA の 2 本の分子鎖において，一方の DNA 鎖の塩基は他方の DNA 鎖の塩基との間で塩基対を形成する。

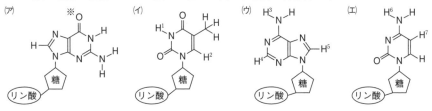

(i)　ヌクレオチド(ア)～(エ)について，次の問いに答えよ。

　(1)　(イ)と(エ)に示したヌクレオチドの塩基の名称を，次からそれぞれ一つずつ選べ。

　　　(あ) アデニン　　　(い) グアニン　　　(う) シトシン　　　(え) チミン

　(2)　DNA の二重らせん構造において(ア)が塩基対をつくるとき，(ア)の※印をつけた酸素と水素結合する相手の水素を(イ)～(エ)の H^1～H^7 の中から一つ選んで記せ。

(ii)　図1のように，DNA の 2 本鎖は熱を加えることで解離させることができる。その際，DNA に含まれるグアニンの物質量の割合が高いほど，2 本鎖 DNA を解離させるのに必要な温度が高くなる。図2は，20塩基対からなる 2 本鎖 DNA のグアニンの割合と解離温度の関係を示したものである。

図1　2本鎖 DNA の熱による解離

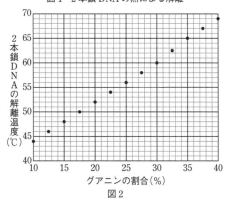

図2

　ある 20 塩基対の DNA において，4 種類の塩基の物質量の総和に対するアデニンの割合が 20 % のとき，2 本鎖 DNA を解離させるには少なくとも何 °C 以上の温度が必要か。図2のグラフをもちいて最も近い整数で記せ。　　　　　　〔広島大〕

13 合成高分子化合物

A 120. 生分解性高分子

二酸化炭素と水に分解される生分解性ポリエステルとして，ポリ乳 $HO-CH_2-\overset{\displaystyle O}{\overset{\|}{C}}-OH$
酸やポリグリコール酸がある。ポリ乳酸は乳酸($C_3H_6O_3$)の縮合重合 グリコール酸
によって合成できるが，この場合は低分子量のポリ乳酸しか得ることができない。そこ
で，乳酸2分子が脱水縮合した①環状ジエステル化合物を開環重合させて高分子量のポ
リ乳酸を合成する。同様に，グリコール酸2分子が脱水縮合した②環状ジエステル化合
物を開環重合させて高分子量のポリグリコール酸を合成することができる。

また，③乳酸とグリコール酸の共重合体は，外科手術用の吸収性縫合糸などとして用
いられている。

問1 下線部①および②の化学反応式を【例】にならって記せ。立体異性体は考慮しなく
てよい(nは十分に大きな数値とする)。

【例】 $nH_2C\overset{\displaystyle CH_2-CH_2-NH}{\underset{\displaystyle CH_2-CH_2-C=O}{}} \longrightarrow \left[\begin{matrix} N-(CH_2)_5-C \\ | \qquad\qquad \| \\ H \qquad\qquad O \end{matrix}\right]_n$

問2 下線部③の共重合体6.5gが二酸化炭素と水に完全に分解されるとき，発生する
二酸化炭素の体積は標準状態において何Lか。ただし，共重合体を構成する乳酸
とグリコール酸の物質量比は1：1とする。また，高分子の分子量は十分大きく，
末端は考慮しなくてもよいものとする。(H＝1.0，C＝12，O＝16，標準状態(0℃，
1.01×10^5Pa)における気体1molの体積＝22.4L) 〔防衛医大〕

121. ポリビニルアルコール

ポリビニルアルコールは，洗濯のりや紙用の接着剤などにもちいられる(a)水溶性のポ
リマーである。(b)ビニルアルコールを直接重合させることは困難であるため，ポリビニ
ルアルコールは通常，以下の2段階の工程を経て合成される。まず，酢酸ビニルの付加
重合によってポリ酢酸ビニルを合成する。次に，得られたポリ酢酸ビニルをけん化する
ことで，ポリビニルアルコールが得られる。ポリビニルアルコールをホルムアルデヒド
で ア 化すると水溶性が失われ，合成繊維である イ が得られる。

(i) ア ・ イ に当てはまる最も適切な語句をそれぞれ記せ。 例：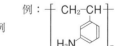

(ii) ポリ酢酸ビニルとポリビニルアルコールの構造式を，右の例
にならって記せ。

(iii)【記述】 下線部(a)について，ポリビニルアルコールが水溶性を示す理由を25字以内で記せ。

(iv) 下線部(b)の理由は，ビニルアルコールが不安定で直ちに別の化合物に変化するため
である。ビニルアルコールが変化して得られる化合物の名称を記せ。

(v) ポリビニルアルコール3.00gを水に溶かして100gの水溶液をつくった。この溶液
の25℃における浸透圧を測定したところ，2.70×10^3Paであった。このポリビニ
ルアルコールの分子量を求め，有効数字2桁で記せ。ポリビニルアルコール水溶液
の密度は1.00g/cm³とする。(気体定数 $R＝8.31\times10^3$Pa・L/(K・mol)) 〔広島大〕

122. ゴム・イオン交換樹脂

次の文章を読み，問いに答えよ。数値での解答は，整数値で示せ。(H＝1.0，C＝12，N＝14，Cl＝35)

天然ゴム(生ゴム)の主成分は， ア を単量体とする高分子である。この高分子は分子内に i)二重結合をもつため，適量の イ を加えて加熱しながらよく練りあわせると， イ 原子が鎖状の高分子どうしを橋かけし，弾性力・強度・耐久性の大きなゴムになる。この操作を ウ という。一方，合成高分子には，1,3-ブタジエンの水素原子一つを塩素原子に置き換えた ii)クロロプレンを単量体とするクロロプレンゴムや，iii)アクリロニトリルと1,3-ブタジエンを共重合してつくられた iv)アクリロニトリル-ブタジエンゴム(NBR)などがある。

(1)   ア にあてはまる化合物の名称を記せ。

(2) 下線部 i)について，天然ゴムの主成分である高分子に存在する二重結合は，主にシス形とトランス形のどちらか。

(3)   イ にあてはまる元素名を記せ。

(4)   ウ にあてはまる適切な語句を記せ。

(5) 下線部 ii)および iii)の化合物の構造式を記せ。

(6) 平均分子量 11,000 のクロロプレンゴムの平均重合度はいくらか。

(7) 下線部 iv)の NBR 中の窒素含有率が 6.5% であった場合，アクリロニトリル 1 mol に対して何 mol の 1,3-ブタジエンが重合したと考えられるか。　　〔大阪工大 改〕

B 123. 高吸水性樹脂 思考

(a)モノマー間の共有結合だけで網目状の立体構造をつくっている高分子や，架橋構造(橋かけ構造)により網目状の立体構造をつくっている高分子は，機能性高分子などとして身のまわりで多く利用されている。(b)ポリアクリル酸ナトリウムに架橋構造をもたせ，網目状の立体構造となった高分子は，高吸水性樹脂(吸水性高分子)として利用されている。この高吸水性樹脂内部には電離する官能基 $-COONa$ が存在する。(c)高吸水性樹脂を水に浸すと，水分子が樹脂の中に吸収され，樹脂の内側と外側でイオン濃度が異なるため浸透圧が生じる。すると水分子がさらに吸収され，網目が広がって図1のように樹脂が膨らむが，分子鎖が共有結合で架橋されているため，樹脂内に一定量の水が保持された状態で吸水がとまる。

問1　下線部(a)に関して，網目状の立体構造をもたない高分子はどれか。最も適当なものを，次から一つ選べ。

① フェノール樹脂　　② 尿素樹脂
③ アルキド樹脂　　④ スチロール樹脂(ポリスチレン)

問2　下線部(b)に関して，架橋構造をもつポリアクリル酸ナトリウムは，アクリル酸ナトリウム $CH_2=CHCOONa$ を付加重合させる際に，少量の他のモノマーと共重合させることにより得られる。このとき架橋構造をもたせるために共重合させるモノマーとして最も適当なものを，次から一つ選べ。

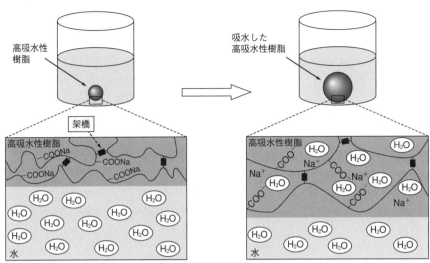

図1 高吸水性樹脂の吸水前後の様子

① CH₂=CH
        COOCH₃

② CH₂=CH   CH=CH₂
        COOCH₂CH₂OOC

③ H C COONa
   H C COONa

④ H C COOCH₃
   H C COOCH₃

問3 下線部(c)に関して，純水に浸した場合と塩化ナトリウム NaCl 水溶液に浸した場合に起こる現象の記述として正しいものはどれか。最も適当なものを，次から一つ選べ。

① 樹脂に吸収される水の量は，純水よりも NaCl 水溶液に浸した場合の方が少ない。

② 樹脂に吸収される水の量は，純水よりも NaCl 水溶液に浸した場合の方が多い。

③ 樹脂に吸収される水の量は，いずれの場合も同じである。

④ NaCl 水溶液に浸した場合は，架橋が切れて樹脂が溶解する。

〔共通テスト 化学（追試験）改〕

124. ポリアミド

次の文を読み，問に答えよ。なお，文中の波線部の化合物の構造を次に記した。

O
Cl C Cl
ホスゲン

CH₃
HO—〇—C—〇—OH
        CH₃
ビスフェノールA

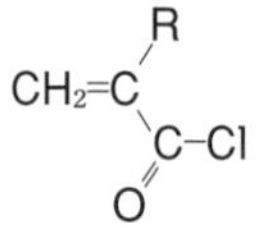

CH₂=C 構造式（アクリル酸クロリド／メタクリル酸クロリド）

アクリル酸クロリド（R=H）
メタクリル酸クロリド（R=CH₃）

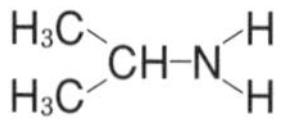

イソプロピルアミン

　エステル結合やアミド結合を主鎖や側鎖に導入した合成高分子化合物は，その構造に応じて様々な特性を発現することができる。エステル結合やアミド結合はそれぞれ，カルボン酸塩化物（カルボン酸クロリド）とアルコールもしくはアミンとの温和な条件下における反応により生成させることができる。カルボン酸塩化物は，カルボン酸のヒドロキシ基を塩素に置換した構造である。例えば，代表的な合成繊維である(1)6,6-ナイロンは，アジピン酸ジクロリドをモノマーとして用いた界面における　ア　重合により室温で合成される。ホスゲンはカルボニル炭素に２つの塩素が結合した構造であり，アジピン酸ジクロリドと同様に二官能性モノマーである。ホスゲンは反応性が高く，ビスフェノールAとの　ア　重合により，透明光学材料である(2)ポリカーボネートが合成される。また，メタクリル酸クロリドと(a)過剰量のエチレングリコールとの反応により合成されるメタクリル酸2-ヒドロキシエチルを原料とする　イ　重合により(3)ポリ（メタクリル酸2-ヒドロキシエチル）が得られる。ヒドロキシ基が側鎖にあるため親水性があり，この高分子化合物のハイドロゲルはコンタクトレンズとして用いられている。アクリル酸クロリドとイソプロピルアミンとの反応により得られる N-イソプロピルアクリルアミドを原料とする　イ　重合からは，(4)ポリ（N-イソプロピルアクリルアミド）が得られる。(b)この高分子化合物のアミド結合部位は水分子と水素結合するため，20℃では水に完全に溶解する。この水溶液の温度を上昇させると水素結合が切断されて水和している水分子が引き離され，疎水基が集まり高分子化合物が凝集する。この変化が32℃付近で急激に観察される。

　(c)ポリ（N-アルキルアクリルアミド）類については，アルキル基の疎水性の違いにより凝集する温度が異なる。このような温度応答性高分子化合物はバイオマテリアルやドラッグデリバリーシステムへの応用が期待されている。

問1　　ア　と　イ　に当てはまる適切な語を記せ。

問2　下線部(1)〜(4)の化合物の構造式を例にならって記せ。

［例］ 構造式（6,6-ナイロンの繰り返し単位）

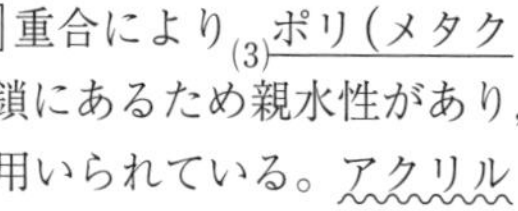

問3　下線部(a)について，反応に用いるエチレングリコールの量を減少させると，副生成物が生じた。この副生成物の構造を記せ。また，この副生成物が混入したまま重合反応を行うと，得られる高分子化合物の構造は副生成物が混入していない場合とどのように異なるかを理由と共に40字程度で記せ。

問4　下線部(b)について，高分子化合物が凝集した水溶液に
　　　光をあてると，光が散乱して全く通過しなかった。光
　　　が通過する割合(透過率)を縦軸に水溶液の温度を横
　　　軸にとった次の図の中に，この現象を示すグラフを作
　　　成せよ。なお，図中の点線は32℃を示している。

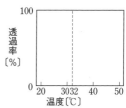

問5　下線部(c)について，ポリ(N-エチルアクリルアミド)
　　　(高分子①)とポリ(N-ブチルアクリルアミド)(高分子②)が水溶液中で凝集する
　　　温度は，32℃より高温となるか低温となるかを，それぞれ記せ。　〔名古屋工大〕

14 実験装置と操作

Ａ 125. 試薬の取り扱い法

次の(a)〜(d)の物質は，いずれも容器のふたを開けたまま放置することは不適切である。
その理由としてもっとも適切な語句はどれか。

(a) 十酸化四リン

(b) ナフタレン

(c) 塩化鉄(Ⅱ)水溶液

(d) 炭酸ナトリウム十水和物

解答群　(0) 吸湿　　　(1) 風解　　　(2) 酸化
　　　　(3) 自然発火　(4) 昇華　　　(5) 不揮発性　　　　　　　〔金沢工大〕

126. 混合物の分析

a　マグネシウムの酸化物 MgO，水酸化物 $Mg(OH)_2$，炭酸塩 $MgCO_3$ の混合物Ａを乾燥
　した酸素中で加熱すると，水 H_2O と二酸化炭素 CO_2 が発生し，後に MgO のみが残
　る。図1の装置を用いて混合物Ａを反応管中で加熱し，発生した気体をすべて吸収
　管Ｂと吸収管Ｃで捕集する実験を行った。

　　このとき，ＢとＣにそれぞれ1種類の気体のみを捕集したい。B，C に入れる物
　質の組合せとして最も適当なものを，次から一つ選べ。

	吸収管Bに入れる物質	吸収管Cに入れる物質		吸収管Bに入れる物質	吸収管Cに入れる物質
①	ソーダ石灰	酸化銅(Ⅱ)	④	塩化カルシウム	酸化銅(Ⅱ)
②	ソーダ石灰	塩化カルシウム	⑤	酸化銅(Ⅱ)	塩化カルシウム
③	塩化カルシウム	ソーダ石灰	⑥	酸化銅(Ⅱ)	ソーダ石灰

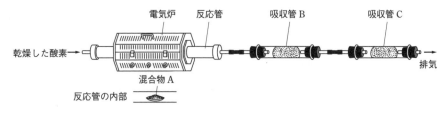

図1 混合物Aを加熱し発生する気体を捕集する装置

b aの実験で，ある量の混合物Aを加熱すると MgO のみが 2.00 g 残った。また捕集された H_2O と CO_2 の質量はそれぞれ 0.18 g，0.22 g であった。加熱前の混合物Aに含まれていたマグネシウムのうち，MgO として存在していたマグネシウムの物質量の割合は何％か。最も適当な数値を，次から一つ選べ。(H＝1.0，C＝12，O＝16，Mg＝24)

① 30 ② 40 ③ 60 ④ 70 ⑤ 80 〔共通テスト 化学(本試験)〕

127. エステルの合成

図に示すディーン・スタークトラップとよばれる器具を備えたエステル合成装置を用いてカルボン酸とアルコールの反応を行うと，反応により生じた水を反応容器から取り除くことができ，エステル合成反応の効率が上がる。図の反応容器に，18.3 g の安息香酸，21.6 g のベンジルアルコール，100 mL のトルエン，および数滴の硫酸を入れ，120℃ の油浴で加熱するとエステルと水が生じた。トルエンと反応で生じた水は気化し，冷却管で冷やされて液体となり，P 管内に溜まる。P 管内でトルエンと水は二相に分離し，トルエンが上層に，水が下層に

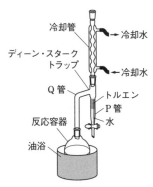

なる。上層のトルエンはQ管を通って反応容器に戻り，下層の水のみがP管内に溜まる。そのため，P管内の水の量から生成したエステルの量を知ることができる。次の問い(i)および(ii)に答えよ。

(i) このエステル合成反応の化学反応式を記せ。

(ii) 一定時間反応させた後，ディーン・スタークトラップのP管には 2.16 g の水が溜まっていた。用いた安息香酸の何％がエステルになったか。整数で答えよ。ただし，水とトルエンは混ざらず，生成した水はすべてP管内に溜まったものとする。(H＝1.00，C＝12.0，O＝16.0) 〔同志社大〕

B 128. マンガンの化合物に関する実験

マンガンとその酸化物に関する以下の文章を読み設問に答えよ。ただし，数値は有効数字 3 桁で答えよ。

　マンガンは銀白色の光沢がある硬くてもろい金属である。また，マンガンは複数の酸化数をとることができる。酸化マンガン(Ⅳ)は，電池や，(A)塩素を濃塩酸から実験室で生成する反応，触媒などに利用されている。過マンガン酸カリウムの水溶液は(B)酸化還元滴定などに用いられている。

(1)　下線部(A)について設問(ア)と(イ)に答えよ。

　　(ア)　この反応の反応式を答えよ。

　　(イ)　この反応で生成する塩素には塩化水素と水蒸気が混入する。そこで，塩化水素と水蒸気を取り除き，塩素を捕集する実験装置を組み立てたい。下に示した器具から適したものを用い，実験装置の概略図を描け。それぞれの器具は複数個用いてよい。

　　　・試薬を用いる場合は，その状態(液体・固体など)と量が分かるように描き入れ，試薬名を明記せよ。
　　　・描いた実験装置の役割も簡潔に記せ。

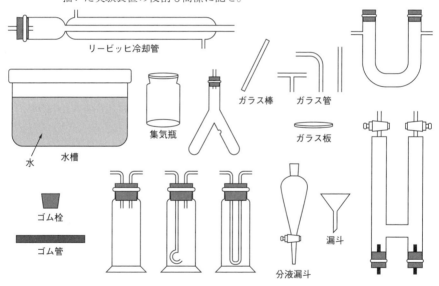

リービッヒ冷却管
集気瓶
ガラス棒　ガラス管
ガラス板
水　　水槽
ゴム栓
ゴム管
漏斗
分液漏斗

その他の器具類：ろ紙・綿

図　使用できる器具の概略図

ガラス棒・ガラス管やゴム栓はサイズ・長さを自由に選べるものとする
(ゴム栓・ゴム管は塩素・塩化水素・水蒸気で劣化しないものが準備されている)

(2)　下線部(B)の実験を以下の実験手順でおこなった。設問(ア)〜(オ)に答えよ。

　　【実験手順】　ビーカーに入っている $4.00 \times 10^{-2} \text{mol/L}$ のシュウ酸標準水溶液を10.0 mL はかりとり，コニカルビーカーに入れた。そこに少量の希硫酸を加えてさらに酸性にし，この水溶液を濃度未知の過マンガン酸カリウム水溶液で滴定したところ 12.5 mL で終点を迎えた。

(ア) シュウ酸と過マンガン酸カリウムの各反応を e^- を含むイオン反応式でそれぞれ答えよ。

(イ) 過マンガン酸カリウムのモル濃度を答えよ。

(ウ) この滴定の終点はどのようにして判別できるか，その方法を記せ。

記述 (エ) この実験で，硫酸の代わりに硝酸を用いることができない。その理由を硝酸が関わる反応式を用いながら説明せよ。

記述 (オ) この実験で，硫酸の代わりに塩酸を用いることができない。その理由を塩酸が関わる反応式を用いながら説明せよ。〔横浜市大〕

第１刷　2023年７月１日　発行

2023
化学入試問題集
化学基礎・化学

ISBN978-4-410-27823-5

編　者　数研出版編集部
発行者　星野 泰也
発行所　**数研出版株式会社**
〒101-0052 東京都千代田区神田小川町２丁目３番地３
〔振替〕 00140-4-118431
〒604-0861 京都市中京区烏丸通竹屋町上る大倉町 205 番地
〔電話〕代表 (075)231-0161
ホームページ　https://www.chart.co.jp
印刷　寿印刷株式会社

乱丁本・落丁本はお取り替えいたします。 230601

2023 化学入試問題集　化学基礎・化学
■解答編　■数研出版

⬚1 物質の構成粒子とその結合

【1】(ア) 6　(イ) 4
炭素原子はK殻に2個，L殻に4個の電子をもつ。

【2】問1 ^{14}N　問2 1.8×10^8 個
問3 2.9×10^3 年
問4 石炭は植物が枯れてから長時間経過した
　　もので，^{14}C がほとんど壊変しているため。
　　(37字)

問1 ^{14}C が壊変すると，質量数は14のまま原子
　　番号が1増えて，窒素原子 ^{14}N になる。
問2 15Lの空気に含まれる CO_2 の物質量は，気
　　体の状態方程式より，
$$n=\frac{pV}{RT}=\frac{1.01\times10^5\times15\times0.041\times10^{-2}}{8.31\times10^3\times300}$$
$$\fallingdotseq2.49\times10^{-4}\,(mol)$$
　　^{14}C と同様，$^{14}CO_2$ も自然界に 1.2×10^{-12} の
　　割合で存在する。したがって，人間が1分
　　間あたりに吸い込んでいる $^{14}CO_2$ の分子
　　数は，
$$2.49\times10^{-4}\times6.02\times10^{23}\times1.2\times10^{-12}$$
$$\fallingdotseq1.8\times10^8\,(個)$$
問3 ^{14}C の割合が現在の栗の殻の71%に減少し
　　ているので，$0.71\fallingdotseq\frac{1}{\sqrt{2}}=\left(\frac{1}{2}\right)^{\frac{1}{2}}$ より，半減
　　期の $\frac{1}{2}$ 回分の時間が経過したことになる。
　　よって，経過時間は，
$$5.73\times10^3\times\frac{1}{2}\fallingdotseq2.9\times10^3\,(年)$$

【3】問1 アルゴン 【理由】アルゴンの方が分
　　子量が大きく，分子間力が強く，分子間
　　力を振り切って気体になるために多
　　くのエネルギーが必要だから。(56字)
問2 (1) f　(2) f　(3) g　(4) d
問2 (1) CO_2 は結合に極性を持つが，互いに打ち
　　消しあうため，分子全体としては無極性
　　分子である。
　　(2) 水素結合は F，O，N 原子どうしの間に，
　　H 原子をはさんで形成される結合である。

【4】(2), (6), (7)
(1) 水素結合に起因する。ポリペプチドはペプチ
　　ド結合間の水素結合により規則的な立体構造
　　をとり，これを二次構造という。
(2) 水素結合に起因しない。分子全体の極性の有
　　無は分子の形に起因する。
(3) 水素結合に起因する。水分子1個当たり4個
　　の水分子と水素結合で引きあい，正四面体構
　　造となっている。
(4) 水素結合に起因する。酢酸は有機溶媒中では，
　　カルボキシ基間の水素結合で二量体となって
　　いる。
(5) 水素結合に起因する。分子からなる物質の沸
　　点は，分子間力が強いほど高くなる。水素結
　　合も分子間力のひとつである。
(6) 水素結合に起因しない。直鎖状のアルカンの
　　融点・沸点の高低は，ファンデルワールス力の
　　大きさに起因する。
(7) 水素結合に起因しない。溶質が溶媒中で電離
　　し，溶質の粒子数が増えることに起因する。

【5】(1)
3つの分子の分子量は，それぞれ $H_2O=18$，
$HF=20$，$CH_4=16$ であるため，ファンデルワー
ルス力はほとんど変わらない。一方で，H_2O，HF
には水素結合がはたらいているが，CH_4 には水素
結合がない。このため，CH_4 の沸点は最も低い。
また，1つの H_2O 分子は，4つの H_2O 分子と水素
結合を形成しており，1つの HF 分子は2つの HF
分子と水素結合を形成する。このため，H_2O の沸
点が最も高い。

【6】問1 ファンデルワールス
問2 $2.3\,g/cm^3$　問3 $8.5\times10^6\,cm^2/g$
問2 黒鉛は図のよう
　　な六角柱が無数
　　に繰り返された
　　構造だと考える
　　ことができる。

$\frac{1}{6}$ 個　(▽)
$\frac{1}{3}$ 個　(◖)
1 個　(●)
　　したがって，この単位格子に含まれる炭素
　　原子の数は，

$$\frac{1}{6}\times12+\frac{1}{3}\times3+1\times1=4\,(\text{個})$$

炭素原子1個当たりの質量は，

$$\frac{12}{6.0\times10^{23}}=2.0\times10^{-23}\,(\text{g})$$

よって，求める密度は，

$$\frac{\text{六角柱に含まれる原子の質量}}{\text{六角柱の体積}}$$

$$=\frac{2.0\times10^{-23}\times4}{5.1\times10^{-16}\times6.7\times10^{-8}}\fallingdotseq2.3\,(\text{g/cm}^3)$$

問3 問2の図の六角柱は，グラフェンが3層のみ集まった構造であるため，平面状に無数に繰り返されていると考えればよい。上面と底面からはみ出ている原子の部分を考慮すると，上面と底面の角の原子も $\frac{1}{3}$ 個分の原子が繰り返し単位に含まれている。したがって，ひとつの繰り返し単位に含まれている原子の数は，

$$\frac{1}{3}\times12+\frac{1}{3}\times3+1\times1=6\,(\text{個})$$

表面積は，単位格子の上面と底面の面積を求めればよいので，

$$\frac{\text{繰り返し単位の表面積}}{\text{繰り返し単位に含まれる原子の質量}}$$

$$=\frac{5.1\times10^{-16}\times2}{2.0\times10^{-23}\times6}\fallingdotseq8.5\times10^6\,(\text{cm}^2/\text{g})$$

【7】 (A) ② (B) ⑥ (C) ⑧ (D) ⑩ (E) ⑭

(A) クロロメタンから塩化物イオン Cl^- が生じる際に，共有電子対は Cl 原子に移動する。

(B) 水の非共有電子対が1対残っているので，電子対の和は4対である。

(C)，(D) 3対の電子対が互いに反発すると，三角形の頂点に電子対が位置するようになる。

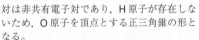

(E) 4対の電子対が互いに反発すると，正四面体の頂点に電子対が位置するようになる。しかし，4対の電子対のうち1対の電子対は非共有電子対であり，H原子が存在しないため，O原子を頂点とする正三角錐の形となる。

【8】 問1 $SiO_2 + 2C \longrightarrow Si + 2CO$

問2 8個　問3 $\frac{\sqrt{3}}{8}L$

問1 炭素Cによって二酸化ケイ素 SiO_2 が還元され，有毒な一酸化炭素 CO が生成する。

問2 ケイ素Si原子は，単位格子の各頂点に8個，各面の中心に6個，単位格子内に4個ある。

頂点にある原子と面の中心にある原子は，それぞれ $\frac{1}{8}$ 個分，$\frac{1}{2}$ 個分だけ単位格子に含まれる。したがって，単位格子に含まれる原子の数は，

$$\frac{1}{8}\times8+\frac{1}{2}\times6+1\times4=8\,(\text{個})$$

問3 下図の AG は単位格子の対角線の半分なので，$\frac{\sqrt{3}}{2}L$ である。IG で原子同士が接しているため，原子半径rは対角線の $\frac{1}{4}$ の $\frac{\sqrt{3}}{8}L$ となる。

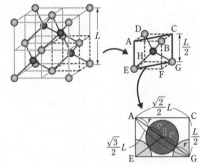

【9】 (ア) (2)　(イ) (4)　(ウ) (1)

イ 単位格子に含まれるナトリウムイオン Na^+ は，単位格子の各辺の中央にある原子12個と，単位格子の中心にある原子1個である。各辺の中央にある原子は $\frac{1}{4}$ 個分だけ単位格子に含まれるので，単位格子に含まれる Na^+ の数は，

$Na^+ \cdots \frac{1}{4}$個(●)
$Cl^- \cdots 1$個(●)

$$\frac{1}{4}\times12+1\times1=4\,(\text{個})$$

ウ Na^+ 1個と Cl^- 1個の質量の合計は $\dfrac{58.5}{6.02\times10^{23}}$ g なので，密度は，$1.0\,\text{nm}=1.0\times10^{-7}\,\text{cm}$ より，

$$\frac{\text{単位格子に含まれる粒子の質量}}{\text{単位格子の体積}}$$

$$=\frac{\dfrac{58.5}{6.02\times10^{23}}\times4}{0.18\times10^{-21}}\fallingdotseq2.2\,(\text{g/cm}^3)$$

【10】 a ⑥　b ⑤

a 問題の図より，塩酸 HCl が過不足なく反応したとき，二酸化炭素 CO_2 が 6.0×10^{-2} mol 発生することがわかる。このとき反応した HCl は，

$6.0 \times 10^{-2} \times 2 = 1.2 \times 10^{-1}$ (mol)

よって，この HCl の濃度 c は，

$c = \dfrac{1.2 \times 10^{-1}}{50 \times 10^{-3}} = 2.4$ (mol/L)

b 加えた貝殻の質量が 6.0 g のとき，CO_2 は 5.4×10^{-2} mol 発生している。このとき反応した炭酸カルシウム $CaCO_3$（式量 100）は，

$5.4 \times 10^{-2} \times 1 = 5.4 \times 10^{-2}$ (mol)

よって，貝殻に含まれる $CaCO_3$ の含有率は，

$\dfrac{5.4 \times 10^{-2} \times 100}{6.0} \times 100 = 90 \%$

【11】 (i) 0.73　(ii) 0.41
(iii) (A) 1　(B) 8　(C) 4　(D) 6　(E) 8　(F) 6
(あ) CsCl　(い) CsCl　(う) NaCl　(え) NaCl

(i) (b)の単位格子の一辺で陰イオンどうしが接しているので，

$a = 2r_-$

また，単位格子の対角線で陽イオンと陰イオンが接しているので，

$\sqrt{3}\,a = 2(r_+ + r_-)$

$\dfrac{r_+}{r_-} = \sqrt{3} - 1 \fallingdotseq 0.73$

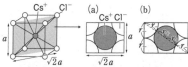

(ii) (d)の単位格子の一辺で陽イオンと陰イオンが接しているので，

$a = 2(r_+ + r_-)$

また，陰イオンどうしが接しているので，

$\dfrac{\sqrt{2}}{2}a = 2r_-$

$\dfrac{r_+}{r_-} = \sqrt{2} - 1 \fallingdotseq 0.41$

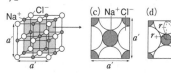

【12】 (i) 4 個　(ii) 1.9×10^2 cm³

(i) 面心立方格子内の図の部分に水素原子が取り込まれる。水素原子は単位格子の各辺の中央には 12 個，単位格子の中心に 1 個，単位格子に含まれる。各辺の中央にある原子は，$\dfrac{1}{4}$ 個分だけ

●…金属原子
○…水素原子

単位格子に含まれるので，単位格子中に取り込まれる水素原子の個数は，

$\dfrac{1}{4} \times 12 + 1 \times 1 = 4$ (個)

(ii) 10 mol の水素 H_2 に含まれている水素原子の個数は，

$10 \times 6.00 \times 10^{23} \times 2 = 1.20 \times 10^{25}$ (個)

単位格子当たり 4 個の水素原子を取り込むことができるので，必要な金属 M の体積は，

$\dfrac{1.20 \times 10^{25}}{4} \times (4.0 \times 10^{-8})^3 \fallingdotseq 1.9 \times 10^2$ (cm³)

【13】 (a) 飽和水溶液でないと食塩が溶けてしまい，食塩の体積を測定できないため。
(b) メスシリンダーを用いてビーカーに水 150 cm³ をはかり取り，食塩 60 g を加えてよく混ぜる。ろうととろ紙を使ってろ過し，溶けきれなかった食塩を取り除く。以上の操作によって得られたろ液をメスシリンダーで 100.0 cm³ はかり取ればよい。
(c) 1.8×10^{-22} cm³　(d) Na^+：4 個　Cl^-：4 個
(e) 6.2×10^{23} /mol

(b) 食塩 60 g を用いて飽和水溶液を 100.0 cm³ 以上作り，溶け残った食塩をろ過したのち，正確に 100.0 cm³ をはかり取ればよい。食塩 60 g で最大まで飽和溶液を作るとき，使用する水の量は，$\dfrac{60}{36} \times 100 = 166.6\cdots$ (cm³) である。このため，使用する水は 166.6 cm³ 以下である必要がある。

(e) 実験結果より，塩化ナトリウム NaCl（式量 58.5）の密度は $\dfrac{5.85}{2.7}$ g/cm³ である。アボガドロ定数を N_A とおくと，NaCl の単位格子の密度は，

$\dfrac{\text{単位格子に含まれる原子の質量}}{\text{単位格子の体積}}$

$= \dfrac{\dfrac{58.5}{N_A} \times 4}{(5.6 \times 10^{-8})^3} = \dfrac{5.85}{2.7}$

$N_A \fallingdotseq 6.2 \times 10^{23}$ /mol

2 物質の状態

【14】 (ア) ① 融解　② 凝固　③ 蒸発(気化)
　　　④ 凝縮　⑤ 昇華　⑥ 大気圧
　　　⑦ 沸騰　⑧ 沸点
(イ) (i) A 固体　B 液体　C 気体
　　(ii) 点D 三重点　点E 臨界点
(ウ) 7.7×10^4 Pa

(ア) 液体の飽和蒸気圧と外圧(大気圧)が等しくなるとき，液体内部から気化が起こる。これを沸騰といい，このときの温度を沸点という。

(イ) 点Dを三重点といい，このとき固体，液体，気体が共存する。点Eは臨界点であり，臨界点以上の温度，圧力の物質を超臨界流体という。

(ウ) ジエチルエーテルの27℃における蒸気圧は，
$760 - 182 = 578$(mmHg)
$$\frac{578}{760} \times 1.013 \times 10^5 \fallingdotseq 7.7 \times 10^4 \text{(Pa)}$$

【15】 (1) (A) 沸騰　(B) ジエチルエーテル
(2) 一定である。
(3) 3.4 g　(4) 3.0×10^3 Pa
(5) 分圧(A) 1.0×10^5 Pa　分子量(B) 5.8×10

(1) 分子間力の小さい物質ほど，蒸気圧が大きく，沸点が低くなる。ジエチルエーテルは無極性分子なので，極性分子である水やエタノールよりも分子間力が小さい。

(2) はじめに入れた少量の液体がすべて蒸発したならば，容器内の液体の蒸気圧ははじめは増加するが，飽和蒸気圧に達した後は一定になる。はじめに入れた液体の一部が液体のまま残っているならば，ピストンを押して体積を減少させても蒸気圧は一定のままである。

(3) 水がすべて気体であるとすると，そのときの圧力 p は，
$$p \times 8.3 = \frac{3.6}{18} \times 8.3 \times 10^3 \times 300$$
$$p = 6.0 \times 10^4 \text{(Pa)}$$
これは27℃の飽和蒸気圧より大きいので，一部の水は液体になっている。このとき気体として存在する水の物質量 x〔mol〕は，
圧力比=物質量比　より
$6.0 \times 10^4 : 4.0 \times 10^3 = 0.20 : x$
$$x = \frac{1}{75} \text{(mol)}$$
よって，液体の水の質量は，
$$\left(0.20 - \frac{1}{75}\right) \times 18 \fallingdotseq 3.4 \text{(g)}$$

(4) すべて気体のまま変化したと仮定すると，ボイルの法則より，
$6.0 \times 10^4 \times 8.3 = p \times 166$

$p = 3.0 \times 10^3$(Pa)
これは27℃の飽和蒸気圧より小さいので，仮定は成り立つ。

(5) 水上置換で捕集したので，未知気体の分圧は，
$1.04 \times 10^5 - 4.0 \times 10^3 = 1.0 \times 10^5$(Pa)
よって，その分子量 M は，
$$1.0 \times 10^5 \times 0.150 = \frac{0.35}{M} \times 8.3 \times 10^3 \times 300$$
$$M \fallingdotseq 5.8 \times 10$$

【16】 (a) エタノール：6.2 kPa　水：2.5 kPa
(b) 7.1×10^2 mm　(c) -28 mm　(d) 39℃

(b) 図4のU字管の左側には100 kPaの大気圧が，右側にはエタノールの蒸気圧6.2 kPaがかかり，その差の分だけ水銀柱の右側が高くなる。
$$h_1 = \frac{100 - 6.2}{100} \times 760 \fallingdotseq 7.1 \times 10^2 \text{(mm)}$$

(c) エタノールの蒸気圧の方が水より大きいので，U字管の左側が高くなる。
$$h_2 = -\frac{6.2 - 2.5}{100} \times 760 \fallingdotseq -28 \text{(mm)}$$

(d) エタノールと水の蒸気圧の差が76 mmHgになるので，これは10 kPaである。図1より，両方の蒸気圧の差が10 kPaになるときの温度を読み取ると39℃である。

【17】 (A) ②　(B) ④　(C) ⑨　(D) ⑫

(B) $1 \text{L} = 10^{-3} \text{m}^3$ であり，22.4Lは $22.4 \times 10^{-3} \text{m}^3$ である。

(C), (D) ボルツマン定数 $k = \dfrac{R}{N_A}$
$$= \frac{8.31}{6.02 \times 10^{23}} \fallingdotseq 1.4 \times 10^{-23}$$

【18】 (1) 1.5倍　(2) 75%　(3) 2.8×10^5 Pa
(4) 2.1×10^5 Pa　(5) 8.5

(1) 1.5 gの水素は，27℃，1.0×10^5 Paで
$25 \times \dfrac{1.5}{2.0} = \dfrac{75}{4}$(L) の体積を占める。これが6.0Lの容器Aに入っているので，ボイルの法則より，
$$1.0 \times 10^5 \times \frac{75}{4} = p_A \times 6.0$$
$$p_A = \frac{25}{8} \times 10^5 \text{(Pa)}$$
同様に，7.0 gの窒素は，27℃，1.0×10^5 Paで
$25 \times \dfrac{7.0}{28} = \dfrac{25}{4}$(L) の体積を占め，3.0Lの容器Bに入っているので，
$$1.0 \times 10^5 \times \frac{25}{4} = p_B \times 3.0$$

$$p_B=\frac{25}{12}\times10^5(\mathrm{Pa})$$

よって，$\dfrac{p_A}{p_B}=\dfrac{\frac{25}{8}\times10^5}{\frac{25}{12}\times10^5}=1.5(倍)$

(2) 水素の物質量は 0.75 mol，窒素は 0.25 mol なので，すべての気体分子の数に対する，水素分子の割合は，

$$\frac{0.75}{0.75+0.25}\times100=75(\%)$$

(3) コック開放後の水素分圧 p_1(Pa)，窒素分圧 p_2(Pa) として，ボイルの法則より，

$$\frac{25}{8}\times10^5\times6.0=p_1\times9.0 \qquad p_1=\frac{25}{12}\times10^5$$

$$\frac{25}{12}\times10^5\times3.0=p_2\times9.0 \qquad p_2=\frac{25}{36}\times10^5$$

全圧は p_1+p_2 より，

$$\frac{25}{12}\times10^5+\frac{25}{36}\times10^5=\frac{25}{9}\times10^5$$
$$\doteqdot2.8\times10^5(\mathrm{Pa})$$

(4) コック開放後の水素分圧は，

$$p_1=\frac{25}{12}\times10^5\doteqdot2.1\times10^5(\mathrm{Pa})$$

(5) 混合気体の平均分子量は，各気体の分子量とそのモル分率の積の和で求められるので，

$$2.0\times0.75+28\times0.25=8.5$$

【19】 (i) 0.63 mol　(ii) 342 L　(iii) 5.4 L

(i) 混合気体中のメタン，エタンの体積を x(L)，y(L) とする。各気体の体積は標準状態で測定しているので，体積比＝物質量比＝係数比として考える。加えたアルゴンの体積を z(L) とすると，

$$x:y=6:7 \qquad\qquad\cdots①$$
$$x+y+z+100=468 \qquad\cdots②$$

除去した二酸化炭素の体積は 409－369＝40(L) である。これらより発生した二酸化炭素の体積についての式は，

$$x+2y=40 \qquad\qquad\cdots③$$

これと①より，$x=12$(L)，$y=14$(L) となる。はじめにあったエタンの物質量は，

$$\frac{14}{22.4}\doteqdot0.63(\mathrm{mol})$$

(ii) $x=12$(L)，$y=14$(L) を②式に代入して，$z=342$(L) となる。

(iii) 燃焼後に残っている酸素の体積は，

$$100-\left(12\times2+14\times\frac{7}{2}\right)=27(\mathrm{L})$$

これと過不足なく反応するプロパンの体積は，

$$27\times\frac{1}{5}=5.4(\mathrm{L})$$

【20】 (1) ウ　(2) オ　(3) 1.7×10^{-3}　(4) 5.9
(5) 5.1　(6) 2.0

(3) 1 分間に供給されるプロパンの体積は，
5.0×0.020＝0.10(L)なので，
$$1.00\times10^5\times0.10=n\times8.31\times10^3\times700$$
$$n\doteqdot1.7\times10^{-3}(\mathrm{mol})$$

(4) 体積比は係数比と等しくなるので，反応前後で各気体の体積は次のように変化する。

	C_3H_8	＋	$5O_2$	⟶	$3CO_2$	＋	$4H_2O$
反応前(L)	0.10		1.0		0		0
反応後(L)	0		0.50		0.30		0.40

N_2 は反応前後で体積が変化しないため，反応後の気体の合計の体積は，
$$0+0.50+0.30+0.40+3.9=5.1(\mathrm{L})$$
したがって，CO_2 の体積百分率は，
$$\frac{0.30}{5.1}\times100\doteqdot5.9(\%)$$

(5) 混合気体の流量は 5.1 L/min である。

(6) 700 K のまま H_2O(気)だけを除去したとすると，混合気体の全体積は 4.7 L になる。シャルルの法則により，300 K での体積 V を求める。
$$\frac{4.7}{700}=\frac{V}{300}$$
$$V\doteqdot2.0(\mathrm{L})$$
よって，流量は 2.0 L/min になる。

【21】 問1 ア 三重点　イ 臨界点
ウ 超臨界流体
問2 (a), (d)　問3 －0.77℃

問2 飽和蒸気圧と外圧(大気圧)が等しくなるとき，沸騰が起こる。水の融解曲線は右下がりなので，温度を一定に保って圧力を上げると，固体から液体に変化する。一方，二酸化炭素の融解曲線は右上がりなので，温度を一定に保って圧力を上げても状態変化は生じない。

問3 溶媒の質量は 100－28＝72(g) であり，塩化カルシウムは完全電離しているので，氷が 28 g 生じたときの水溶液の温度と 0℃ の差を Δt とおくと，
$$\Delta t=1.85\times\frac{1.11}{111}\times3\times\frac{1000}{72}\doteqdot0.77(\mathrm{K})$$
このときの水溶液の温度は －0.77℃ である。

【22】 問1　$4.99\times10^3\mathrm{Pa}$
問2 イ【理由】浸透圧は等しくなるが，液面差はその溶液の密度に反比例するため。

問1 浸透圧を Π [Pa] とすると,
$$\Pi = 2 \times 1.00 \times 10^{-3} \times 8.31 \times 10^3 \times 300$$
$$\fallingdotseq 4.99 \times 10^3 \,(\text{Pa})$$

問2 温度が一定のとき,浸透圧は溶液のモル濃度に比例する。H_2O でも D_2O でも溶液のモル濃度が等しければ,浸透圧は等しい。しかし,液面差は溶液の密度が大きいほど低くなる。分子量が D_2O の方が大きいので密度が大きくなり,A>B となる。

【23】 a 1 ② 2 ⑤ 3 ③ b ⑤

a $\Pi = \dfrac{0.342 \times 8.31 \times 10^3 \times 300}{342} \fallingdotseq 2.5 \times 10^3 \,(\text{Pa})$

b 図の4点を結んで直線をひき,切片を読み取ると,$1.37 \times 10^{-5}(\times 10^{-5}\,\text{mol/g})$ になる。よって,
$$\frac{1}{M'} = 1.37 \times 10^{-5}$$
$$M' \fallingdotseq 7.3 \times 10^4$$

【24】 問1 (a) $P_N = \dfrac{n_N}{n_P + n_N}P_A$

(b) $n_P = \dfrac{n_N}{P_A - P_P}P_P$

(c) $V = \dfrac{n_N RT}{P_A - P_P}$

問2 $\dfrac{x_B}{x_A} = \dfrac{P_A(P_B - P_P)}{P_B(P_A - P_P)}$

問3 (a) ヘンリーの法則 (b) $7.5 \times 10^4\,\text{Pa}$
(c) $5.0 \times 10^{-3}\,\text{mol}$

問4 (a) 4.8 mol (b) 0.96 (c) 92

問1 (a) 窒素の分圧＝全圧×窒素のモル分率 より,
$$P_N = \frac{n_N}{n_P + n_N}P_A$$
(b) 同様に,1-プロパノールの分圧は,
$$P_P = \frac{n_P}{n_P + n_N}P_A$$
これを変形して,
$$n_P = \frac{n_N}{P_A - P_P}P_P$$
(c) 窒素について,$(P_A - P_P)V = nRT$ より,
$$V = \frac{n_N RT}{P_A - P_P}$$

問2 状態Aにおいて,$P_P = (1 - x_A)P_A$,状態Bにおいて,$P_P = (1 - x_B)P_B$
温度が一定なので,1-プロパノールの蒸気圧が状態A,Bで等しく,
$$x_A = \frac{P_A - P_P}{P_A}, \quad x_B = \frac{P_B - P_P}{P_B}$$
よって,$\dfrac{x_B}{x_A} = \dfrac{P_A(P_B - P_P)}{P_B(P_A - P_P)}$

問3 (b) 状態Aのときの窒素の分圧は,
$$1.00 \times 10^5 - 2.50 \times 10^4 = 7.5 \times 10^4 \,(\text{Pa})$$
(c) 状態Bのときの窒素の分圧は,
$$4.00 \times 10^5 - 2.50 \times 10^4 = 3.75 \times 10^5 \,(\text{Pa})$$
ヘンリーの法則より,状態Aのときの窒素の溶解量は,
$$\frac{7.50 \times 10^4}{3.75 \times 10^5} = \frac{x}{2.5 \times 10^{-2}}$$
$$x = 5.0 \times 10^{-3} \,(\text{mol})$$

問4 (a) $\dfrac{288}{60} = 4.8 \,(\text{mol})$

(b) $2.40 \times 10^4 = x_S \times 2.50 \times 10^4$
$x_S = 0.96$

(c) 不揮発性物質の分子量を M とすると,
$$\frac{4.8}{\dfrac{18.4}{M} + 4.8} = 0.96$$
$$M = 92$$

【25】 問1 ア 質量モル イ モル 問2 e
問3 $+3.8 \times 10^{-4}\,\text{K}$ 問4 $1.8 \times 10^3\,\text{Pa}$
問5 b

問2 実験Iより,希薄溶液のXの溶質の分子量を M,溶媒のモル沸点上昇を K_B [K・kg/mol] とすると,希薄溶液 X,Y において,
$$\Delta T_X = K_B \times \frac{w}{M} \times \frac{1000}{W}$$
$$\Delta T_Y = K_B \times 0.100 \times \frac{1000}{200}$$
これらより M を求めると,
$$M = \frac{2000 w \Delta T_Y}{W \Delta T_X}$$

問3 $\Delta T = 0.520 \times \dfrac{2.00}{1.00 \times 10^4} \times \dfrac{1000}{275}$
$\fallingdotseq 3.8 \times 10^{-4} \,(\text{K})$

問4 実験IIIの高分子溶液のモル濃度は,密度が $1.00\,\text{g/cm}^3$ なので,溶液の体積が $277\,\text{cm}^3$ になることから,
$$\Pi = \frac{2.00}{1.00 \times 10^4} \times \frac{1000}{277} \times 8.31 \times 10^3 \times 300$$
$$\fallingdotseq 1.8 \times 10^3 \,(\text{Pa})$$

問5 問3より,高分子の分子量を測定するのに沸点上昇度を用いるには,精密温度計の測定精度が $\pm 1.0 \times 10^{-4}\,\text{°C}$ でなければならず,実験室の精密温度計では測定できない。しかし,浸透圧を用いる場合には,精密圧力計の測定精度は $\pm 1\,\text{Pa}$ で測定可能なので,分子量が求められる。

【26】ア 陰【理由】等電点が7.0なので、pH=3.0ではコロイドの表面帯電は＋帯電しており、電気泳動させると陰極側に移動するから。

イ【理由】pH=3.0から水酸化ナトリウム水溶液を加えてゆくと表面の＋帯電が少なくなっていき、粒子同士の反発力が弱くなるため、沈殿が生じるようになる。

ウ 5.3×10^{-5}mol/L

エ 1.1×10^7g

オ 小さい【理由】浸透圧から求まるコロイド粒子1mol当たりの質量が、エの値より小さくなるから。すなわち、コロイド粒子1個に含まれる水酸化鉄(Ⅲ)の数がエのときより少なくなるため、コロイド粒子の半径も1.00×10^{-8}mより小さくなる。

カ (5)【理由】粒子の数はコロイド粒子の半径が大きくなるほど少なくなり、半径の3乗に反比例する。粒子の数が少なくなると、浸透圧も小さくなり、浸透圧も粒子の半径の3乗に反比例する。この関係を示すグラフは(5)である。

ア 等電点が7.0なので、それより酸性にすると図1の平衡が右へ移動し、陽イオンの割合が増加する。それで、電気泳動すると陰極側に移動する。

イ pH=3.0から塩基性にしていくと、図1の平衡が左へ移動し、表面の帯電が中和され反発力が弱くなる。そのため、沈殿が生成しやすくなる。

ウ ファントホッフの法則より、コロイド粒子のモル濃度をC〔mol/L〕とすると、

$$\frac{1.36\times1.00}{13.6}\times\frac{1}{76.0}\times1.01\times10^5$$

$$=C\times8.31\times10^3\times300$$

$$C=5.33\cdots\times10^{-5}\fallingdotseq5.3\times10^{-5}(\text{mol/L})$$

エ コロイド粒子1molに含まれるFe(OH)₃の物質量は、

$$\frac{4\times3.14}{3}\times(1.00\times10^{-8})^3\times4.00\times10^4\times6.02\times10^{23}$$

$$=\frac{3.024\cdots}{3}\times10^5(\text{mol})$$

よって質量は、

$$\frac{3.024\cdots}{3}\times10^5\times106.8\fallingdotseq1.1\times10^7(\text{g})$$

オ 浸透圧より求められるコロイド溶液のモル濃度は5.33×10^{-5}mol/Lであり、溶媒の移動後のコロイド溶液の体積は

$$\left(10.0+\frac{1.36}{2}\times1.00\right)\times10^{-3}\text{L}$$なので、コロイド粒子の物質量は、

$$5.33\times10^{-5}\times\left(10.0+\frac{1.36}{2}\times1.00\right)\times10^{-3}\text{mol}$$

この中に含まれるFe(OH)₃の質量は、

$$53.4\times\frac{10}{1000}\text{g}$$なので、コロイド粒子1mol当たりの質量は、

$$\frac{53.4\times\dfrac{10}{1000}}{5.33\times10^{-5}\times\left(10.0+\dfrac{1.36}{2}\times1.00\right)\times10^{-3}}$$

$$\fallingdotseq0.938(\text{g/mol})$$

この値をエと比較すると、エより小さい。1mol当たりの質量が少ないのは、コロイド粒子1個に含まれるFe(OH)₃が少ないからである。そのためコロイド粒子の半径も小さくなる。

カ 一定の体積のコロイド粒子に含まれるコロイド粒子の数は、粒子の半径が大きくなるほど少なくなるので、粒子の数は半径の3乗に反比例する。粒子の数と浸透圧は比例するので、浸透圧も粒子の半径の3乗に反比例する。この関係を表すグラフは(5)である。

3 化学反応とエネルギー

【27】 ア (2) イ (5) ウ (1)

ア 2つの反応式を1つにまとめると,
$$CH_4 + 2H_2O \longrightarrow CO_2 + 4H_2$$
発生する水素はメタンの4倍になるので,
$$5.6 \times 4 = 22.4(L)$$

イ $CH_4(気) + 2H_2O(気)$
$$= CO_2(気) + 4H_2(気) + Q(kJ)$$
反応熱＝(生成物の生成熱の和)－(反応物の生成熱の和) より,
$$Q = 394 - (75 + 242 \times 2)$$
$$= -165(kJ)$$

【28】 $-21\,kJ/mol$

水溶液の質量は117gであり,吸熱反応によって温度が8.5K低下した。このとき溶解熱は,
$$117 \times 4.2 \times (11.5 - 20.0) \times 10^{-3} \times \frac{85}{17}$$
$$\fallingdotseq -21(kJ/mol)$$

【29】 ③

アルカンの炭素数が1増えるごとに,生成熱が約20kJ/mol増加するので,C_8H_{18} の生成熱は $188 + 20 = 208(kJ/mol)$ と見積もることができる。C_8H_{18} の燃焼熱は,
$$C_8H_{18}(気) + \frac{25}{2}O_2(気)$$
$$= 8CO_2(気) + 9H_2O(気) + Q(kJ)$$
$$Q = 394 \times 8 + 242 \times 9 - 208$$
$$\fallingdotseq 5.12 \times 10^3(kJ/mol)$$

【30】 (1) 174 (2) ア (3) キ (4) 2249 (5) 809

(1) $Q = -53 - (-227) = 174(kJ)$

(3) アセチレンには C-H 結合が2個と C≡C 結合が1個あるので,結合エネルギーの総和は,
$$415 \times 2 + x + 436 = x + 1266(kJ)$$

(4) エチレンには,C-H 結合が4個と C=C 結合が1個あるので,結合エネルギーの合計は,
$$415 \times 4 + 589 = 2249(kJ)$$

(5) 反応熱＝(生成物の結合エネルギーの和)－(反応物の結合エネルギーの和) より,
$$174 = 2249 - (x + 1266)$$
$$x = 809(kJ)$$

【31】 (i) 5600J (ii) (f)
(iii) $C_6H_{12}O_6(固) + 6O_2(気)$
$$= 6CO_2(気) + 6H_2O(液) + 2806kJ$$
(iv) 0.36g (v) 59％

(i) 必要な熱量＝(点Aから融点までに必要な熱量)＋(化合物 M の融解熱)＋(点Bまでに必要な熱量) より,
$$10.0 \times 2.0 \times (220 - 140) + 10.0 \times 120$$
$$+ 10.0 \times 4.0 \times (290 - 220) = 5600(J)$$

(ii) (点Aから融点までに必要な熱量):(化合物 M の融解熱):(点Bまでに必要な熱量)
$= 1600 : 1200 : 2800 = 4 : 3 : 7$ なので,その間の時間の割合もこれに等しくなる。融点では加熱している間も温度が一定なので,グラフは(f)になる。

(iii) グルコースの燃焼熱は,
$$Q = 394 \times 6 + 286 \times 6 - 1274 = 2806(kJ)$$

(iv) 化合物 M の点Aから点Bまでの変化に 5.6kJ の熱量が必要なので,必要とされるグルコースの質量は,
$$\frac{5.6}{2806} \times 180 = 0.359\cdots \fallingdotseq 0.36(g)$$

(v) グルコースの不完全燃焼時の発熱量は,
$$C_6H_{12}O_6(固) + 3O_2(気)$$
$$= 6CO(気) + 6H_2O(液) + Q(kJ)$$
$$Q = 111 \times 6 + 286 \times 6 - 1274 = 1108(kJ)$$
温度が 240K までしか上がらなかったので,発生した燃焼熱は,
$$10.0 \times 2.0 \times (220 - 140) + 10.0 \times 120$$
$$+ 10.0 \times 4.0 \times (240 - 220) = 3600(J)$$
不完全燃焼したグルコースの質量を $x(g)$ とすると,
$$\frac{0.359 - x}{180} \times 2806 + \frac{x}{180} \times 1108 = 3.6$$
$$x = 0.211\cdots(g)$$
不完全燃焼したグルコースの割合は,
$$\frac{0.211}{0.359} \times 100 \fallingdotseq 59(\%)$$

【32】 問1 (ア) $H_2O(気)$ (イ) $H_2O(液)$
(ウ) $H_2(気)$ (エ) $O_2(気)$ (オ) 926
(カ) 683 (キ) 287
問2 $C + O_2 \longrightarrow CO_2$ 燃焼熱：393kJ/mol

問1 (オ) $H_2O(気)$ の解離エネルギーを意味する。
(カ) H_2 の結合エネルギー 436kJ と O_2 の結合エネルギー 494kJ の2分の1の和より,683kJ である。
(キ) $926 + 44 - 683 = 287(kJ)$

問2 一酸化炭素の生成熱の熱化学方程式は,
$$C(黒鉛) + \frac{1}{2}O_2 = CO + 111kJ$$
これより,黒鉛の昇華熱 $Q(kJ/mol)$ は,
$$111 = 1073 - \left(Q + 494 \times \frac{1}{2}\right)$$
$$Q = 715(kJ/mol)$$

よって，黒鉛の燃焼熱は，
$1602-(715+494)=393(kJ/mol)$

4 反応の速さと化学平衡

【33】 (1) ③ (2) ③ (3) ④ (4) ③ (5) ⑧
(6) ⑥ (7) ③ (8) ② (9) ⑤

活性化エネルギーは，活性化状態と反応物のエネルギー差に相当する。触媒を用いると活性化状態のエネルギーが下がり，活性化エネルギーが小さくなる。また，反応熱は，生成物と反応物のエネルギー差に相当し，生成物のエネルギーのほうが大きい場合，その反応は吸熱反応となる。

【34】 問1 $2H_2O_2 \longrightarrow 2H_2O + O_2$
問2 $9.7\times10^{-2}/min$
問3 $4.8\times10^{-2}mol/(L\cdot min)$
問4 $4.7\times10^{-2}L$
問5 触媒なしでの H_2O_2 の分解反応の活性化エネルギーはとても大きく，反応できる H_2O_2 分子の割合が非常に小さくなるから。(58字)

問2 この反応の速度定数を k とすると，速度式は，$v=k[H_2O_2]$ と表される。
3～4min の $[H_2O_2]$ の平均値は，
$(0.76+0.69)\div2=0.725(mol/L)$,
3～4min の分解速度は，
$$\frac{0.76-0.69}{4-3}=0.07(mol/(L\cdot min))$$
$$k=\frac{v}{[H_2O_2]}=\frac{0.07}{0.725}$$
$$=0.0965\cdots \fallingdotseq 9.7\times10^{-2}(/min)$$
問3 $v=k[H_2O_2]=0.0965\times0.50$
$\fallingdotseq 4.8\times10^{-2}(mol/(L\cdot min))$
問4 0～5min の間に捕集した気体(O_2)の物質量は，
$$(1.00-0.63)\times\frac{10}{1000}\times\frac{1}{2}$$
$$=1.85\times10^{-3}(mol)$$
また，捕集した気体の分圧は，
$1.013\times10^5-3.57\times10^3=9.773\times10^4(Pa)$
$$v=\frac{nRT}{p}$$
$$=\frac{1.85\times10^{-3}\times8.31\times10^3\times(27+273)}{9.77\times10^4}$$
$$\fallingdotseq 4.7\times10^{-2}(L)$$

【35】 問1 (ア) (い) (イ) (お) (ウ) (こ)
問2 (せ)
問3 (1) $1.1\times10^{-2}mol/(L\cdot min)$
(2) (つ) (3) (A)

問2 反応物の濃度が高いほど反応速度は大きい。
(i)の反応初期では左辺の物質の濃度が高い

ので v_1 のほうが大きく，(ii)の反応初期では右辺の物質の濃度が高いので v_2 のほうが大きくなる。

問3 (1) 反応速度 $= \dfrac{\text{反応物の濃度の減少量}}{\text{反応時間}}$

$= \dfrac{0.50-0.39}{10-0}$

$= 1.1 \times 10^{-2}\,(\text{mol}/(\text{L}\cdot\text{min}))$

(2) 酢酸エチルの濃度が等しい場合，反応開始時の反応速度（グラフの傾きの絶対値）が大きいものほど温度が高いと判断できる。よって，$T_A < T_B < T_C$ となる。

(3) 酢酸エチルを同じ濃度で比較したとき，グラフの傾きが(D)に最も近いものを選ぶ。

【36】〔1〕あ ⑭　い ③　う ⑫　え ⑫　お ①　か ⑭　き ⑨　く ②　け ⑤　〔2〕(i) 0.25 mol　(ii) 36　〔3〕(i) ①　(ii) $v = k_2 K_C[H_2][I_2]$

〔2〕(i), (ii) 反応前後の量的関係は，

	H_2	+	I_2	$\rightleftharpoons$	$2HI$	
反応前	1.00		1.00		0	(mol)
変化量	-0.75		-0.75		$+1.50$	(mol)
平衡時	0.25		0.25		1.50	(mol)

容積を $V(\text{L})$ とすると，

$K = \dfrac{[HI]^2}{[H_2][I_2]}$

$= \dfrac{\left(\dfrac{1.50}{V}\right)^2}{\dfrac{0.25}{V} \times \dfrac{0.25}{V}} = 36$

〔3〕(i) ルシャトリエの原理より，気体分子の数が増える方向に平衡は移動する。

(ii) 式(6)を，$[I]^2 = K_C[I_2]$ に変形して代入する。

【37】 問1 (ア) c　(イ) 0　(ウ) 0　(エ) $c(1-\alpha)$

(オ) $c\alpha$　(カ) $c\alpha$　(キ) 緩衝液

(ク) 酢酸イオン　(ケ) 左　(コ) 酢酸

問2 ① $\dfrac{[A^+][B^-]}{[AB]}$

② $CH_3COOH \rightleftharpoons CH_3COO^- + H^+$

③ $CH_3COONa \longrightarrow CH_3COO^- + Na^+$

問3 $2.6 \times 10^{-5}\,\text{mol/L}$　問4 2.7

問5 少量の酸が添加された場合，加えられた H^+ は水溶液中の酢酸イオンと次のように反応する。

$CH_3COO^- + H^+ \longrightarrow CH_3COOH$

また，少量の塩基が添加された場合は，加えられた OH^- は水溶液中の酢酸と次のように反応する。

$OH^- + CH_3COOH$

$\longrightarrow CH_3COO^- + H_2O$

加えられた H^+ や OH^- が消費され，濃度はほとんど変化しないので，pH がほぼ一定に保たれる。

問3 $K_a = \dfrac{c\alpha \times c\alpha}{c(1-\alpha)} = \dfrac{c\alpha^2}{1-\alpha}$

$= \dfrac{0.10 \times 0.016^2}{1-0.016} \fallingdotseq 2.6 \times 10^{-5}\,(\text{mol/L})$

問4 $pH = -\log_{10}[H^+]$

$= -\log_{10}(2.0 \times 10^{-3})$

$= -\log_{10} 2.0 + 3 = 2.7$

【38】 (i) $AgBr + 2NH_3$

$\rightleftharpoons [Ag(NH_3)_2]^+ + Br^-$

(ii) $K_{sp}K_f$

(iii) $Ag^+ : 1.8 \times 10^{-10}\,\text{mol/L}$,

$Br^- : 2.8 \times 10^{-3}\,\text{mol/L}$,

$[Ag(NH_3)_2]^+ : 2.8 \times 10^{-3}\,\text{mol/L}$

(ii) $K_{sp} = [Ag^+][Br^-]$，$K_f = \dfrac{[[Ag(NH_3)_2]^+]}{[Ag^+][NH_3]^2}$ より，

$K = \dfrac{[[Ag(NH_3)_2]^+][Br^-]}{[NH_3]^2}$

$= \dfrac{[[Ag(NH_3)_2]^+][Br^-][Ag^+]}{[NH_3]^2[Ag^+]} = K_{sp}K_f$

(iii) $K = K_{sp}K_f = 5.0 \times 10^{-13} \times 1.6 \times 10^7$

$= 8.0 \times 10^{-6}$

平衡状態における $[Ag(NH_3)_2]^+$ と Br^- の濃度を $x\,(\text{mol/L})$ とすると，NH_3 の濃度は $1.0 - 2x\,(\text{mol/L})$ となるので，

$K = \dfrac{x^2}{(1.0-2x)^2} = 8.0 \times 10^{-6}$

$\dfrac{x}{1.0-2x} = 2\sqrt{2} \times 10^{-3}$

$x = \dfrac{2\sqrt{2} \times 10^{-3}}{1+4\sqrt{2} \times 10^{-3}}$

$= 2.80\cdots \times 10^{-3} \fallingdotseq 2.8 \times 10^{-3}\,(\text{mol/L})$

平衡状態における Ag^+ の濃度を $y\,(\text{mol/L})$ とすると，

$K_{sp} = y \times 2.80 \times 10^{-3} = 5.0 \times 10^{-13}$

$y \fallingdotseq 1.8 \times 10^{-10}\,(\text{mol/L})$

【39】〔1〕(ア) Fe_3O_4　(イ) H_2　(ウ) Fe

〔2〕(あ)　(い)　(う)

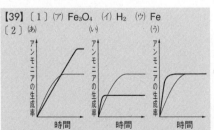

〔3〕固体触媒はその表面で反応物に作用するので，表面積が大きい多孔質は，触媒とし

てより機能することが期待できるから。

〔4〕冷却してアンモニアのみを液体にすることで回収している。

〔5〕㋐ 5.3×10^2 K ㋑ 13

〔6〕㋐ 1.0×10^2 kJ/mol
㋑

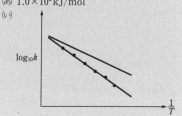

〔2〕ハーバー・ボッシュ法による NH_3 の生成反応は発熱反応なので，温度を高くすると平衡が左に移動して NH_3 の生成率は低くなり，温度を低くすると平衡が右に移動して生成率は高くなる。

㋐ 温度が低いので反応初期の反応速度（グラフの傾き）が小さくなり，平衡時の NH_3 の生成率が高いグラフとなる。

㋑ 温度が高いので反応初期の反応速度が大きくなり，平衡時の NH_3 の生成率が低いグラフとなる。

㋒ 触媒を加えても平衡は移動しないので，平衡時の NH_3 の生成率は変わらないが，反応初期の反応速度が大きいグラフとなる。

〔5〕㋐ 500 K のときの速度定数を k_{500}，速度定数が 10 倍になるときの温度を T_1 (K) とすると，それぞれについて②式より，

$$\log_{10} k_{500} = -\frac{E_a}{2.3 \times 500 R} + \log_{10} A \quad \cdots(1)$$

$$\log_{10} 10 k_{500} = -\frac{E_a}{2.3 R T_1} + \log_{10} A \quad \cdots(2)$$

(2)−(1)より，$1 = \frac{E_a}{2.3 R}\left(\frac{1}{500} - \frac{1}{T_1}\right)$

$$T_1 = \frac{500 E_a}{E_a - 1150 R}$$

$$= \frac{500 \times 174}{174 - 1150 \times 8.31 \times 10^{-3}}$$

$$\fallingdotseq 5.3 \times 10^2 \text{(K)}$$

㋑ 500 K のとき，触媒を用いない場合と用いた場合について②式より，

$$\log_{10} k_{500} = -\frac{174}{2.3 R T} + \log_{10} A \quad \cdots(3)$$

$$\log_{10} 10^x k_{500} = -\frac{49}{2.3 R T} + \log_{10} A \quad \cdots(4)$$

(4)−(3)より，

$$x = \frac{174 - 49}{2.3 R T}$$

$$= \frac{125}{2.3 \times 8.31 \times 10^{-3} \times 500} \fallingdotseq 13$$

〔6〕㋐ 表より，$\log_{10} k$ と $\frac{1}{T}$ の関係を表すグラフは右のようになる。

$\log_{10} k = -\frac{E_a}{2.3 R} \times \frac{1}{T} + \log_{10} A$ より，このグラフの傾きは $-\frac{E_a}{2.3 R}$ に等しいので，

$$\frac{-6.10 - (-2.31)}{(3.66 - 2.96) \times 10^{-3}} = -\frac{E_a}{2.3 \times 8.31 \times 10^{-3}}$$

$$E_a \fallingdotseq 1.0 \times 10^2 \text{(kJ/mol)}$$

㋑ 触媒を用いると活性化エネルギー E_a が小さくなる。すると，

$\log_{10} k = -\frac{E_a}{2.3 R} \times \frac{1}{T} + \log_{10} A$ の傾きの絶対値 $\frac{E_a}{2.3 R}$ が小さくなるので，グラフの傾きが緩やかになるが，切片 $\log_{10} A$ は変わらない。

【40】 問1 5.6×10^{-3} mol/L 問2 ㋐ 1 ㋑ 5 問3 ㋒ 7 ㋓ 2

問1 平衡状態における I^- の濃度を x (mol/L) とすると，各物質のモル濃度は次のようになる。

	I_2	$+$	I^-	$\rightleftarrows$	I_3^-
反応前(mol)	1.00×10^{-1}		未知		0
平衡時(mol)	2.00×10^{-2}		x		8.00×10^{-2}

$K = \dfrac{[I_3^-]}{[I_2][I^-]}$ より，

$$710 = \frac{8.00 \times 10^{-2}}{2.00 \times 10^{-2} \times x}$$

$$x \fallingdotseq 5.6 \times 10^{-3} \text{(mol/L)}$$

問2 ㋐, ㋑ $K_D = \dfrac{[I_2]_{CCl_4}}{[I_2]}$ より，$[I_2]_{CCl_4} = [I_2] K_D$

$K = \dfrac{[I_3^-]}{[I_2][I^-]}$ より，$[I_3^-] = [I_2][I^-] K$

よって，

$$D = \frac{[I_2]_{CCl_4}}{[I_2] + [I_3^-]} = \frac{[I_2] K_D}{[I_2] + [I_2][I^-] K}$$

$$= \frac{K_D}{1 + [I^-] K}$$

問3 最初に含まれていた 4.00×10^{-1} mol の I_2 のうち，振り混ぜた後にテトラクロロメタン層に残ったのは 2.00×10^{-1} mol なので，水層に移動した I_2 は，

$$4.00 \times 10^{-1} - 2.00 \times 10^{-1} = 2.00 \times 10^{-1} \text{ mol}$$

溶液はともに 1.00 L なので，

$$D=\frac{[I_2]_{CCl_4}}{[I_2]+[I_3^-]}=\frac{2.00\times10^{-1}}{2.00\times10^{-1}}=1.0$$

水層の I_2 の濃度を $y[mol/L]$ とすると，

$$K_D=\frac{[I_2]_{CCl_4}}{[I_2]}\ \text{より，}$$

$$89.9=\frac{2.00\times10^{-1}}{y}$$

$$y\fallingdotseq2.22\times10^{-3}(mol/L)$$

平衡時の I^- の濃度を $z[mol/L]$ とすると，
各物質のモル濃度は，

	I_2	$+$	I^-	$\rightleftharpoons$	I_3^-	
反応前	2.00×10^{-1}		未知		0	(mol)
変化量	-1.98×10^{-1}				$+1.98\times10^{-1}$	(mol)
平衡時	2.22×10^{-3}		z		1.98×10^{-1}	(mol)

$$K=\frac{[I_3^-]}{[I_2][I^-]}\ \text{より，}$$

$$710=\frac{1.98\times10^{-1}}{2.22\times10^{-3}\times z}$$

$$z=0.125\cdots\fallingdotseq0.13(mol/L)$$

【41】 問1 (ア) 希 (イ) 濃 (ウ) 下方
$$Cu+4HNO_3$$
$$\longrightarrow Cu(NO_3)_2+2H_2O+2NO_2$$

問2 $x_{NO_2}=\dfrac{2\alpha}{1+\alpha}$, $K_P=\dfrac{4\alpha^2}{1-\alpha^2}P_E$

問3 $[N_2O_5]=8.0\times10^{-3}mol/L$
$v=1.2\times10^{-5}mol/(L\cdot s)$

問4 $1.5\times10^{-3}/s$

問5 $P_F=P_0(1.5+\alpha_F)$

問6 昇華

問7 $[\times10^{-3}mol/L]$

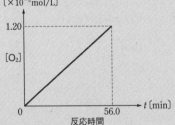

問8 $3.20\times10^{-5}/s$

問9 固体の五酸化二窒素がすべて昇華してなくなった。(23字)

問1 (ウ) NO_2 は水に溶けやすく，空気より重い。

問2
	N_2O_4	$\rightleftharpoons$	$2NO_2$
解離前 [mol]	n_0		0
平衡時 [mol]	$n_0(1-\alpha)$		$2n_0\alpha$

$$x_{NO_2}=\frac{2n_0\alpha}{n_0(1-\alpha)+2n_0\alpha}=\frac{2\alpha}{1+\alpha}$$

$\left(N_2O_4\text{ のモル分率は}\right.$

$$\left.\frac{n_0(1-\alpha)}{n_0(1-\alpha)+2n_0\alpha}=\frac{1-\alpha}{1+\alpha}\right)$$

$$K_P=\frac{\left(\dfrac{2\alpha}{1+\alpha}P_E\right)^2}{\dfrac{1-\alpha}{1+\alpha}P_E}=\frac{4\alpha^2}{1-\alpha^2}P_E$$

問3 反応時間 t_1 のとき O_2 が $6.00\times10^{-3}mol/L$
生成していたので，反応(2)の係数比より，こ
のときまでに反応した N_2O_5 は
$1.20\times10^{-2}mol/L$ である。
よって，t_1 における N_2O_5 のモル濃度は
$2.00\times10^{-2}-1.20\times10^{-2}$
$=8.0\times10^{-3}(mol/L)$
また，反応速度の大きさも係数に比例する
ので，
$v=2\times6.0\times10^{-6}=1.2\times10^{-5}(mol/(L\cdot s))$

問4 $v=k[N_2O_5]$ に問3で求めた値を代入し，
$$k_{55}=\frac{v}{[N_2O_5]}=\frac{1.2\times10^{-5}}{8.0\times10^{-3}}=1.5\times10^{-3}(/s)$$

問5 全圧 P_0 の N_2O_5 がすべて分解すると，係数
比より，$2P_0$ の NO_2 と $0.5P_0$ の O_2 が生成す
る。

	$2N_2O_5$	$\longrightarrow$	$4NO_2$	$+$	O_2
反応前	P_0		0		0
反応後	0		$2P_0$		$0.5P_0$

生成した NO_2 は反応(1)の平衡状態となる。
逆反応が完全に進行してすべて N_2O_4 にな
ったと仮定すると，その分圧は係数比より
P_0 となり，そこから解離度 α_F で平衡状態
に達したと考えると，

	N_2O_4	$\rightleftharpoons$	$2NO_2$
解離前	P_0		0
平衡時	$P_0(1-\alpha_F)$		$2P_0\alpha_F$

全圧 P_F は N_2O_4 と NO_2 と O_2 の分圧の和な
ので，
$P_0(1-\alpha_F)+2P_0\alpha_F+0.5P_0=P_0(1.5+\alpha_F)$

問7 56.0分までは N_2O_5(気) の濃度が一定なの
で，速度式より，反応(2)の分解反応は一定の
速度で起こることがわかる。したがって，
生成した O_2 の濃度は反応時間に比例する。

問8 56.0分までの N_2O_5 の分解速度と濃度を速
度式に代入し，
$$k_{25}=\frac{v}{[N_2O_5]}=\frac{\dfrac{2\times1.20\times10^{-3}}{56.0\times60}}{2.23\times10^{-2}}$$
$$\fallingdotseq3.20\times10^{-5}(/s)$$

問9 t_2 までは N_2O_5(気) が反応(2)で分解しても，
N_2O_5(固) が昇華することで，N_2O_5(気) の濃
度を一定に保っていたが，t_2 で N_2O_5(固) が
すべてなくなったため，それ以降 N_2O_5(気)
の濃度は減少している。

【42】 問1 (ア) $\dfrac{c\alpha^2}{1-\alpha}$ (イ) $\sqrt{\dfrac{K_a}{c}}$ (ウ) $\sqrt{cK_a}$

(エ) $\dfrac{cK_a}{[H^+]+K_a}$

問2 $1.72\times10^{-5}\,\text{mol/L}$

問3 B 【理由】平衡状態においては，式(2)より $\dfrac{c\alpha^2}{1-\alpha}=K_a$ の関係が成り立っている。K_a は温度が一定であれば一定なので，酸の濃度 c を大きくすると，$\dfrac{\alpha^2}{1-\alpha}$ の値は小さくなる。よって，酸の濃度 c を大きくすると，電離度 α は小さくなる。

問4 ⑥，⑧，⑨

問5 試料①〜⑨の $[H^+]$ はいずれも $1\times10^{-4}\,\text{mol/L}$ より大きいので，$[OH^-]$ は $1\times10^{-10}\,\text{mol/L}$ より小さい。水の電離によって生じる H^+ の濃度は $[OH^-]$ と等しいので，酸の電離によって生じた H^+ の濃度に比べて十分小さく完全に無視できるから。

問6 $1.28\times10^{-7}\,\text{mol/L}$

問7 $1.1\times10^{-7}\,\text{mol/L}$

問1　　　　　　　$\text{HA} \rightleftharpoons \text{A}^- + \text{H}^+$

電離前〔mol/L〕　c　　　　0　　0

平衡時〔mol/L〕 $c(1-\alpha)$　　$c\alpha$　$c\alpha$

$$K_a=\frac{c\alpha\times c\alpha}{c(1-\alpha)}=\frac{c\alpha^2}{1-\alpha} \qquad \cdots(2)$$

α が1に比べて十分小さく $1-\alpha\fallingdotseq1$ と近似できると式(2)は，$K_a=c\alpha^2$ となり，

$$\alpha=\sqrt{\frac{K_a}{c}} \qquad \cdots(3)$$

また，

$$[H^+]=c\alpha=c\sqrt{\frac{K_a}{c}}=\sqrt{cK_a} \qquad \cdots(4)$$

水の電離が無視できないときは，

$K_a=\dfrac{[A^-][H^+]}{[HA]}$ に $[HA]=c-[A^-]$ を代入して，

$$K_a=\frac{[A^-][H^+]}{c-[A^-]}$$

$$[A^-]=\frac{cK_a}{[H^+]+K_a} \qquad \cdots(8)$$

問2 式(4)に試料①のデータを代入して，

$1.31\times10^{-3}=\sqrt{0.100\times K_a}$

$K_a\fallingdotseq1.72\times10^{-5}\,\text{(mol/L)}$

問3 $[H^+]=c\alpha$ に各試料の c と $[H^+]$ の値を代入すると α が求められる。各試料の α の値は次の通り。

(酢酸) ① 1.31×10^{-2} ② 4.10×10^{-2}

③ 1.24×10^{-1}

(ギ酸) ④ 4.12×10^{-2} ⑤ 1.25×10^{-1}

⑥ 3.41×10^{-1}

(モノクロロ酢酸) ⑦ 1.11×10^{-1}

⑧ 3.09×10^{-1}

⑨ 6.72×10^{-1}

これらの計算結果から，いずれの酸も濃度 c が高いほど，電離度 α が小さいことを確認できる。

問4 式(3) $\alpha=\sqrt{\dfrac{K_a}{c}}$ にギ酸とモノクロロ酢酸の電離定数と試料④〜⑨の c の値を代入して α を計算すると，次のようになる。

④ $\sqrt{\dfrac{1.77\times10^{-4}}{0.100}}=\sqrt{17.7}\times10^{-2}\fallingdotseq4.21\times10^{-2}$

⑤ $\sqrt{\dfrac{1.77\times10^{-4}}{0.0100}}=\sqrt{1.77}\times10^{-1}\fallingdotseq1.33\times10^{-1}$

⑥ $\sqrt{\dfrac{1.77\times10^{-4}}{0.00100}}=\sqrt{17.7}\times10^{-1}\fallingdotseq4.21\times10^{-1}$

⑦ $\sqrt{\dfrac{1.38\times10^{-3}}{0.100}}=\sqrt{1.38}\times10^{-1}\fallingdotseq1.17\times10^{-1}$

⑧ $\sqrt{\dfrac{1.38\times10^{-3}}{0.0100}}=\sqrt{13.8}\times10^{-1}\fallingdotseq3.71\times10^{-1}$

⑨ $\sqrt{\dfrac{1.38\times10^{-3}}{0.00100}}=\sqrt{1.38}\fallingdotseq1.17$

試料④の α の，表の実測で求められる α（問3で求めた値）に対する比は，

$$\frac{4.21\times10^{-2}}{4.12\times10^{-2}}\fallingdotseq1.02$$

よって，ずれは，

$(1.02-1)\times100=2\,(\%)$

試料⑤〜⑨についても同様に計算すると，ずれが 10 % を超えるのは，⑥ 23 %，⑧ 20 %，⑨ 74 % である。なお，式(3)は α が1より十分小さい場合の，$1-\alpha\fallingdotseq1$ と近似して求めた式であるため，α が大きい（c が小さい）ものほどずれが大きくなる。また，試料⑨で求めた電離度が1を超えていることからも，試料⑨は式(3)を使って α を求めることはできないことがわかる。

問6 式(5) $[H^+][OH^-]=1.00\times10^{-14}$ より，

$$[OH^-]=\frac{1.00\times10^{-14}}{[H^+]}$$

式(7)より，

$[HCl]+[Cl^-]=5.00\times10^{-8}$

ここで塩酸は強酸なので，水溶液中で完全に電離していると考えられるので，

$[Cl^-]=5.00\times10^{-8}$

これらを，式(6) $[H^+]=[Cl^-]+[OH^-]$ に代入して整理すると，

$[H^+]^2-5.00\times10^{-8}[H^+]-1.00\times10^{-14}=0$

$$[\mathrm{H^+}]$$
$$=\frac{5.00\times10^{-8}\pm\sqrt{(-5.00\times10^{-8})^2+4\times1.00\times10^{-14}}}{2}$$
$$[\mathrm{H^+}]=\frac{5.00\times10^{-8}\pm\sqrt{4.25\times10^{-7}}}{2}$$

$[\mathrm{H^+}]>0$ なので，
$$[\mathrm{H^+}]=1.28\times10^{-7}(\mathrm{mol/L})$$

問7 式(9) $[\mathrm{H^+}]=\dfrac{cK_\mathrm{a}}{[\mathrm{H^+}]+K_\mathrm{a}}+[\mathrm{OH^-}]$ に

$[\mathrm{OH^-}]=\dfrac{1.00\times10^{-14}}{[\mathrm{H^+}]}$ を代入して，

$$[\mathrm{H^+}]=\frac{cK_\mathrm{a}}{[\mathrm{H^+}]+K_\mathrm{a}}+\frac{1.00\times10^{-14}}{[\mathrm{H^+}]}$$

ここで，フェノールはわずかに酸性なので，
$[\mathrm{H^+}]>1\times10^{-7}$ $K_\mathrm{a}=1.35\times10^{-10}$ なので，
$[\mathrm{H^+}]$ は K_a より十分大きく，
$[\mathrm{H^+}]+K_\mathrm{a}\fallingdotseq[\mathrm{H^+}]$ と近似できる。さらに c，
K_a の値を代入して整理すると，
$$[\mathrm{H^+}]^2=1.56\times10^{-5}\times1.35\times10^{-10}$$
$$+1.00\times10^{-14}$$
$$[\mathrm{H^+}]^2\fallingdotseq1.21\times10^{-14}$$
$[\mathrm{H^+}]>0$ なので，$[\mathrm{H^+}]=1.1\times10^{-7}(\mathrm{mol/L})$

---

5 酸と塩基

【43】 6

a の塩化カルシウム KCl は強酸と強塩基からなる塩なので中性を示す。b の酢酸ナトリウム CH₃COONa は弱酸と強塩基からなる塩なので塩基性を示す。c の硫酸アンモニウム $(NH_4)_2SO_4$ は強酸と弱塩基からなる塩なので酸性を示す。d の酸化カルシウム CaO は塩基性酸化物なので塩基性を，e の二酸化硫黄 SO_2 は酸性酸化物なので酸性を示す。

【44】 問1 (ア) b (イ) f
問2 $NaCl + H_2O + CO_2$
問3 (i) ○ (ii) × (iii) × (iv) ○

問2 弱酸の塩 NaHCO₃ に強酸 HCl を加えると，弱酸 CO₂ が遊離する。
問3 (i) 水の電離反応は吸熱反応であるため，温度を上げると平衡が右に移動する。このため，水のイオン積 $K_\mathrm{w}=[\mathrm{H^+}][\mathrm{OH^-}]$ の値は大きくなる。
$$H_2O = H^+ + OH^- - 56.5\,\mathrm{kJ}$$
(iii) 酸の強弱は価数ではなく，電離度によって決まる。

【45】 問1 (あ) 水素 (い) 水酸化物 (う) 配位 (え) オキソニウム
問2 $CH_3COOH + H_2O$
$$\rightleftharpoons CH_3COO^- + H_3O^+$$
問3 $NH_3 + H_2O \rightleftharpoons NH_4^+ + OH^-$
アンモニアは上式のように水と反応して水酸化物イオンを生じるため，塩基性を示す。
問4 酸 ：H_2O, HCO_3^-
塩基：CO_3^{2-}, OH^-

問4 ブレンステッド・ローリーの定義では，H^+ を他に与える物質を酸，H^+ を他から受け取る物質を塩基としている。与えられた式での H^+ の授受は次のようになっている。

$$CO_3^{2-} + H_2O \rightleftharpoons HCO_3^- + OH^-$$

よって，酸が H_2O と HCO_3^-，塩基が CO_3^{2-} と OH^- となる。

【46】 (1) 0.200 mol/L (2) 2.6
(3) 高い，
$$CH_3COO^- + H_2O \rightleftharpoons CH_3COOH + OH^-$$
(4) フェノールフタレイン

(1) 求める酢酸水溶液の濃度を C〔mol/L〕とする。中和点では (H$^+$ の物質量)＝(OH$^-$ の物質量) が成り立つので，

$$\underbrace{1\times C\,[\mathrm{mol/L}]\times\frac{10.0}{1000}\,\mathrm{L}}_{\mathrm{CH_3COOH\ の物質量}}$$
$$=\underbrace{1\times0.100\,\mathrm{mol/L}\times\frac{20.0}{1000}\,\mathrm{L}}_{\mathrm{NaOH\ の物質量}}$$
$$C=0.200\,\mathrm{mol/L}$$

(2) 水素イオン濃度 [H$^+$] は，

$$
\begin{aligned}
[\mathrm{H^+}]&=\sqrt{CK_\mathrm{a}}\\
&=\sqrt{0.200\,\mathrm{mol/L}\times2.7\times10^{-5}\,\mathrm{mol/L}}\\
&=\sqrt{5.4\times10^{-6}(\mathrm{mol/L})^2}\\
&=2.32\times10^{-3}\,\mathrm{mol/L}
\end{aligned}
$$

よって，pH は，

$$
\begin{aligned}
\mathrm{pH}&=-\log_{10}[\mathrm{H^+}]\\
&=-\log_{10}(2.32\times10^{-3}\,\mathrm{mol/L})\\
&=3-\log_{10}2.32\\
&=3-0.365=2.635\fallingdotseq2.6
\end{aligned}
$$

(3) 本問の反応は弱酸と強塩基の中和反応であり，中和点では CH_3COONa が加水分解して塩基性を示すので，中和点の pH は 7.0 より高い。

(4) 中和点が pH＝7.0 よりも高いので，塩基性側に変色域をもつフェノールフタレインが指示薬として適当である。

【47】 問1 a ア ② イ ② ウ ① b エ ④
問2 ② 問3 ②，⑤ 問4 ①
問5 a ⑤ b ②，⑤

問1 クロム酸イオン $CrO_4{}^{2-}$ に酸を加えると二クロム酸イオン $Cr_2O_7{}^{2-}$ が生じる。このとき，クロム原子の酸化数は反応の前後で変わらず，＋6 となっている。

$$\underset{+6}{2CrO_4{}^{2-}}+2\mathrm{H^+}\rightleftharpoons\underset{+6}{Cr_2O_7{}^{2-}}+H_2O$$

問3 ①正しい。メスフラスコは標線まで水を加えるので，もともとぬれていても問題ない。
②誤り。Ag_2CrO_4 は水に溶けにくいので電離しにくい。このため，電離して $CrO_4{}^{2-}$ を生じる K_2CrO_4 の代わりに操作Ⅲで用いるのは不適である。また，K^+ は Cl^- と反応して沈殿を生じないので，$AgNO_3$ の代わりに KNO_3 を用いるのも不適である。
③正しい。KCl が含まれていると，KCl 由来の Cl^- が Ag^+ と $AgCl$ の沈殿を形成するので，$AgNO_3$ 水溶液の滴下量が多くなる。このため Cl^- のモル濃度が正しい値よりも大きく算出されてしまう。
④正しい。表1より，操作Ⅱではかり取ったしょうゆCの希釈溶液の体積を 5.00 mL

と仮定すると，$AgNO_3$ 水溶液の滴下量は 6.85 mL と考えることができる。

しょうゆ	操作Ⅱではかり取った希釈溶液の体積 (mL)	操作Ⅴで記録した $AgNO_3$ 水溶液の滴下量 (mL)
A	5.00	14.25
B	5.00	15.95
C	$10.00\times\frac{1}{2}=5.00$	$13.70\times\frac{1}{2}=6.85$

よって，しょうゆCにおける滴下量はしょうゆBの半分以下なので，Cl^- のモル濃度も半分以下となる。
⑤誤り。操作Ⅱではかり取った希釈溶液の体積が 5.00 mL だと仮定すると，$AgNO_3$ 水溶液の滴下量が最も多いのはしょうゆBとなる。よって，Cl^- のモル濃度が最も高いものはしょうゆBとなる。

問4 図1より，$AgNO_3$ 水溶液を a〔mL〕滴下するまで Ag^+ の物質量が0であることから，a〔mL〕滴下するまでは試料中に Cl^- が存在し，$Ag^+ + Cl^- \longrightarrow AgCl$ の反応によって $AgCl$ の白色沈殿が滴下量に比例して生成していることが読み取れる。また，a〔mL〕滴下した後は Ag^+ の物質量が増加していることから，a〔mL〕滴下した後は試料中に Cl^- が存在せず，$AgCl$ の白色沈殿は新たに生成しないために $AgCl$ の質量が一定になると判断できる。このような現象を表したグラフは①となる。

問5 a しょうゆAに含まれる Cl^- のモル濃度を C〔mol/L〕とする。操作Ⅰで 5.00 mL のしょうゆを 250 mL に希釈し，この希釈溶液 5.00 mL を滴定するのに 0.0200 mol/L の $AgNO_3$ 水溶液を 14.25 mL 用いている。反応式 $Ag^+ + Cl^- \longrightarrow AgCl$ より (Cl^- の物質量)＝(Ag^+ の物質量) なので，

$$\underbrace{C\,[\mathrm{mol/L}]\times\frac{5.00\,\mathrm{mL}}{250\,\mathrm{mL}}}_{\mathrm{モル濃度(Cl^-\ 操作Ⅰ)}}\Big|\times\frac{5.00}{1000}\,\mathrm{L}$$
$$=0.0200\,\mathrm{mol/L}\times\frac{14.25}{1000}\,\mathrm{L}$$
$$C=2.85\,\mathrm{mol/L}$$

b しょうゆAのモル濃度は問5より 2.85 mol/L なので，その 15 mL に含まれる $NaCl$ (式量 58.5) の質量は

$$2.85\,\mathrm{mol/L}\times\underbrace{\frac{15}{1000}\,\mathrm{L}}_{\mathrm{物質量(NaCl)}}\times58.5\,\mathrm{g/mol}\fallingdotseq2.5\,\mathrm{g}$$

【48】 (i) $\dfrac{[\mathrm{H^+}]}{K_\mathrm{a}}$ (ii) (イ) 2.5 (ウ) 4.5

(i) ②式を変形すると，$\dfrac{[HA]}{[A^-]}=\dfrac{[H^+]}{K_a}$ が得られる。

(ii) ④式を変形して $K_a=3.0\times10^{-4}\,mol/L$ を代入すると，

$$0.10\leqq\dfrac{[H^+]}{K_a}\leqq10$$

$$0.10\times K_a\leqq[H^+]\leqq10\times K_a$$

$$3.0\times10^{-5}\,mol/L\leqq[H^+]\leqq3.0\times10^{-3}\,mol/L$$

$pH=-\log_{10}[H^+]$ なので，この式に常用対数をとって -1 をかけると，

$$-\log_{10}(3.0\times10^{-3})\geqq-\log_{10}[H^+]\geqq-\log_{10}(3.0\times10^{-5})$$

$$3-\log_{10}3.0\leqq\quad pH\quad\leqq5-\log_{10}3.0$$

$$3-0.48\leqq\quad pH\quad\leqq5-0.48$$

$$2.52\leqq\quad pH\quad\leqq4.52$$

【49】 a (1) ④ (2) ② b ④

a 試料Aの式量はその化学式 $CuSO_4\cdot xH_2O$ から $160+18x$ と x を用いて表すことができる。試料Aと塩化バリウムの反応式 $CuSO_4\cdot xH_2O + BaCl_2 \longrightarrow BaSO_4 + CuCl_2 + xH_2O$ より，($CuSO_4\cdot xH_2O$ の物質量)＝($BaSO_4$ の物質量)となるので，

$$\dfrac{1.178\,g}{(160+18x)\,g/mol}=\dfrac{1.165\,g}{233\,g/mol}\qquad x=4.2$$

b 同じ量の水溶液Bを用いているので，実験Ⅱと実験Ⅲの Cu の物質量は等しくなる。
実験Ⅱでは質量 $w\,[mg]$ の CuO (式量 80) が得られたので，Cu の物質量は $\dfrac{w\times10^{-3}}{80}\,[mol]$。
実験Ⅲにおける陽イオン交換樹脂 $R\text{-}SO_3H$ と Cu^{2+} の反応は次のようになる。

$$2R\text{-}SO_3H + Cu^{2+} \longrightarrow (R\text{-}SO_3)_2Cu + 2H^+$$

さらに，生じた H^+ の物質量と中和に用いられた NaOH の物質量は等しいので，

$$(Cu\ の物質量)=(H^+\ の物質量)\times\dfrac{1}{2}$$

$$=(NaOH\ の物質量)\times\dfrac{1}{2}$$

$$=c\,[mol/L]\times\dfrac{V}{1000}\,[L]\times\dfrac{1}{2}$$

$$=\dfrac{cV}{2}\times10^{-3}\,[mol]$$

実験Ⅱと実験Ⅲの Cu の物質量は等しいので，

$$\dfrac{w\times10^{-3}}{80}\,[mol]=\dfrac{cV}{2}\times10^{-3}\,[mol]$$

$$V=\dfrac{w}{40c}$$

【50】 問1 1.22　問2 1.00L
問3 起こる反応は HCl 水溶液と NaOH 水溶液の反応と同じで $H^+ + OH^- \longrightarrow H_2O$ であり，中和熱も同じになると考えられる。

問4 $-6.0\,kJ/mol$，吸熱反応
問1 HA 水溶液の濃度を $C\,[mol/L]$ とすると，水素イオン濃度 $[H^+]$ は，

$$[H^+]=C\alpha=0.100\,mol/L\times0.600$$

$$=6.00\times10^{-2}\,mol/L$$

よって，pH は，

$$pH=-\log_{10}[H^+]$$

$$=-\log_{10}(6.00\times10^{-2}\,mol/L)$$

$$=2-\log_{10}6$$

$$=2-(\log_{10}2+\log_{10}3)$$

$$=2-(0.301+0.477)=1.222\fallingdotseq1.22$$

問2 中和反応において電離度は考慮する必要がない。同濃度で同じ価数の酸と塩基の中和反応なので，用いる体積も同じになる。よって，NaOH 水溶液の体積は 1.00L となる。

問4 求める式①の正反応の反応熱を $Q\,[kJ/mol]$ とする。弱酸の電離平衡の状態にあるので，HA 水溶液中には HA と H^+ が混在していることに注意する必要がある。
電離度を α とおくと $\alpha=0.600$ なので，$C=0.100\,mol/L$ の HA 水溶液 1.00L 中に含まれる HA と H^+ の物質量は次の通り。

$$\begin{array}{ccc}& HA & \rightleftarrows & H^+ & + & A^-\end{array}$$

平衡時の　　　$C(1-\alpha)$　　　　　$C\alpha$
物質量　　　$=0.0400(mol)$　$=0.0600(mol)$

ここで，HA 水溶液が中和される際の現象を考えていく。

0.100 mol/L の HAaq
1.00L（電離度 0.600）

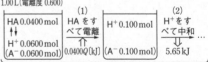

この過程で 5.41 kJ の熱量が発生

(1) 0.0400 mol の HA を完全に電離させるために必要な熱量は，

$$Q\,[kJ/mol]\times0.0400\,mol=0.0400Q\,[kJ]$$

(2) HA が完全に電離した後に生じる H^+ は 0.100 mol であり，この H^+ を中和する際に生じる反応熱は，

$$56.5\,kJ/mol\times0.100\,mol=5.65\,kJ$$

これらの(1)と(2)で生じた熱量の合計が 5.41 kJ になるので，

$$0.0400Q\,[kJ]+5.65\,kJ=5.41\,kJ$$

$$Q=-6.00\,kJ/mol$$

以上より吸熱反応となる。

【51】 (a) 2.9　(b) 12.3
(c) $CH_3COO^- + H_2O \rightleftarrows CH_3COOH + OH^-$
【理由】 多量に存在する CH_3COO^- が加水分解して，OH^- を生じるため。

(d)

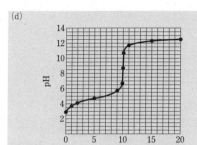

加えた水酸化ナトリウム水溶液の体積 /mL

(e) 正しくない。【理由】中和点は水酸化ナトリウム水溶液を 10.0 mL 加えたときであり，そのときの混合水溶液は塩基性を示す。よって塩基性側に変色域をもつ指示薬が適当になる。
【指示薬の変色域】pH＝8～10

(a) 酢酸水溶液のモル濃度を C〔mol/L〕とすると，水素イオン濃度 $[H^+]$ は，

$$[H^+]=\sqrt{CK_a}$$
$$=\sqrt{0.1\,\text{mol/L}\times2.0\times10^{-5}\,\text{mol/L}}$$
$$=\sqrt{2.0\times10^{-6}\,(\text{mol/L})^2}$$
$$=\sqrt{2.0}\times10^{-3}\,\text{mol/L}$$

よって，$pH=-\log_{10}[H^+]$ より，

$$pH=-\log_{10}(\sqrt{2.0}\times10^{-3}\,\text{mol/L})$$
$$=3-\log_{10}\sqrt{2}$$
$$=3-\frac{1}{2}\log_{10}2$$
$$=3-\frac{1}{2}\times0.30=2.85$$

(b) 同濃度の酢酸と水酸化ナトリウム水溶液を用いているので，中和点は水酸化ナトリウム水溶液を 10.0 mL 加えたときである。求める pH のとき，中和点よりも水酸化ナトリウム水溶液が 5.0 mL 過剰に加えられており，混合水溶液の体積が 25.0 mL なので，水酸化物イオン濃度 $[OH^-]$ は，

$$[OH^-]=\frac{0.1\,\text{mol/L}\times\dfrac{5.0}{1000}\,\text{L}}{\dfrac{25.0}{1000}\,\text{L}}$$
$$=2.0\times10^{-2}\,\text{mol/L}$$

$[H^+]$ は，水のイオン積 $K_w=[H^+][OH^-]$
$=1.0\times10^{-14}\,(\text{mol/L})^2$ より，

$$[H^+]=\frac{K_w}{[OH^-]}=\frac{1.0\times10^{-14}\,(\text{mol/L})^2}{2.0\times10^{-2}\,\text{mol/L}}$$
$$=2^{-1}\times10^{-12}\,\text{mol/L}$$

よって，pH は，

$$pH=-\log_{10}[H^+]$$
$$=-\log_{10}(2^{-1}\times10^{-12}\,\text{mol/L})$$
$$=12+\log_{10}2$$
$$=12+0.30=12.3$$

(e) 中和点の pH が 8.7 であり，問題文に「適切な変色域の pH の範囲を，最大と最小の幅が 2 となるように整数で」とある。8.7 を基準に最大と最小の幅が 2 になるように考えると 7.7～9.7，これを整数にすると 8～10 となる。

【52】設問1 (ア) 水素　(イ) ヒドロキシ
　　　(ウ) アルコール　(エ) ベンゼン環
　　　(オ) フェノール
　　　(カ) ナトリウムフェノキシド
　　　(キ) 加水分解　(ク) イオン
　　　(ケ) 水のイオン積　(コ) 1.0×10^{-3}
　　　(サ) 11　(シ) 遊離　(ス) 樹脂
　　　(セ) ホルムアルデヒド　(ソ) カルボニル
　　　(タ) 付加　(チ) 縮合　(ツ) ノボラック
　　　(テ) レゾール　(ト) 硬化　(ナ) 加熱
　　　(ニ) 立体網目状

設問2　A：$C_6H_5O^- + H_2O$
　　　　　　　　　　$\rightleftharpoons C_6H_5OH + OH^-$
　　　B：$H_2CO_3 \rightleftharpoons H^+ + HCO_3^-$
　　　C：$HCO_3^- \rightleftharpoons H^+ + CO_3^{2-}$
　　　I：$C_6H_5ONa + CO_2 + H_2O$
　　　　　　$\longrightarrow C_6H_5OH + NaHCO_3$

設問3　① $\dfrac{[C_6H_5OH][OH^-]}{[C_6H_5O^-]}$

② $\dfrac{[C_6H_5OH][OH^-][H^+]}{[C_6H_5O^-][H^+]}$　③ $\dfrac{K_W}{K_a}$

④ $\dfrac{[OH^-]^2}{c}$　⑤ $\sqrt{\dfrac{cK_W}{K_a}}$

⑥ $\sqrt{\dfrac{1.4\times10^{-2}\times1.0\times10^{-14}}{1.4\times10^{-10}}}$

C_6H_5OH について考えると，$[C_6H_5O^-]\fallingdotseq c$，
$[C_6H_5OH]=[OH^-]$ より，

$$K_h=\frac{[C_6H_5OH][OH^-]}{[C_6H_5O^-]}=\frac{[OH^-]^2}{c}$$
$$[OH^-]=\sqrt{cK_h}$$

ここで，$K_h=\dfrac{K_W}{K_a}$ なので，

$$[OH^-]=\sqrt{cK_h}=\sqrt{\frac{cK_W}{K_a}}$$
$$=\sqrt{\frac{1.4\times10^{-2}\times1.0\times10^{-14}}{1.4\times10^{-10}}}\,(\text{mol/L})^2$$
$$=\sqrt{1.0\times10^{-6}\,(\text{mol/L})^2}$$
$$=1.0\times10^{-3}\,\text{mol/L}$$

よって，水のイオン積
$K_W=[H^+][OH^-]=1.0\times10^{-14}\,(\text{mol/L})^2$ より
$[H^+]=1.0\times10^{-11}\,\text{mol/L}$ なので，pH＝11 となる。また，問題文後半の高分子化合物について考えると，フェノールとホルムアルデヒドを反応させる際に，酸触媒を用いるとノボラックが，塩基触媒を用いるとレゾールがそれぞれ生成する。ノボラ

ックは硬化剤を用いて加熱するとフェノール樹脂になるが，レゾールは分子内に多数のヒドロキシ基 –OH をもつため加熱するだけで脱水反応が起きてフェノール樹脂になる。

【53】 問1 (ア) $[OH^-]$　(イ) $[CH_3COO^-]$
　　　(ウ) $[CH_3COOH]$　(エ) $[CH_3COO^-]$
　　　((ア)と(イ)，(ウ)と(エ)は順不同)
問2 (オ) K_a　(カ) $-CK_a-K_w$　(キ) $-K_aK_w$
問3 酢酸水溶液の濃度が低い領域では酢酸の電離は無視でき，pH＝7 で一定の中性の水溶液とみなせるから。
問4 2.4
問3，問4

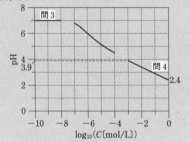

問1 濃度 C〔mol/L〕の酢酸水溶液（電離度 α とする）中に存在する物質は次のようになる。
$$CH_3COOH \rightleftarrows H^+ + CH_3COO^-$$
$C(1-\alpha)$〔mol/L〕　$C\alpha$〔mol/L〕　$C\alpha$〔mol/L〕

$$H_2O \rightleftarrows H^+ + OH^-$$
x〔mol/L〕　x〔mol/L〕

水溶液中に存在する陽イオンは H^+，陰イオンは OH^- と CH_3COO^- なので，電荷のつりあいの条件は，
$$[H^+]=[OH^-]+[CH_3COO^-] \quad \cdots ①$$
となる。また，酢酸は CH_3COOH または CH_3COO^- として存在しているので，濃度 C〔mol/L〕は，
$$C=[CH_3COOH]+[CH_3COO^-] \quad \cdots ②$$
となる。

問2 $K_a=\dfrac{[H^+][CH_3COO^-]}{[CH_3COOH]}$ を変形すると，
$$K_a[CH_3COOH]=[H^+][CH_3COO^-] \quad \cdots ③$$
となることから，$[CH_3COOH]$ と $[CH_3COO^-]$ をそれぞれ $[H^+]$ を用いて表すことを考える。
$K_w=[H^+][OH^-]$ より得られる
$[OH^-]=\dfrac{K_w}{[H^+]}$ を①式に代入して整理すると

$$[CH_3COO^-]=[H^+]-[OH^-]$$
$$=[H^+]-\frac{K_w}{[H^+]} \quad \cdots ④$$
④式を②式に代入して整理すると
$$[CH_3COOH]=C-[CH_3COO^-]$$
$$=C-[H^+]+\frac{K_w}{[H^+]} \quad \cdots ⑤$$
④式および⑤式を③式に代入すると，
$$K_a[CH_3COOH]=[H^+][CH_3COO^-]$$
$$K_a\left(C-[H^+]+\frac{K_w}{[H^+]}\right)$$
$$=[H^+]\times\left([H^+]-\frac{K_w}{[H^+]}\right)$$
両辺に $[H^+]$ をかけて整理すると，
$$[H^+]^3+K_a[H^+]^2+(-CK_a-K_w)[H^+]$$
$$+(-K_aK_w)=0$$

問3 酢酸水溶液の濃度が低い領域では，水溶液はほぼ純水で pH は 7.0 で一定とみなせる。

問4 問題文より，高濃度の極限において $[H^+]\fallingdotseq\sqrt{K_aC}$ で近似できるとあるので，pH は
$$pH=-\log_{10}[H^+]$$
$$=-\log_{10}(\sqrt{K_aC})$$
$$=-\frac{1}{2}\log_{10}C-\frac{1}{2}\log_{10}K_a$$
ここで
$K_a=1.6\times10^{-5}\,\text{mol/L}=2^4\times10^{-6}\,\text{mol/L}$ を代入すると，
$$pH=-\frac{1}{2}\log_{10}C-\frac{1}{2}\log_{10}(2^4\times10^{-6})$$
$$=-\frac{1}{2}\log_{10}C-\frac{1}{2}(-6+4\log_{10}2)$$
$$=-\frac{1}{2}\log_{10}C-\frac{1}{2}(-6+4\times0.3)$$
$$=-\frac{1}{2}\log_{10}C+2.4$$
以上より，$C=1.0$〔mol/L〕のときの pH は，
$$pH=-\frac{1}{2}\log_{10}C+2.4$$
$$=-\frac{1}{2}\log_{10}(1.0\,\text{mol/L})+2.4$$
$$=2.4$$
また，$C=1.0\times10^{-3}\,\text{mol/L}$ のときの pH は，
$$pH=-\frac{1}{2}\log_{10}C+2.4$$
$$=-\frac{1}{2}\log_{10}(1.0\times10^{-3}\,\text{mol/L})+2.4$$
$$=1.5+2.4=3.9$$
よって，$\log_{10}C=0$（$C=1.0\,\text{mol/L}$）のときに pH=2.4，$\log_{10}C=-3$（$C=1.0\times10^{-3}$ mol/L）のときに pH=3.9 を通るような一次関数のグラフを書けばよい。

6 酸化・還元と電池・電気分解

【54】 d

イ～ニの反応式において，下線部①と②の酸素原子の酸化数は次の通り。

イ ①−2，②−2で，酸化還元反応ではない。
ロ ①−2，②−2で，酸化還元反応ではない。
ハ ①−2，②−2で，酸化還元反応ではない。
ニ ①−1，②−2で，酸化還元反応である。

【55】 (1) (b) (2) ① $-0.122\,g$ ② $+0.119\,g$

(1) イオン化傾向は，$Zn>Fe>Sn>Cu$ であり，ダニエル型電池において，イオン化傾向の大きい金属が負極に，小さい金属が正極になる。

(2) Zn と Cu を用いたダニエル電池の負極と正極の反応は，

負極：$Zn \longrightarrow Zn^{2+} + 2e^-$
正極：$Cu^{2+} + 2e^- \longrightarrow Cu$

① 負極で溶解する Zn の質量は，
$$\frac{0.100\times(1\times60\times60)}{9.65\times10^4}\times\frac{1}{2}\times65.4$$
$$=0.1219\cdots$$
$$≒0.122\,(g)$$

② 正極で析出する Cu の質量は，
$$\frac{0.100\times(1\times60\times60)}{9.65\times10^4}\times\frac{1}{2}\times63.6$$
$$=0.1186\cdots$$
$$≒0.119\,(g)$$

【56】 (i) (ア) 酸化 (イ) 還元 (ウ) 増加 (エ) 減少
(オ) 正 (カ) 負
(ii) (1) 反応前：$+2 \rightarrow$ 反応後：0
(2) 反応前：$0 \rightarrow$ 反応後：-1
(3) 反応前：$+4 \rightarrow$ 反応後：$+4$
(iii) (え)

(i) (ア)～(エ) 酸化と還元は次のように定義される。

	酸化	還元
酸素 O	受け取る	失う
水素 H	失う	受け取る
電子 e⁻	失う	受け取る
酸化数	増加する	減少する

(オ)(カ) 電池の負極では電子が流れ出る酸化反応が，正極では電子が流れ込む還元反応が起こる。
(ii) (3) $BaCO_3 \longrightarrow Ba^{2+} + \underline{C}O_3{}^{2-}$ より，C の酸化数は $+4$ である。
(iii) (あ) 誤り。充電できる電池は二次電池（蓄電池）である。

(い) 誤り。イオン化傾向は $Zn>Fe>Cu$ より，起電力は小さくなる。
(う) 誤り。イオン化傾向は $Al>Ag$ より，負極の Al がイオンになり電子を放出する。
(え) 正しい。正極で $Cu^{2+} + 2e^- \longrightarrow Cu$ の反応が起こる。正極の反応物が増えるので，取り出せる電気量は増える。

【57】 問1 (ア) 8 (イ) 5 (ウ) (1) (エ) 4 (オ) 2
(カ) 3 (キ) (2) (ク) 4
問2 (1) 3 (2) 2 (3) 0 (4) − (5) 2
問3 (か) 問4 (え)

問2 酸性条件で KMnO₄ の過マンガン酸イオンは酸化剤としてはたらき，Mn^{2+} になる。
$$MnO_4{}^- + 8H^+ + 5e^- \longrightarrow Mn^{2+} + 4H_2O$$
シュウ酸は還元剤としてはたらき，CO_2 になる。
$$(COOH)_2 \longrightarrow 2CO_2 + 2H^+ + 2e^-$$
調製したシュウ酸水溶液のモル濃度は，
$$\frac{1.26}{126}\times\frac{1000}{100}=0.100\,(mol/L)$$
求める過マンガン酸カリウム水溶液の濃度を $C\,(mol/L)$ とすると，上記の反応より，
$$2\times0.100\times\frac{10.0}{1000}=5\times C\times\frac{12.5}{1000}$$
$$C=3.20\times10^{-2}\,(mol/L)$$
問3 塩酸を用いると，Cl^- が還元剤としてはたらく。
$$2Cl^- \longrightarrow Cl_2 + 2e^-$$
硝酸を用いると，HNO_3 が酸化剤としてはたらく。
濃硝酸：$HNO_3 + H^+ + e^-$
$$\longrightarrow NO_2 + H_2O$$
希硝酸：$HNO_3 + 3H^+ + 3e^-$
$$\longrightarrow NO + 2H_2O$$
問4 過マンガン酸イオンは中性・塩基性条件で酸化剤としてはたらき，黒褐色の MnO_2 になる。
$$MnO_4{}^- + 2H_2O + 3e^-$$
$$\longrightarrow MnO_2 + 4OH^-$$

【58】 (1) ② (2) ③ (3) ⑤ (4) ⑥ (5) ⑦

(1)～(3) 鉛蓄電池の放電反応は，
負極：$Pb + SO_4{}^{2-} \longrightarrow PbSO_4 + 2e^-$
正極：$PbO_2 + 4H^+ + SO_4{}^{2-} + 2e^-$
$$\longrightarrow PbSO_4 + 2H_2O$$
(4) 充電したとき，流れた電子の物質量は，
$$\frac{10.0\times3860}{9.65\times10^4}=0.400\,(mol)$$
充電すると，負極・正極では放電と逆の反応が起こるため，流れた電子の物質量の半分だけ

電極の物質の物質量が変化する。

充電すると，負極では $PbSO_4$ が Pb になり，SO_4 の分の質量が小さくなる。

$$235-96\times0.400\times\frac{1}{2}=215.8\fallingdotseq216(g)$$

(5) 充電すると，正極では $PbSO_4$ が PbO_2 になり，SO_2 の分の質量が小さくなる。

$$213-64\times0.400\times\frac{1}{2}=200.2\fallingdotseq200(g)$$

【59】 (1) $2H_2O$ (2) H_2 (3) $2OH^-$ (4) $2Cl^-$
(5) Cl_2 (6) $2NaOH$ (7) (ア) (8) (カ)

(1)~(6) 塩化ナトリウム水溶液を電気分解すると陰極と陽極では次の反応が起こる。

　　陰極：$2H_2O + 2e^- \longrightarrow H_2 + 2OH^-$
　　陽極：$2Cl^- \longrightarrow Cl_2 + 2e^-$

陰極と陽極の反応式から e^- を消去し，$2Na^+$ を反応物と生成物に加えると，全体の反応式になる。

　　$2NaCl + 2H_2O$
　　　　　　$\longrightarrow Cl_2 + H_2 + 2NaOH$

（このとき，$2e^-$ の電子がやりとりされる）

(7) $NaOH$ は，陽イオンだけを通す陽イオン交換膜を用いて $NaCl$ 水溶液を電気分解する方法（イオン交換膜法）で工業的に製造される。

(8) 電気分解する時間を t〔時間〕とすると，流した電子と生成する $NaOH$ の物質量は等しいので，

$$\frac{100\times t\times60\times60}{9.6\times10^4}=\frac{3.0\times10^3}{40}$$

$$t=20（時間）$$

【60】 (1) $2Na + 5S \rightleftharpoons Na_2S_5$ (2) 0.334Ah

(1) 負極と正極の反応式から，e^- を消去する。

　　負極：$Na \rightleftharpoons Na^+ + e^-$　　　…①
　　正極：$5S + 2Na^+ + 2e^- \rightleftharpoons Na_2S_5$ …②

①式×2+②式より，$2Na + 5S \rightleftharpoons Na_2S_5$

(2) 硫黄 1.00g が放電するとき，電気量を x〔Ah〕とすると，正極の反応式の S と e^- の関係より，

$$\frac{x\times3600}{9.65\times10^4}\times\frac{5}{2}=\frac{1.00}{32.1}$$

$$x=0.3340\cdots\fallingdotseq0.334（Ah）$$

【61】 問1 $Q_A=i_A\cdot t_A$
問2 白金板1：$2H_2O + 2e^- \longrightarrow H_2 + 2OH^-$
　　白金板2：$2H_2O \longrightarrow O_2 + 4H^+ + 4e^-$
問3 $n_1=\dfrac{Q_A}{2F}$，$n_2=\dfrac{Q_A}{4F}$

問4 $V_1=\dfrac{Q_A RT}{2F(p_0-p_{H_2O})}$，$V_2=\dfrac{Q_A RT}{4F(p_0-p_{H_2O})}$

問5 $p_1=\dfrac{2}{3}(p_0-p_{H_2O})$，$p_2=\dfrac{1}{3}(p_0-p_{H_2O})$

問6 (i) $n_1'=\dfrac{Q_A}{6F}$ (ii) $n_2'=\dfrac{Q_A+3Q_B}{12F}$

問7 (i) $Cu^{2+} + 2e^- \longrightarrow Cu$

(ii) $\Delta m_{Cu}=\dfrac{M_{Cu}(Q_A+Q_B)}{2F}$

問2 反応式より気体1は H_2，気体2は O_2 である。

問3 流れた電子の物質量と反応式の量的関係より，

$$n_1=\frac{Q_A}{F}\times\frac{1}{2}=\frac{Q_A}{2F}$$

$$n_2=\frac{Q_A}{F}\times\frac{1}{4}=\frac{Q_A}{4F}$$

問4 容器1に関して，水面を合わせているので容器内の気体1の圧力は $(p_0-p_{H_2O})$〔Pa〕，物質量を n_1〔mol〕とすると，容器内の体積 V_1 は，気体の状態方程式より，

$$(p_0-p_{H_2O})\times V_1=n_1\times R\times T$$

問3 の結果を代入し整理すると，

$$V_1=\frac{n_1 RT}{p_0-p_{H_2O}}=\frac{Q_A RT}{2F(p_0-p_{H_2O})}$$

同様に，容器2に関して，気体の状態方程式に問3の結果を代入し，

$$(p_0-p_{H_2O})\times V_2=\frac{Q_A}{4F}\times R\times T$$

$$V_2=\frac{Q_A RT}{4F(p_0-p_{H_2O})}$$

問5 混合した気体の圧力は $(p_0-p_{H_2O})$〔Pa〕で，（分圧）＝（全圧）×（モル分率）に，問3の結果を代入し，

$$p_1=(p_0-p_{H_2O})\frac{n_1}{n_1+n_2}=\frac{2}{3}(p_0-p_{H_2O})$$

同様に，

$$p_2=(p_0-p_{H_2O})\frac{n_2}{n_1+n_2}=\frac{1}{3}(p_0-p_{H_2O})$$

問6 操作2の混合後の容器1，容器2について，p，T が一定，$V_1:V_2=2:1$ であるので，容器2に含まれる気体1と気体2の物質量は，それぞれ $\dfrac{n_1}{3}$，$\dfrac{n_2}{3}$ となる。

(i) 操作3では容器2内で気体1は増えないので，

$$n_1'=\frac{n_1}{3}=\frac{Q_A}{6F}$$

(ii) 操作3で容器2内に新たに生じる気体2は，問3と同様に $\dfrac{Q_B}{4F}$ となるので，

$$n_2'=\frac{n_2}{3}+\frac{Q_B}{4F}=\frac{Q_A}{12F}+\frac{Q_B}{4F}$$

$$=\frac{Q_A+3Q_B}{12F}$$

問7 (ii) 流れた総電気量 Q_A+Q_B から求められる
電子の物質量と，反応式の量的関係より，

$$\Delta m_{Cu}=\frac{(Q_A+Q_B)}{F}\times\frac{1}{2}\times M_{Cu}$$
$$=\frac{M_{Cu}(Q_A+Q_B)}{2F}$$

【62】問1 (ア) 酸化 (イ) 放出 (ウ) 酸化
問2 鉄よりもイオン化傾向の小さいスズをめ
っきすることで，表面の酸化を防いでい
るから。
問3 $O_2+4H^++4e^-\longrightarrow 2H_2O$
問4 $+3\rightarrow +4$
問5 (1) 陽極：$2Cl^-\longrightarrow Cl_2+2e^-$
陰極：$2H_2O+2e^-\longrightarrow H_2+2OH^-$
(2) 0.21 L

問1 電池の負極で酸化反応，正極で還元反応が
起こる。電気分解において，電池の負極と
つながる電極を陰極といい，電子が流れ込
む還元反応が起こる。電池の正極とつなが
る電極を陽極といい，電子が流れ出す酸化
反応が起こる。
問3 リン酸形燃料電池の電極における反応と全
体の反応は，
負極：$H_2\longrightarrow 2H^++2e^-$
正極：$O_2+4H^++4e^-\longrightarrow 2H_2O$
全体：$2H_2+O_2\longrightarrow 2H_2O$
問4 シュウ酸と過マンガン酸カリウムの反応で
は，シュウ酸 $(COOH)_2$ が還元剤としてはた
らき，酸化されて CO_2 になる。
$(COOH)_2\longrightarrow 2CO_2+2H^++2e^-$
このとき，Cの酸化数が $+3$ から $+4$ にな
る。
問5 (2) 陽極と陰極の反応式より，流れた電子の
半分の物質量の気体がそれぞれ発生する
ので，
$$\frac{0.50\times30\times60}{9.65\times10^4}\times\frac{1}{2}\times2\times22.4$$
$$=0.208\cdots\fallingdotseq0.21(L)$$

【63】問1 A
問2 塩化カリウム：① 硫酸ナトリウム：①
塩化銅：② 塩化銀：③ 硝酸銅：②
硝酸銀：②
問3 Na_2SO_4，$1.0\times10^{-3}mol/L$
問4 陽極：$O_2>Cl_2$，陰極：$Cu>Ag$
問5 8.62×10^2 秒
問2 それぞれの物質を電気分解したときの各電

極で起こる反応は，
(KCl) 陽極：$2Cl^-\longrightarrow Cl_2+2e^-$
陰極：$2H_2O+2e^-\longrightarrow H_2+2OH^-$
(Na₂SO₄) 陽極：$2H_2O$
$$\longrightarrow O_2+4H^++4e^-$$
陰極：$2H_2O+2e^-$
$$\longrightarrow H_2+2OH^-$$
(CuCl₂) 陽極：$2Cl^-\longrightarrow Cl_2+2e^-$
陰極：$Cu^{2+}+2e^-\longrightarrow Cu$
(AgCl) 難溶性の塩で電気分解されない。
(Cu(NO₃)₂) 陽極：$2H_2O$
$$\longrightarrow O_2+4H^++4e^-$$
陰極：$Cu^{2+}+2e^-\longrightarrow Cu$
(AgNO₃) 陽極：$2H_2O$
$$\longrightarrow O_2+4H^++4e^-$$
陰極：$Ag^++e^-\longrightarrow Ag$
問3 グループ①のうち陽極が酸性になるのは，
電気分解により H^+ が生じる Na_2SO_4 である。
$pH=2$ より $[H^+]=1.0\times10^{-2}mol/L$ で，水
の液量が $100mL$ なので，生じた H^+ の物質
量は，
$$1.0\times10^{-2}\times\frac{100}{1000}=1.0\times10^{-3}(mol)$$
陽極の反応式より，流れた e^- と H^+ の物質量
は等しいので，流れた e^- は $1.0\times10^{-3}mol$ で
ある。
問4 理論分解電圧とは，電気分解が起こる電圧
のことで，理論分解電圧が高いと電気分解
が起こりにくい。陽極の Cl^-（ハロゲンのイ
オン）と H_2O の反応を比べると，電気分解
が起こりにくいのは H_2O が O_2 になる反応。
また，陰極の Ag^+ と Cu^{2+} の反応を比べる
と，電気分解が起こりにくいのは，イオン化
傾向の大きいほうの Cu^{2+} が Cu になる反応。
問5 NaOH 水溶液の陽極における反応は，
$4OH^-\longrightarrow O_2+2H_2O+4e^-$
電気分解に必要な時間を t〔秒〕とすると，
$$\frac{20.0\times t}{9.65\times10^4}\times\frac{1}{4}=\frac{1.00}{22.4}$$
$$t=861.6\cdots\fallingdotseq8.62\times10^2(秒)$$

【64】(1) ③ (2) $Ag^++e^-\longrightarrow Ag$
(3) $2H_2O+2e^-\longrightarrow H_2+2OH^-$
(4) $4OH^-\longrightarrow O_2+2H_2O+4e^-$
(5) $Cl_2+H_2O\rightleftharpoons HCl+HClO$
(6) 1.9×10^4C (7) 4.8×10^3C
(8) $0.15mol$ (9) $+4.8g$ (10) $0.31L$

(1) 白金電極Aは電池の負極とつないだので，陰
極である。電子が流れ込むので還元反応が起
こる。

(5) 白金電極 F では Cl_2 が発生する。Cl_2 は水に溶け（塩素水という），一部が水と反応し，HCl と HClO になる。

(6) 電流計を流れた電気量は，
$$2.0 \times (2 \times 60 + 40) \times 60 = 1.92 \times 10^4$$
$$\fallingdotseq 1.9 \times 10^4 (C)$$

(7) 白金電極 A では銀が析出し，その析出量より，
$$\frac{5.4}{108} \times \frac{1}{1} \times 9.6 \times 10^4 = 4.8 \times 10^3 (C)$$

(8) 電解槽 I と電解槽 III を流れる電気量の総和は電流計を流れる電気量と等しいので，電解槽 III を流れた電子の物質量を求めると，
$$\frac{1.92 \times 10^4 - 4.8 \times 10^3}{9.6 \times 10^4} = 0.15 (mol)$$

(9) 白金電極 E で起こる反応は，
$$Cu^{2+} + 2e^- \longrightarrow Cu$$
流れた電子の物質量は(8)より 0.15 mol であるから，
$$0.15 \times \frac{1}{2} \times 64 = 4.8 (g)$$

(10) 白金電極 B で起こる反応は，
$$2H_2O \longrightarrow O_2 + 4H^+ + 4e^-$$
(2)の化学反応式より，白金電極 A で析出した Ag の物質量が流れた電子の物質量であるので，
$$\frac{5.4}{108} \times \frac{1}{4} \times 25 = 0.312 \cdots \fallingdotseq 0.31 (L)$$

7 元素の周期律，典型元素とその化合物

⑦～④に Cl_2 があてはまるかを考えると，下記のようになる。

⑦ F_2 のみがあてはまる。次の反応で O_2 が生じる。
$$2F_2 + 2H_2O \longrightarrow 4HF + O_2$$

④ Cl_2 があてはまる。次の反応で次亜塩素酸 HClO が生じる。
$$Cl_2 + H_2O \rightleftarrows HCl + HClO$$

⑨ Cl_2 があてはまる。

④ Cl_2 があてはまる。ハロゲンの酸化力の強さは $F_2 > Cl_2 > Br_2 > I_2$ であり，Cl_2 は次の反応で Br^- から電子を奪うことができる。
$$Cl_2 + 2KBr \longrightarrow 2KCl + Br_2$$

【66】 問1 C_4H_{10}　問2 (3), (4)
問3 (a) $SO_2 + I_2 + 2H_2O \longrightarrow H_2SO_4 + 2HI$
（Sの酸化数）反応前：+4　反応後：+6
(b) $H_2O_2 + 2H^+ + 2e^- \longrightarrow 2H_2O$
(c) H_2S, SO_2, H_2O_2

問1 プロパン C_3H_8 とブタン C_4H_{10} はともにアルカンであり，分子量が大きいブタンのほうがファンデルワールス力が強くはたらく。そのため，ブタンのほうが低い飽和蒸気圧を示す。

問2 原則として金属元素の酸化物は塩基性酸化物であるが，Al, Zn, Sn, Pb などの酸化物は両性酸化物である。

問3 (a) 二酸化硫黄とヨウ素は，それぞれ還元剤および酸化剤として，次のようにはたらく。
$$SO_2 + 2H_2O$$
$$\longrightarrow SO_4^{2-} + 4H^+ + 2e^-$$
$$I_2 + 2e^- \longrightarrow 2I^-$$
両式を足し合わせて e^- を消去し，右辺のイオンをまとめればよい。

(c) (1) $SO_2 + H_2O_2 \longrightarrow H_2SO_4$
SO_2 が還元剤としてはたらいているので，還元剤としての強さは
$SO_2 > H_2O_2$

(2) 白濁したのは硫黄 S が生じたことによる。
$$H_2S + H_2O_2 \longrightarrow S + 2H_2O$$
H_2S が還元剤としてはたらいているので，還元剤としての強さは
$H_2S > H_2O_2$

(3) S によって白濁したのは(2)と同じ。
$$SO_2 + 2H_2S \longrightarrow 3S + 2H_2O$$
H_2S が還元剤としてはたらいている

ので，還元剤としての強さは

$H_2S > SO_2$

よって，$H_2S > SO_2 > H_2O_2$

【67】 (ア) (3)　(イ) (2)　(ウ) (6)　(エ) (9)

(a) 銅と希硝酸を反応させると，NO が発生する。

$$3Cu + 8HNO_3$$
$$\longrightarrow 3Cu(NO_3)_2 + 4H_2O + 2NO$$

また，NO は空気中の O_2 と反応して赤褐色の NO_2 に変化する。

$$2NO + O_2 \longrightarrow 2NO_2$$

(b) O_3 は酸化剤としてはたらくので，ヨウ化カリウム KI とは次のように反応し，遊離した I_2 がヨウ素デンプン反応によってヨウ化カリウムデンプン紙を青紫色に変化させる。

$$O_3 + 2KI + H_2O \longrightarrow O_2 + I_2 + 2KOH$$

(c) F_2 は水と次のように反応する。

$$2F_2 + 2H_2O \longrightarrow 4HF + O_2$$

(d) H_2S の電離によって生じる硫化物イオン S^{2-} は，多くの金属イオンと沈殿をつくる。この反応は金属イオンの分離や検出に利用される。

【68】 (1) ⑦　(2) ①　(3) ⑩　(4) ①
(5) ⑩　(6) ②

第1周期から第3周期の元素は，原子番号1の水素Hから原子番号18のアルゴン Ar まで。一般に，貴ガスを除いて周期表の右上の元素ほど陰性が強いので，最も陰性が強いのはフッ素Fである。Fは価電子を7個もち，電子を1個受け取ってネオン Ne と同じ電子配置の F^- になる。また，一般に周期表の左下の元素ほど陽性が強いので，最も陽性が強いのはナトリウム Na である。Na は価電子を1個もち，電子を1個失うとネオン Ne と同じ電子配置の Na^+ になる。（第一）イオン化エネルギーはすべての元素のなかで He が最も大きい。

【69】 問1 (ア) 黒鉛　(イ) フラーレン
　　　　 (ウ) ダイヤモンド　(エ) 正六角形
　　　　 (オ) 共有　(カ) 一酸化炭素
　　　　 (キ) 二酸化炭素　(ク) 酸
　　　　 (ケ) ドライアイス　(コ) ケイ素
　　　　 (サ) 半導　(シ) 二酸化ケイ素
問2 (1) $^{14}_{7}N$　(2) $1.5 \times 10^{-9}\%$
問3 黒鉛　問4 19L
問1 (ク) 二酸化炭素は水溶液中で次のように電離して酸性を示す。

$$CO_2 + H_2O \rightleftharpoons HCO_3^- + H^+$$

問2 (1) β 崩壊では，原子核中の1個の中性子が

電子を放出して陽子に変化するので，質量数は変わらず，原子番号が1大きくなる。

(2) 1.71×10^4 年前から，$\dfrac{1.71 \times 10^4}{5.7 \times 10^3} = 3.0$(回)

の半減期を経過しているので，

$$1.2 \times 10^{-8} \times \left(\frac{1}{2}\right)^{3.0} = 1.50 \times 10^{-9}(\%)$$

問3 黒鉛は炭素原子の4個の価電子のうちの3個を他の炭素原子との共有結合に使っているが，残る1個の価電子が電気を運ぶ役割を担うので高い電気伝導性を示す。

問4 ドライアイス CO_2 の分子量は44なので，気体の状態方程式 $pv = nRT$ より，

$$v = \frac{nRT}{p} = \frac{\dfrac{33}{44} \times 8.3 \times 10^3 \times 300}{1.0 \times 10^5} \fallingdotseq 19(L)$$

【70】 問1 (あ) 地球温暖化　(い) 二酸化炭素
　　　　　 (う) 光合成

問2 (1) $C_3H_8 + 5O_2 \longrightarrow 3CO_2 + 4H_2O$
　　 (2) 温室効果ガス
　　 (3) 地球の表面から赤外線として放射される熱を吸収し，熱が地球の外に逃げるのを妨げてしまうから。

問3 $6CO_2(気) + 6H_2O(液)$
　　　　 $= C_6H_{12}O_6(固) + 6O_2(気) - 2803kJ$

問4 $9.12 \times 10^{-2}g$

問5 電池の総称：二次電池(蓄電池)
　　 電池名：鉛蓄電池(リチウムイオン電池，
　　　　　　　ニッケル-カドミウム蓄電池)

問6 (1) 陰極：$2H_2O + 2e^- \longrightarrow H_2 + 2OH^-$
　　　　 陽極：$4OH^- \longrightarrow O_2 + 2H_2O + 4e^-$
　　 (2) $0.200A$

問7 負極：$H_2 \longrightarrow 2H^+ + 2e^-$
　　 正極：$O_2 + 4H^+ + 4e^- \longrightarrow 2H_2O$
　　 全体：$2H_2 + O_2 \longrightarrow 2H_2O$

問8 (1) $\dfrac{1}{2}N_2(気) + \dfrac{3}{2}H_2(気) = NH_3(気) + 46kJ$
　　 (2) 圧力：高くする　温度：低くする

問3 光合成では，二酸化炭素と水が反応して，グルコースと酸素が得られる。

問4 オクタンは炭素数8のアルカンで分子式は C_8H_{18}(分子量 114)であり，次のように完全燃焼する。

$$2C_8H_{18} + 25O_2 \longrightarrow 16CO_2 + 18H_2O$$

標準状態で 1.12L の空気に含まれる O_2 は，

$$\frac{1.12}{22.4} \times \frac{20}{100} = 1.00 \times 10^{-2}(mol)$$

化学反応式の係数の比より，この O_2 とちょうど反応するオクタンの質量は，

$$1.00\times10^{-2}\times\frac{2}{25}\times114=9.12\times10^{-2}\,(g)$$

問5 電池名はニッケル–水素電池などでもよい。

問6 (2) 陰極で発生した気体（H_2）の体積より，この電気分解で流れた電子 e^- の物質量は，

$$\frac{0.112}{22.4}\times2=1.00\times10^{-2}\,(mol)$$

流した電流は，

$$\frac{1.00\times10^{-2}\times9.65\times10^4}{(1\times60+20)\times60+25}=0.200\,(A)$$

問8 (1) ハーバー・ボッシュ法では，N_2 と H_2 を直接反応させて NH_3 を得ている。

(2) ルシャトリエの原理より，圧力を高くすると分子の総数が減少する方向に平衡が移動して，NH_3 の生成率が高くなる。また，温度を低くすると発熱反応が起こる方向に平衡が移動して，NH_3 の生成率が高くなる。

【71】 1.3

シュウ酸カルシウム一水和物 $CaC_2O_4\cdot H_2O$（式量146）に対するシュウ酸カルシウム二水和物 $CaC_2O_4\cdot 2H_2O$（式量164）の物質量の比を x とし，混合物中の $CaC_2O_4\cdot H_2O$ の物質量を n〔mol〕，$CaC_2O_4\cdot 2H_2O$ の物質量を nx〔mol〕とする。300℃ までに観測された18.0％の質量減少率（①）は，水和水 H_2O が失われたことによるものと考えられるので，最初の混合物の質量のうちの18.0％が H_2O の質量である。したがって，

$$(146n+164nx)\times\frac{18.0}{100}=18.0n+2\times18.0nx$$
$$x=1.27\cdots\fallingdotseq1.3$$

【72】 (1) (あ) 15　(い) 5　(う) 錯イオン
(え) 配位子　(お) オストワルト

(2) ① $2NH_4Cl + Ca(OH)_2$
　　　　$\longrightarrow CaCl_2 + 2H_2O + 2NH_3$
③ $3Cu + 8HNO_3$
　　　　$\longrightarrow 3Cu(NO_3)_2 + 4H_2O + 2NO$
④ $3NO_2 + H_2O \longrightarrow 2HNO_3 + NO$

(3) テトラアンミン銅（Ⅱ）イオン，(ウ)

(4) 酸化数最大：HNO_3，$+5$
酸化数最小：NH_3，-3

(5) (i) $4.3\times10^{-10}\,mol/L$
(ii) $6.5\times10^{-10}\,mol/L$

(4) 他の物質中の窒素原子の酸化数は，N_2 が 0，NO が $+2$，NO_2 が $+4$ である。

(5)(i) アンモニア水と塩化アンモニウム水溶液は，濃度と体積が等しく，含まれる NH_3 と NH_4Cl はともに

$$0.10\times\frac{100}{1000}=0.010\,(mol)$$

また，塩化アンモニウムは緩衝液中で次のように完全に電離している。

$$NH_4Cl \longrightarrow NH_4^+ + Cl^-$$

アンモニアは，塩化アンモニウムの電離によって生じた NH_4^+ の影響で，次の電離平衡が大きく左に偏り，ほとんど電離せずに NH_3 として存在している。

$$NH_3 + H_2O \rightleftarrows NH_4^+ + OH^-$$

したがって，この緩衝液には，0.010mol の NH_4^+ と 0.010mol の NH_3 が存在している。また緩衝液中では，$K_b=\dfrac{[NH_4^+][OH^-]}{[NH_3]}$ の関係が成り立っており，$[NH_4^+]=[NH_3]$ なので，

$$[OH^-]=K_b$$

また，水のイオン積 $K_W=[H^+][OH^-]$ より，

$$[H^+]=\frac{K_W}{[OH^-]}=\frac{K_W}{K_b}=\frac{1.0\times10^{-14}}{2.3\times10^{-5}}$$
$$\fallingdotseq4.3\times10^{-10}\,(mol/L)$$

(ii) この緩衝液に加えられた HCl，すなわち H^+ の物質量は，

$$0.050\times\frac{40}{1000}=0.0020\,(mol)$$

H^+ は緩衝液の NH_3 と次のように反応する。

$$NH_3 + H^+ \longrightarrow NH_4^+$$

| | はじめ | 変化量 | 平衡時 |

はじめ 0.010　0.0020　0.010 (mol)
変化量 −0.0020　−0.0020　+0.0020 (mol)
平衡時 0.0080　0　0.0120 (mol)

したがって，塩酸を加えた後の溶液中には NH_3 が 0.0080mol と NH_4^+ が 0.0120mol 存在しており，濃度の比は

$$[NH_3]:[NH_4^+]=0.0080:0.0120=2:3$$

となっている。

$$K_b=\frac{[NH_4^+][OH^-]}{[NH_3]},\ K_W=[H^+][OH^-]$$

より，

$$[H^+]=\frac{K_W}{[OH^-]}=\frac{[NH_4^+]K_W}{[NH_3]K_b}$$
$$=\frac{3}{2}\times\frac{1.0\times10^{-14}}{2.3\times10^{-5}}$$
$$\fallingdotseq6.5\times10^{-10}\,(mol/L)$$

【73】 問1 (カ)　問2 ① m　② $m+\frac{1}{2}n$
③ m　④ H_2O　⑤ CO_2

問3 陽極：$2Cl^- \longrightarrow Cl_2 + 2e^-$
陰極：$2H_2O + 2e^- \longrightarrow H_2 + 2OH^-$

問4 0.15mol，5.3％

問5 $Fe_2O_3 + 3CO \longrightarrow 2Fe + 3CO_2$
　　$Fe_2O_3 + 3H_2 \longrightarrow 2Fe + 3H_2O$
問6 $0.12\,mol$
問7 (カ)　問8 (オ)

問1 試料を完全燃焼させると，試料中に含まれていたHがH_2Oとなり，塩化コバルト紙を変色させる。(ア)～(オ)は順に Cu，N，C，Cl，Sの検出法である。

問2 化学反応式の両辺に含まれる原子の数は等しいので，まずC原子に着目すると，③がmに決まる。次にO原子に着目すると，①もmに決まり，最後にH原子に着目して②を決めればよい。④と⑤については，炭化水素と水蒸気H_2Oから水素H_2を製造する工程の中の反応であることから判断できる。

問4 混合ガス$1\,mol$中の水素をx〔mol〕とすると，メタンは$(1-x)$〔mol〕含まれる。したがって，
$$890(1-x)+286x=800$$
$$x=\frac{45}{302}=0.149\cdots\fallingdotseq 0.15\,(mol)$$
水素を添加する前はただのメタンCH_4である。$1\,mol$のメタンを完全燃焼させた場合，$890\,kJ$の熱量が得られるとともに$1\,mol$のCO_2が発生する。混合ガスの燃焼で同じ$890\,kJ$の熱量を得るには，混合ガスは$\dfrac{890}{800}\,mol$必要であり，混合ガス$1\,mol$中に含まれるメタンは，
$$1-\frac{45}{302}=\frac{257}{302}\,(mol)$$
したがって，$\dfrac{890}{800}\,mol$の混合ガスの完全燃焼で発生するCO_2の物質量は，
$$\frac{890}{800}\times\frac{257}{302}=0.94673\cdots\fallingdotseq 0.9467\,(mol)$$
よって，$890\,kJ$の熱量を得る場合に削減されるCO_2の物質量は，
$$1-0.9467=0.0533\,(mol)$$
であり，削減されたCO_2の割合(%)は，
$$\frac{0.0533}{1}\times 100=5.33\fallingdotseq 5.3\,(\%)$$

問6 燃料電池の負極での水素の反応は，
$$H_2 \longrightarrow 2H^+ + 2e^-$$
流れた電子e^-の$\dfrac{1}{2}$の物質量の水素が消費されるので，
$$\frac{80\times 5\times 60}{9.65\times 10^4}\times\frac{1}{2}\fallingdotseq 0.12\,(mol)$$

問7 $700\,km$を走行するのに必要な水素の質量は，
$$1\times\frac{700}{120}=\frac{35}{6}\,(kg)$$

$\dfrac{35}{6}\,kg$の水素を$100\,L$のタンクに$20\,℃$で充填するときのタンク内の圧力は，気体の状態方程式 $pv=nRT$ より，
$$p=\frac{nRT}{v}$$
$$=\frac{\dfrac{\dfrac{35}{6}\times 10^3}{2.0}\times 8.31\times 10^3\times(20+273)}{100}$$
$$\fallingdotseq 7.1\times 10^7\,(Pa)$$
よって，大気圧（$1.0\times 10^5\,Pa$）の約700倍。

問8 (a)～(c)について，$1\,m^3$に貯蔵できる水素の質量を求めて比較する。

(a) $1\,m^3$（$=10^3\,L$）の液体水素は，冷却して$\dfrac{1}{800}$に圧縮する前の気体の状態では$800\times 10^3\,L$なので，標準状態であると仮定すると，その質量は，
$$\frac{800\times 10^3}{22.4}\times 2.0\fallingdotseq 7.1\times 10^4\,(g)=71\,(kg)$$

(b) 水素をトルエンと反応させてメチルシクロヘキサンをつくる反応は，次の化学反応式で表される。
$$3H_2 + \langle\!\!\bigcirc\!\!\rangle\!-CH_3$$
$$\longrightarrow \substack{CH_2-CH_2\\CH_2 \quad CH-CH_3\\CH_2-CH_2}$$
メチルシクロヘキサン1分子中には3分子の水素が貯蔵されるので，メチルシクロヘキサンの質量のうちの$\dfrac{3\times 2.0}{98}=\dfrac{3}{49}$が貯蔵された水素の質量である。したがって，密度$770\,kg/m^3$のメチルシクロヘキサン$1\,m^3$に貯蔵された水素の質量は，
$$770\times 1\times\frac{3}{49}\fallingdotseq 47\,(kg)$$

(c) 水素を窒素と反応させてアンモニアをつくる反応は，次の化学反応式で表される。
$$3H_2 + N_2 \longrightarrow 2NH_3$$
NH_3分子中のHはすべて貯蔵された水素であり，アンモニアの質量のうちの$\dfrac{3}{17}$にあたる。したがって，密度$690\,kg/m^3$のアンモニア$1\,m^3$に貯蔵された水素の質量は，
$$690\times 1\times\frac{3}{17}\fallingdotseq 122\,(kg)$$
よって，大きい順に (c)＞(a)＞(b) となる。

【74】ア HF>HI>HBr>HCl【理由】一般に, 同族元素の水素化合物どうしで比較すると, 分子量が大きいものほど分子間にはたらくファンデルワールス力が強く, 沸点が高くなる。しかし, HF は分子間に水素結合を形成する。水素結合はファンデルワールス力よりもかなり強いので, HF の沸点が最も高くなる。

イ A：H_2SiF_6　B：SiF_4

ウ 凝固点降下の大きさは, 溶質粒子の質量モル濃度に比例する。2分子の HF が二量体を形成して1分子のようにふるまうと, その分溶質粒子のモル濃度が小さくなるので, 凝固点降下の大きさは小さくなると考えられる。

エ 1.4×10^{-3} mol/L

オ (a) (3)　　(b) (2)

イ A フッ化水素酸との反応では, 次の反応によってヘキサフルオロケイ酸 H_2SiF_6 が生成する。

$$SiO_2 + 6HF \longrightarrow H_2SiF_6 + 2H_2O$$

　B フッ化水素との反応では, 次の反応によって正四面体形の四フッ化ケイ素 SiF_4 が生成する。

$$SiO_2 + 4HF \longrightarrow SiF_4 + 2H_2O$$

エ pH=3.00 なので $[H^+]=1.00 \times 10^{-3}$ mol/L であり, 式1の平衡のみを考えるなら $[H^+]=[F^-]$ なので,

$$[HF]=\frac{[H^+]^2}{K_1}=\frac{(1.00 \times 10^{-3})^2}{7.00 \times 10^{-4}}$$
$$\fallingdotseq 1.4 \times 10^{-3} (mol/L)$$

オ (a) 式1の平衡のみを考えるなら,

$$[H^+]=\sqrt{K_1[HF]}$$

　このグラフは右上がりになるので(5)は除外される。あとは適当な HF の濃度を代入し, 適切なグラフを選べばよい。$[HF]=0.10$ mol/L のとき,

$$[H^+]=\sqrt{K_1[HF]}=\sqrt{7.00 \times 10^{-4} \times 0.10}$$
$$=\sqrt{70} \times 10^{-3}$$
$$\fallingdotseq 8.4 \times 10^{-3} (mol/L)$$

　よって, (3)と判断できる。

(b) 式1と式2の両方の平衡を考える場合, 次の(i)と(ii)の関係が同時に成り立つ。

$$K_1=\frac{[H^+][F^-]}{[HF]} \qquad \cdots(i)$$

$$K_2=\frac{[HF_2^-]}{[HF][F^-]} \qquad \cdots(ii)$$

また, 水溶液中では電気的に中性が保たれているので,

$$[H^+]=[F^-]+[HF_2^-]+[OH^-]$$

いま, 「水の電離は考えないものとする」と

問題文中にあることから $[OH^-]$ は無視できる。したがって,

$$[H^+]=[F^-]+[HF_2^-] \qquad \cdots(iii)$$

(i)～(iii)式から不要なものを消去して, $[H^+]$ と $[HF]$ の関係式を導く。まず, (ii)式より $[HF_2^-]=K_2[HF][F^-]$ を(iii)式に代入し,

$$[H^+]=[F^-]+K_2[HF][F^-]$$
$$=[F^-](1+K_2[HF])$$

さらに, (i)式より $[F^-]=K_1\dfrac{[HF]}{[H^+]}$ を代入し,

$$[H^+]=K_1\frac{[HF]}{[H^+]}(1+K_2[HF])$$

$$[H^+]=\sqrt{K_1[HF](1+K_2[HF])} \qquad \cdots(iv)$$

このグラフも右上がりなので(5)は除外される。あとは(a)と同様に適当な HF の濃度を(iv)式に代入し, 適切なグラフを選べばよい。$[HF]=0.10$ mol/L のとき,

$$[H^+]=\sqrt{7.00 \times 10^{-4} \times 0.10(1+5.00 \times 0.10)}$$
$$=\sqrt{1.05} \times 10^{-2} \fallingdotseq 1.0 \times 10^{-2} (mol/L)$$

よって, (2)と判断できる。

8 金属元素（Ⅰ）-典型元素-

【75】 (ア) (2)　(イ) (1)　(ウ) (0)　(エ) (3)　(オ) (3)

(ア) 2個の価電子をもつことから，2価の陽イオンになりやすい。

(イ) Be，Mg を除く2族に属する元素をアルカリ土類金属元素という。

(ウ) Ca + 2H$_2$O ⟶ Ca(OH)$_2$ + H$_2$ のように反応する。

(エ) アルカリ土類金属元素のうち，Ca は橙赤色，Sr は紅（赤）色，Ba は黄緑色の炎色反応を示す。

(オ) BaSO$_4$ は水に溶けず，酸とも反応しない安定な物質で，白色顔料やX線造影剤などに使われる。

【76】 問1 (1) アルカリ金属元素　(2) 塩化水素
　　　　　　(3) 水素
　　　　　　(4) アンモニアソーダ法（ソルベー法）
問2 (A) ⑦　(B) ⑨　(C) ⑥
問3 (ⅰ) 2.41×10^7　(ⅱ) 1.06

問1 (2) NaCl + H$_2$SO$_4$ ⟶ NaHSO$_4$ + HCl
　　　　の反応が起こり，気体の HCl が発生する。
　　(3) Zn + 2NaOH + 2H$_2$O
　　　　　　　　⟶ Na$_2$[Zn(OH)$_4$] + H$_2$
　　　　の反応が起こり，気体の H$_2$ が発生する。

問3 (ⅰ) 反応式①より，$\dfrac{5.75\times10^3}{23.0}$ (mol) の Na
　　　を製造するために必要な電気量は，
　　　$\dfrac{5.75\times10^3}{23.0}\times9.65\times10^4≒2.41\times10^7$ (C)

　　(ⅱ) 反応式②より，$\dfrac{1.17\times10^3}{23.0+35.5}=20.0$ (mol)
　　　の NaCl と $\dfrac{672}{22.4}=30.0$ (mol) の CO$_2$ を
　　　用いると，20.0 mol の NaHCO$_3$ が得られる。さらに，反応式③より，最終的に10.0 mol の Na$_2$CO$_3$（式量 106.0）が得られる。その質量は，
　　　　106.0×10.0=1.06×10^3 (g)
　　　　　　　　　=1.06 (kg)

【77】 (1) H$_2$
(2) CaCO$_3$ + H$_2$O + CO$_2$ ⟶ Ca(HCO$_3$)$_2$
(3) 55　(4) CaCl$_2$　(5) CaSO$_4$

(1) Ca + 2H$_2$O ⟶ Ca(OH)$_2$ + H$_2$
　　の反応が起こり，気体の H$_2$ が発生する。
(2) Ca(HCO$_3$)$_2$ は固体としては存在せず，水溶液中で Ca^{2+} と HCO$_3^-$ として存在する。
(3) CaCO$_3$ と MgCO$_3$ を加熱すると，それぞれ次

の反応が起こる。
　　CaCO$_3$ ⟶ CaO + CO$_2$
　　MgCO$_3$ ⟶ MgO + CO$_2$
この石灰石中に含まれる CaCO$_3$（式量 100）は90 g，MgCO$_3$（式量 84）は 10 g であり，これを加熱したときに生じる固体の CaO（式量 56）と MgO（式量 40）の質量の合計は，
$\dfrac{90}{100}\times56+\dfrac{10}{84}\times40≒55$ (g)

(4) CaCO$_3$ と HCl は次のように反応する。
　　CaCO$_3$ + 2HCl ⟶ CaCl$_2$ + H$_2$O + CO$_2$
このとき生じる CaCl$_2$ は溶解度が大きく，また，空気中で潮解する。

(5) セッコウと焼きセッコウの化学式は，それぞれ CaSO$_4$・2H$_2$O と CaSO$_4$・$\dfrac{1}{2}$H$_2$O である。

【78】 問1 (A) 両性　(B) 不動態　(C) 複塩
問2 (1) ボーキサイト　(2) アルミナ
　　　(3) ミョウバン　(4) ジュラルミン
　　　(5) ブリキ
問3 (ⅰ) 溶融塩電解（融解塩電解）
　　　(ⅱ) 7.72×10^4 秒間
　　　(ⅲ) アルミニウムはイオン化傾向が大きく，陰極ではアルミニウムイオンのかわりに水が還元され，水素が発生するため。(53 字)

問1 (B) 単体の Al を濃硝酸に入れたときも不動態になる。
　　(C) ミョウバンは水中で次のように電離する。
　　　　AlK(SO$_4$)$_2$・12H$_2$O
　　　　　　⟶ Al^{3+} + K$^+$ + 2SO$_4^{2-}$ + 12H$_2$O
問3 (ⅰ) 一般にイオン化傾向が大きい Li, K, Ca, Na, Mg, Al などの金属の単体は溶融塩電解で得る。
　　(ⅱ) 求める時間を t（秒）とする。単体の Al が生成する反応は，Al^{3+} + 3e$^-$ ⟶ Al と書けるので，
　　　　$3\times\dfrac{2.16\times10^3}{27.0}\times9.65\times10^4=300\times t$
　　　　$t=7.72\times10^4$ (秒)

【79】 A H$_2$O　B CO　C CO$_2$

CaC$_2$O$_4$・H$_2$O の式量は 146.0。CaC$_2$O$_4$・H$_2$O が次の反応式のように分解したとする（A, B, C の係数はすべて 1 と仮定する）。
　　CaC$_2$O$_4$・H$_2$O ⟶ A + B + C + 固体
係数の比より，

$$\frac{73.0\times10^{-3}}{146.0}=\frac{(73.0-64.0)\times10^{-3}}{M_A}$$
$$=\frac{(64.0-50.0)\times10^{-3}}{M_B}=\frac{(50.0-28.0)\times10^{-3}}{M_C}$$

よって，$M_A=18.0$，$M_B=28.0$，$M_C=44.0$

分子量の値から，各気体の分子式は，

気体A…H_2O，気体B…CO，気体C…CO_2 となる。

なお，A の係数が 2，3，6，9，18 の場合，それぞれ分子量が 9，6，3，2，1 の分子が生じることになる。しかし，分子量 9，6，3，1 の分子は存在しない。また，分子量 2 の H_2 が発生したとすると左辺と右辺の H 原子の数が合わない。よって，A の係数は 1。同様にして，B, C の係数を検討すると，いずれも 1 となる。

【80】 問1 化合物：Al_2O_3，SiO_2　化学反応式：
$Al_2O_3 + 2NaOH + 3H_2O \longrightarrow 2Na[Al(OH)_4]$
$SiO_2 + 2NaOH \longrightarrow Na_2SiO_3 + H_2O$
問2 7

問1 Al_2O_3 は両性酸化物なので，強塩基の水溶液に溶ける。一方，SiO_2 は酸性酸化物であるので，$NaOH$ と反応すると，ケイ酸ナトリウムを生じるが，共有結合の結晶のため安定であり，固体の $NaOH$ を加えて加熱すると徐々に反応する程度の反応性である。

問2 縦軸の数値のとり方に気をつけ，主な pH における各錯イオンの濃度の合計を求めるとおよそ次のようになる。ただし，
①：$[Al(H_2O)_4(OH)_2]^+$，②：$[Al(H_2O)_5(OH)]^{2+}$，
③：$[Al(H_2O)_6]^{3+}$，④：$[Al(H_2O)_2(OH)_4]^-$ とする。

pH	①	②	③	④	合　計
4	10^{-2}	10^{-2}	10^{-1}	10^{-8}	約 1.2×10^{-1}
5	10^{-3}	10^{-4}	10^{-4}	10^{-7}	約 1.2×10^{-3}
6	10^{-4}	10^{-6}	10^{-7}	10^{-6}	約 1.0×10^{-4}
7	10^{-5}	10^{-8}		10^{-5}	約 2.0×10^{-5}
8	10^{-6}			10^{-4}	約 1.0×10^{-4}
9	10^{-7}			10^{-3}	約 1.0×10^{-3}
10	10^{-8}			10^{-2}	約 1.0×10^{-2}

〔単位：mol/L〕

よって，錯イオンの濃度の合計が最も低くなり，$Al(OH)_3$（固）が最も多く得られる pH は 7。

【9】 金属元素(Ⅱ)-遷移元素-, 陽イオン分析

【81】 問1 (ア) S (イ) F (ウ) M (エ) P (オ) D
問2 K 殻：2　L 殻：8　M 殻：14　N 殻：2
問3 金属イオンの化学式：Fe^{3+}，Al^{3+}
　錯イオン：$[Cu(NH_3)_4]^{2+}$，
　　　　　　　　　テトラアンミン銅(Ⅱ)イオン

問1 (ウ)，(エ) 錯イオンの形は配位数，元素によって決まる。2 配位の場合は直線形，6 配位の場合は正八面体形になる。4 配位では，中心金属元素が Zn の場合は正四面体形，Cu の場合は正方形となる。

問2 各殻に収容される最大の電子数は，
K(2)L(8)M(18)N(32) となる。原子番号 20番の Ca の電子配置は，
$_{20}Ca$：K(2)L(8)M(8)N(2)
となり，続く Sc から始まる遷移元素では，内側の M 殻に電子が収容されていく。よって，$_{26}Fe$ の電子配置は，
$_{20}Ca$：K(2)L(8)M(8)N(2)
↓電子 +6 個　　↓M 殻に電子 +6 個
$_{26}Fe$：K(2)L(8)M(14)N(2)

問3 Ag^+ や Cu^{2+}，Zn^{2+} などは過剰のアンモニア水を加えると錯イオンを形成して溶ける。

【82】 問1 (ア) 非共有 (イ) Fe_2O_3
　(ウ) ステンレス鋼 (エ) 水素
　(オ) 黒色 (カ) 酸化
問2 (キ) OH^- (ク) $Cu(OH)_2$
問3 $Cu(OH)_2 \longrightarrow CuO + H_2O$
問4 4.7 g

問4 求める $CuSO_4\cdot5H_2O$（$=250$）の質量を x〔g〕とする。$CuSO_4\cdot5H_2O$ から 1.5 g の CuO（$=80$）を得るときの量的関係より，
$1\,CuSO_4\cdot5H_2O \longrightarrow \cdots \longrightarrow 1\,CuO$
（$CuSO_4\cdot5H_2O$ の物質量）＝（CuO の物質量）
$$\frac{x\,〔g〕}{250\,g/mol}=\frac{1.5\,g}{80\,g/mol}$$
$x=4.68\cdots g\fallingdotseq4.7\,g$

【83】 問1 ⑤
問2 ① +6 ② 2 ③ 4 ④ 2- ⑤ 1 ⑥ 7
　⑦ 2- ⑧ 1 ⑨ 2 ⑩ 1 ⑪ 6 ⑫ 2
問3 ③

問2 クロム酸イオン CrO_4^-（黄色）を含む水溶液を酸性にすると二クロム酸イオン $Cr_2O_7^{2-}$（赤橙色）が生じ，アルカリ性に戻すと再びクロム酸イオン CrO_4^-（黄色）が生じる。

$$2CrO_4^{2-} + H^+ \underset{塩基性}{\overset{酸性}{\rightleftharpoons}} Cr_2O_7^{2-} + OH^-$$
　　黄色　　　　　　　　　　　赤橙色

【84】 ③, ⑤

操作I Cl⁻ を加えて沈殿が生じないので, 水溶液 A に Ag⁺ は含まれない。

操作II 酸性条件下で硫化水素を吹き込んだときに生じる沈殿は, CuS の黒色沈殿となる。よって, 水溶液 A に Cu²⁺ は含まれる。

操作III 煮沸して硫化水素を追い出し, 酸化剤である硝酸を加え, 過剰量のアンモニア水を加えても沈殿が生じなかったことから, 水溶液 A に Al³⁺ と Fe³⁺ は含まれない。

操作IV 塩基性条件下で硫化水素を吹き込んだときに生じる沈殿は, ZnS の白色沈殿となる。よって, 水溶液 A に Zn²⁺ は含まれる。

【85】 (i) Ag⁺ の上限値: 8.0×10^{-15} mol/L

Cu²⁺ の下限値: 6.3×10^{-15} mol/L

(ii) (い)

(i) 溶解度積の値をこえると沈殿が生成するが, こえなければ沈殿は生成しない。Cu²⁺ のみ沈殿させるための条件は次のようになる。

$[Ag^+]^2[S^{2-}] \leq 6.4 \times 10^{-50} \,(mol/L)^3$ …①

$[Cu^{2+}][S^{2-}] \geq 6.3 \times 10^{-36} \,(mol/L)^2$ …②

$[S^{2-}] = 1.0 \times 10^{-21}$ mol/L を①式に代入すると,

$[Ag^+]^2 \times 1.0 \times 10^{-21}$ mol/L

$\leq 6.4 \times 10^{-50} \,(mol/L)^3$

$[Ag^+]^2 \leq 6.4 \times 10^{-29} \,(mol/L)^2$

$[Ag^+]^2 \leq 64 \times 10^{-30} \,(mol/L)^2$

$[Ag^+] \leq 8.0 \times 10^{-15}$ mol/L

同様に $[S^{2-}] = 1.0 \times 10^{-21}$ mol/L を②式に代入すると,

$[Cu^{2+}] \times 1.0 \times 10^{-21}$ mol/L

$\geq 6.3 \times 10^{-36} \,(mol/L)^2$

$[Cu^{2+}] \geq 6.3 \times 10^{-15}$ mol/L

(ii) 操作2で加えた H₂S は還元剤なので, Fe³⁺ が Fe²⁺ に還元されてしまっている。この Fe²⁺ を酸化して Fe³⁺ に戻すため, 酸化剤である希硝酸を加えている。

【86】 問1 (ア) CO (イ) Fe₃O₄ (ウ) CO₂

(a) 1 (b) 2 (c) 1 (d) 1 (e) 3

(f) 1 (g) 1 (h) 1 (i) 1 (j) 2

問2 (エ) > (オ) $1-2x$ (カ) <

(キ) $-\dfrac{50}{21}x^2 - x + 1$

問3 0.16

問1 鉄鉱石中の鉄は CO や C によって次のように少しずつ酸化数を減らしながら還元されていく。

$\underset{+3}{\underline{Fe_2O_3}} \rightarrow \underset{+2}{\underline{Fe_3O_4}}(\underset{+3}{\underline{FeO}} + \underset{}{\underline{Fe_2O_3}}) \rightarrow \underset{+2}{\underline{FeO}} \rightarrow \underset{0}{\underline{Fe}}$

Fe の酸化数 +3 　　+2 +3 　　+2 　　0

この際の反応式は次のようになる。

$3Fe_2O_3 + CO \longrightarrow 2Fe_3O_4 + CO_2$

$Fe_3O_4 + CO \longrightarrow 3FeO + CO_2$

$FeO + CO \longrightarrow Fe + CO_2$

また, 高温環境下では CO の生成が優勢になる。このため, 発生した CO₂ は C と次のように反応して CO を生成する。

$C + CO_2 \rightleftarrows 2CO$

問2 反応(3)および反応(4)の圧平衡定数 K_{p3} と K_{p4} は, CO および CO₂ の分圧 p_{CO} と p_{CO_2} を用いて表すと, それぞれ次のようになる。

$$K_{p3} = \frac{p_{CO_2}}{p_{CO}} = 1.0$$

$$K_{p4} = \frac{(p_{CO})^2}{p_{CO_2}} = 42 \times 10^3 \,Pa$$

気体として存在するのは CO, CO₂, N₂ のみなので, CO のモル分率を x, N₂ のモル分率を y とすると, CO₂ のモル分率は $1-x-y$ となる。分圧=全圧×モル分率 であり, 全圧が 1.0×10^5 Pa なので, p_{CO} と p_{CO_2} は次のようになる。

$p_{CO} = x \times 10^5$ Pa

$p_{CO_2} = (1-x-y) \times 10^5$ Pa

式(3)が右向きに進行する条件は $\dfrac{p_{CO_2}}{p_{CO}} < 1.0$ なので, それぞれの分圧を代入すると,

$$\frac{(1-x-y) \times 10^5 \,Pa}{x \times 10^5 \,Pa} < 1.0$$

$1 - x - y < x$

$y > 1 - 2x$ …①

となる。同様に, 式(4)が右向きに進行する条件は $\dfrac{(p_{CO})^2}{p_{CO_2}} < 42 \times 10^3$ Pa なので, ここにそれぞれの分圧を代入すると,

$$\frac{(p_{CO})^2}{p_{CO_2}} = \frac{(x \times 10^5 \,Pa)^2}{(1-x-y) \times 10^5 \,Pa} < 42 \times 10^3 \,Pa$$

$$\frac{100}{42}x^2 < 1 - x - y$$

$$y < -\frac{50}{21}x^2 - x + 1 \qquad \cdots②$$

問3 直線 $y = 1 - 2x$ と2次曲線 $y = -\dfrac{50}{21}x^2 - x + 1$ の交点の x 座標は,

$$1 - 2x = -\frac{50}{21}x^2 - x + 1$$

$$\frac{50}{21}x^2 - x = 0$$

$$\frac{50}{21}x\left(x - \frac{21}{50}\right) = 0 \qquad x = 0, \ 0.42$$

よって, 交点は $(x, y) = (0, 1), (0.42, 0.16)$ となる。x と y はモル分率なので $0 < x < 1$, $0 < y < 1$ であり, この範囲内で①および②

を満たすのは次の図の斜線の領域になる。
(ただし，境界は含まない。)

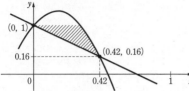

よって $y \leqq 0.16$ では①，②の条件を満たさ
ず，反応(3)と反応(4)がともに右向きに進行
しない。

【87】(ア) 0.312　(イ) 水素吸蔵　(ウ) 3　(エ) 0.322
(オ) 3.56×10^{25}　(カ) 73.2　(キ) 超臨界

(ア) Fe 原子と Ti 原子は単位格子の立方体の対角
線上で接している。単位格子の一辺の長さを
l とすると，
$$\sqrt{3}\,l = 2 \times (0.124 + 0.146)\,\text{nm}$$
$$l = 0.3121 \cdots \text{nm} \doteqdot 0.312\,\text{nm}$$

(ウ) 2個の Fe 原子と，その
両方に隣接する4個の
Ti 原子からなる八面体
の中心は，単位格子に
おける各面の中心であ
り，それは右の図の●
の位置になる。

単位格子中の●の位置には，それぞれ原子 $\dfrac{1}{2}$
個が含まれるため，単位格子に取り込まれる
H 原子の数は，
$$\dfrac{1}{2} \text{個} \times 6 = 3 \text{個}$$

(エ) H 原子が Fe，Ti どちらの原子と接しているの
か判断する必要がある。
Fe 原子と接している場合
は，単位格子の一辺の長
さが，H 原子と Fe 原子の
直径を足したものになる。
よって，
$$l_1 = 2 \times (0.124 + 0.0370)\,\text{nm} = 0.322\,\text{nm}$$
Ti 原子と接している場合
は，単位格子の面の対角
線の長さが，H 原子と Fe
原子の直径を足したもの
になる。
よって，
$$\sqrt{2}\,l_2 = 2 \times (0.146 + 0.0370)\,\text{nm}$$
$$l_2 = 0.2580 \cdots \text{nm}$$
ここで，(ア)で求めた単位格子の一辺の長さ
0.312 nm と比較すると，Ti と接する場合では

元の単位格子よりも一辺の長さが小さくなっ
てしまうので不適だと判断できる。よって，
H 原子は Fe 原子と接しており，その単位格子
の一辺の長さは 0.322 nm となる。

(オ) 1.0 L の FeTiH $(=104.7)$ の物質量は，
$$1000\,\text{mL} \times 6.19\,\text{g/cm}^3 \times \dfrac{1}{104.7\,\text{g/mol}}$$
$$= 59.12\,\text{mol}$$
1 mol の FeTiH に H 原子は 1 mol 含まれるので，
H 原子の個数は，
$$59.12\,\text{mol} \times 6.02 \times 10^{23}\,/\text{mol} = 3.559 \cdots \times 10^{25}$$
$$\doteqdot 3.56 \times 10^{25}$$

(カ) 59.12 mol の H 原子は，
$$59.12\,\text{mol} \times \dfrac{1}{2} = 29.56\,\text{mol}$$ の H$_2$ 分子となる。

この H$_2$ 分子が 298 K，1.00×10^6 Pa で占める
体積 V [L] は気体の状態方程式より，
$$1.00 \times 10^6\,\text{Pa} \times V\,[\text{L}]$$
$$= 29.56\,\text{mol} \times 8.31 \times 10^3\,\text{Pa·L/(K·mol)} \times 298\,\text{K}$$
$$V = 73.20 \cdots \text{L} \doteqdot 73.2\,\text{L}$$

(キ) (カ)より，29.56 mol の H$_2$ 分子は 298 K，
1.00×10^6 Pa で 73.20 L を占めることが分か
る。この気体を同温のまま 1.00 L の密閉容器に充
填すると，圧力が 73.2×10^6 Pa となる。これ
は臨界点 (33.2 K，1.32×10^6 Pa) をこえている
ので，H$_2$ 分子は超臨界流体になっていると考
えられる。

【88】[1] 金属結合は金属原子の間を自由に動
　　　くことのできる自由電子を共有して
　　　結合しており，金属原子がずれても
　　　自由電子が移動して結合を保つため。
[2] (1) 純銅，$Cu^{2+} + 2e^- \longrightarrow Cu$
　　(2) 鉄はイオン化傾向が銅よりも大きいた
　　　　め，Fe^{2+} になって水溶液中に溶けだす。
　　　　銀はイオン化傾向が銅よりも小さいの
　　　　で反応せず，単体の Ag のまま陽極の
　　　　下に沈殿する。
[3] $Cu + 2H_2SO_4$
　　　　$\longrightarrow CuSO_4 + 2H_2O + SO_2$
[4] $2Cu^{2+} + CH_3CHO + 5OH^-$
　　　　$\longrightarrow Cu_2O + CH_3COO^- + 3H_2O$
[5] (ア) 20　(ウ) 3.6
[6] (c)，(d)

[2] 銅の電解精錬では，粗銅を陽極に，純銅を陰
極に用いる。また，イオン化傾向の小さい
Au や Ag などは反応せずにそのまま陽極の
下に沈殿する。これを陽極泥という。
[4] フェーリング反応では，Cu_2O の赤色沈殿が
生じる。この際，Cu^{2+} の反応は，

$$2Cu^{2+} + 2OH^- + 2e^-$$
$$\longrightarrow Cu_2O + H_2O \quad \cdots ①$$

また CH_3CHO の反応は,

$$CH_3CHO + 3OH^-$$
$$\longrightarrow CH_3COO^- + 2e^- + 2H_2O \quad \cdots ②$$

①式+②式 より,

$$2Cu^{2+} + CH_3CHO + 5OH^-$$
$$\longrightarrow Cu_2O + CH_3COO^- + 3H_2O$$

〔5〕(ア) 60℃ において, 30.0g の $CuSO_4$ を 93.2g の水に溶かしているので, 水溶液は 123.2g となる。20℃ で析出する $CuSO_4 \cdot 5H_2O$ を x〔g〕とすると, そのうちの $\dfrac{160}{250}x$〔g〕が $CuSO_4$ となり, 残りの $\dfrac{90}{250}x$〔g〕が H_2O となる。よって 20℃ で水溶液は $(123.2-x)$g, 水溶液中に溶けている $CuSO_4$ は $\left(30-\dfrac{160}{250}x\right)$g, 水溶液中の水は $\left(93.2-\dfrac{90}{250}x\right)$g となる。以上を図にまとめると, 次のようになる。

	60℃	温度 T 60℃→20℃	20℃ $CuSO_4 \cdot 5H_2O$ x〔g〕
溶 質	30 g		$\left(30-\dfrac{160}{250}x\right)$ g
溶 媒	93.2 g		$\left(93.2-\dfrac{90}{250}x\right)$ g
水溶液	123.2 g		$(123.2-x)$ g

20℃ における $CuSO_4$ の溶解度は 20 なので, 水溶液 120g 中に $CuSO_4$ が 20g 含まれる。よって,

$$\frac{20\,g}{120\,g} = \frac{\left(30-\dfrac{160}{250}x\right)g}{(123.2-x)g}$$
$$x = 20\,g$$

(ウ) 16g の水を蒸発させた後に析出する $CuSO_4 \cdot 5H_2O$ を y〔g〕とする。(イ)と同様にそれぞれの質量をまとめると次の図のようになる。

	20℃	水を 16.0g 蒸発	20℃ $CuSO_4 \cdot 5H_2O$ y〔g〕
溶 質	17.2 g		$\left(17.2-\dfrac{160}{250}y\right)$ g
溶 媒	86 g		$\left(86-16-\dfrac{90}{250}y\right)$ g
水溶液	103.2 g		$(103.2-16-y)$ g

20℃ における $CuSO_4$ の溶解度は 20 なので,

$$\frac{20\,g}{120\,g} = \frac{\left(17.2-\dfrac{160}{250}y\right)g}{(103.2-16-y)g}$$

$$y = \frac{400}{71}\,g$$

この析出した $CuSO_4 \cdot 5H_2O$ のうちの $\dfrac{160}{250}$ が $CuSO_4$ なので,

$$\frac{400}{71}\,g \times \frac{160}{250} = 3.60\cdots g \fallingdotseq 3.6\,g$$

〔6〕(a) 正しい。銅を湿った空気中においておくと, 緑青を生じる。

(b) 正しい。Cu^{2+} に OH^- を加えると青白色の $Cu(OH)_2$ が生じる。

(c) 誤り。テトラアンミン銅(II)イオンは正方形の立体構造となる。

(d) 誤り。水酸化銅(II)に過剰のアンモニア水を加えて生じるテトラアンミン銅(II)イオンは, 深青色の溶液となる。

(e) 正しい。銅の炎色反応は青緑色になる。

【89】問1 過マンガン酸カリウム

問2 $2KMnO_4 + 5H_2O_2 + 3H_2SO_4$
$\longrightarrow 2MnSO_4 + 5O_2 + 8H_2O + K_2SO_4$

問3 (i) 9.0×10^{-12} mol/L (ii) 3.2 mL

問4 化学反応式:$2H_2O_2 \longrightarrow 2H_2O + O_2$
役割:触媒としてはたらいている。

問5 (i) 正極:MnO_2 負極:Zn
(ii) 電池の正極と負極の間に生じる電圧。
(iii) 一次電池:(ア), (イ) 二次電池:(ウ), (エ)

問3 (i) 反応式および反応の前後における量的関係は, 次のようになる。

$$Mn + EDTA \rightleftarrows Mn(EDTA)$$

(前) $\dfrac{c}{2}$ $\quad$ $\dfrac{c}{2}$ $\quad$ 0 〔mol/L〕

(中) $-\dfrac{c}{2} \times \dfrac{90}{100}$ $\quad$ $-\dfrac{c}{2} \times \dfrac{90}{100}$ $\quad$ $+\dfrac{c}{2} \times \dfrac{90}{100}$ 〔mol/L〕

(後) $\dfrac{c}{2} \times \dfrac{10}{100}$ $\quad$ $\dfrac{c}{2} \times \dfrac{10}{100}$ $\quad$ $\dfrac{c}{2} \times \dfrac{90}{100}$ 〔mol/L〕

[Mn] は化合物B中のマンガンイオン濃度を表す。同じ濃度 c〔mol/L〕のものを同体積ずつ混合しているので濃度が $\dfrac{c}{2}$〔mol/L〕になっていることに注意する必要がある。これらの値を平衡定数 K に代入すると,

$$K = \frac{[Mn(EDTA)]}{[Mn][EDTA]}$$
$$= \frac{\dfrac{c}{2} \times \dfrac{90}{100}\,mol/L}{\left(\dfrac{c}{2} \times \dfrac{10}{100}\,mol/L\right)^2}$$
$$= 2.0 \times 10^{13}\,L/mol$$
$$c = 9.0 \times 10^{-12}\,mol/L$$

(ii) 平衡定数の値が $K = 2.0 \times 10^{13}$ L/mol と

非常に大きいため，マンガンイオンと
EDTA の反応はほとんど正反応しか起
こらない反応だと判断することができる。
よって，反応式より，

（Mn^{2+} の物質量）＝（EDTA の物質量）

が成り立つ。化合物 A は $KMnO_4$（＝158）
であり，求める EDTA 水溶液の体積を
V〔mL〕とすると，

（Mn^{2+} の物質量）＝（EDTA の物質量）

$$\frac{5.0 \times 10^{-3}\,g}{158\,g/mol} = 0.010\,mol/L \times \frac{V}{1000}\,L$$

$V = 3.16\cdots mL \fallingdotseq 3.2\,mL$

【90】ア ① $TiO_2 + C + 2Cl_2 \longrightarrow TiCl_4 + CO_2$
② $TiCl_4 + 2Mg \longrightarrow Ti + 2MgCl_2$
③ $MgCl_2 \longrightarrow Mg + Cl_2$
全体 $TiO_2 + C \longrightarrow Ti + CO_2$
イ Mg はイオン化傾向が大きいため，$MgCl_2$ 水
溶液を電気分解すると H_2O が還元されて H_2
が発生し，Mg が得られないから。
ウ 最密充塡面：(iii) 最密充塡面の数：4

ア 全体の式は①式＋②式＋③式×2より求める
ことができる。
ウ 六方最密構造は，下図の 2 種の最密充塡面Ⅰ，
ⅡをⅠⅡⅠⅡ…と重ねたものである。一方，
面心立方格子は下図の 3 種の最密充塡面Ⅰ，
Ⅱ，ⅢをⅠⅡⅢⅠⅡⅢ…と重ね，傾けたもので
ある。

最密充塡面の重ね方は，Ⅰの上にⅡとⅢの2通り。

六方最密構造　面心立方格子（立方最密充塡）

よって，図3における最密充塡面として最も
適切なものは，(iii)となる。
このとき，Ⅰの●どうしを結ぶ線分 l は，立方
格子の対角線 AG に等しく，立方体の対称性
から同じことが BH，CE，DF にもいえる。
線分 l に対し垂直な最密充塡面がただ 1 つ存
在するから，最密充塡面は <u>4</u> つになる。

【91】(ア) エタノール　(イ) 酢酸
(ウ) ジメチルエーテル　(エ) エチレングリコール
(オ) アセトン

(ア) $CH_2{=}CH_2 + H_2O \longrightarrow CH_3{-}CH_2{-}OH$
(イ) $CH_3{-}OH + CO \longrightarrow CH_3{-}COOH$
(ウ) 分子式 C_2H_6O の物質には構造異性体としてエ
タノールがあるが，これは沸点約 78℃ で常温
では液体である。

【92】問 1 (ア) 6　(イ) 3　(ウ) 2　(エ) 5　(オ) 4
(カ) 1　(キ) 0　問 2 (い)，(う)
問 3 シクロプロパン　問 4 水素　問 5 4

問 1 (ア)～(ウ) C_4H_8 の異性体は以下の通り（炭素骨
格のみを記す）。
直鎖状
C=C-C-C　
分枝状　環状

(エ) C_6H_{12} の直鎖状構造の異性体は以下の通
り。
Ⓐ C=C-C-C-C-C　Ⓑ
Ⓒ　Ⓓ
Ⓔ

(オ)～(キ) 上のⒶからは不斉炭素原子 1 個をも
つ化合物，Ⓑ～Ⓔからは不斉炭素原
子 2 個をもつ化合物が得られる。
問 2 (あ) 誤り。二重結合の炭素原子間距離は，単
結合のそれより小さい。
(い) 正しい。160℃ 程度ではエチレンが，
130℃ 程度ではジエチルエーテルが生じ
る。
(う) 正しい。
(え) 誤り。PET はエチレングリコールとテ
レフタル酸の縮合重合によって生じる。
(お) 誤り。エチレンの酸化ではアセトアルデ
ヒドが生じる。
問 3 2 種類の異性体とその反応は以下の通り。

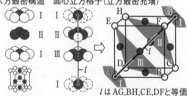

問 4 アルケンに水素を付加すると炭素数が同じ
アルカンが生じる。

問5 生じる物質はヘキサン C_6H_{14} であり，その異性体のうち，分枝状構造をもつ物質は以下の通り (炭素骨格のみを記す)。

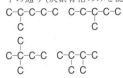

【93】(i)

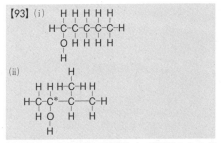

(i) (i)′を生じる物質の構造として以下の2つが考えられる (炭素骨格のみを記す)。
(a) C-C-C-C-C　(b) C-C-C-C-C
　　　　OH　　　　　　OH
ただし，(b)はザイツェフ則より分子内脱水反応による主生成物の構造が(i)′にならない。
(ii) (ii)′を生じる物質の構造として以下の2つが考えられる (炭素骨格のみを記す)。
(c)　　C　　(d)　　C
C-C-C　　　C-C*-C-C
　OH　　　　　OH
(c)，(d)ともにザイツェフ則より分子内脱水反応による主生成物の構造が(ii)′となる。また，(c)，(d)のうち，不斉炭素原子をもつのは(d)である。

【94】a ④　b ①　c ①
a 塩基によるエステルの加水分解 (けん化) は，生じるカルボン酸が中和によって失われるので不可逆反応である。
b Bの分子量を M とすると，Aの分子量は，
$M+154-18=M+136$
であり，Aの物質量と生じるCの物質量は等しいから，
$$\frac{49.0}{M+136}=\frac{38.5}{154}$$
$M=60$
よってBは CH_3COOH である。
c 不斉炭素原子をもつのは①，②，④
シス-トランス異性体が存在しないのは①，②，③

酸化されにくいアルコールは第3級アルコールであるから，①，③，④

【95】a (1) ⓪ (2) ② (3) ⓪　b ③　c ④
a C=C 結合1個につき水素分子1個が反応するから，
$$\frac{44.1}{882}\times4=0.20(mol)$$
b 過マンガン酸カリウム水溶液と反応するので，A，Bはともに C=C 結合をもつ。AとBの物質量比が1：2で，1分子中の C=C 結合の数が4個であるから，A，Bそれぞれの C=C 結合の数はA2個，B1個となる。
c Xに鏡像異性体が存在することから，Xの構造式は以下のようになる。

$$CH_2-O-\overset{\displaystyle O}{\overset{\|}{C}}-R^B$$
$$CH-O-\overset{\displaystyle O}{\overset{\|}{C}}-R^B$$
$$CH_2-O-\overset{\displaystyle O}{\overset{\|}{C}}-R^A$$

これが部分的に加水分解されてA，B，Yが生じるので，イにはB由来の構造が残り，アはHとなる。

【96】問1 A H_2　B C_6H_{12}
問2 ⟨⟩-SO₃H， ⟨⟩-SO₃Na， ⟨⟩-ONa
名称：アルカリ融解
問3
OH
⟨⟩ + 3HNO₃
⟶ ⟨⟩ O₂N-OH-NO₂ NO₂ + 3H₂O
問4 安息香酸は炭酸より強い酸なので，炭酸水素ナトリウムと反応して水溶性の安息香酸ナトリウムとなり，水層に移る。一方，フェノールは炭酸より弱い酸なので反応せず，エーテル層に残る。

問1 気体Aの分子式を X_2，分子量 M とすると，反応式は以下の通りである。
$$C_6H_6 + 3X_2 \longrightarrow C_6H_6X_6$$
反応量の関係から，
$$\frac{3.9}{78}=\frac{4.2}{78+3M}$$
$M=2$
よって気体Aは H_2 であり，生じたBは C_6H_{12} である。

【97】 問1 A —NO₂ B —NH₂

C $\left[\text{}—N≡N\right]^+ Cl^-$ D —SO₃H

E —SO₃Na F —ONa

問2 2種類 問3

問4 *a* 2 *b* 3 *c* 14 *d* 2 *e* 3 *f* 4
問5 サリチル酸

問2 プロピン3分子が以下の位置関係で重合することにより，2種類の構造異性体を生じる。

問3 メチル基はオルト・パラ配向性であるから，メタ位への置換反応が一番起きにくい。

問4 A（ニトロベンゼン）とスズの酸化還元反応におけるそれぞれの反応は，以下の通りである。

$$\text{}—NO_2 + 7H^+ + 6e^-$$
$$\longrightarrow \text{}—NH_3^+ + 2H_2O$$

$$Sn \longrightarrow Sn^{4+} + 4e^-$$

これを用いて化学反応式を作る。

【98】 問1

問2 CH₂=CH-CH₂-CH₃

問3 Bは鏡像異性体の一方であり，これと下線部②の鏡像異性体2種類と生じるエステルは，鏡像異性体の関係にならず，融点などが異なるため。

問4

問1 炭素数4以下のアルケンとそれぞれに水を付加したときの生成物は以下の通り（炭素骨格のみを記す）。

このうち，同一物質で鏡像異性体の等量混合物となるのは⑨と⑪である。
問2 上記⑨，⑪を与えるのは③，④，⑤である。
問4 トランス-2-ブテンはXのパターンとYのパターンの化合物が同一物質となる。

【99】 ア (3) イ ゴーシュ形
ウ D

E

エ E 【理由】Dはメチル基とCH₂およびメチル基どうしの位置関係としてゴーシュ形が2か所，アンチ形が1か所であるのに対し，Eはゴーシュ形が1か所，アンチ形が2か所であり，より安定と考えられるため。
オ b, e

ア ゴーシュ形（$\theta=60°$）がアンチ形（$\theta=180°$）より不安定なので，正しい選択肢は(1)または(3)である。また，$\theta=0°$ のときメチル基どうしが重なるので $\theta=120°$ の重なり形より不安定と考えられる。

イ CH₂どうしは60°ずれているのでゴーシュ形である。

ウ Aの投影図において，H^a と H^y がメチル基に置き換わったものと H^a と H^x がメチル基に置き換わったものが存在する。このうち，前者は環の上下と外側に向いたメチル基が1つず

つであり，異性化した場合も同じであるため，エネルギー的に等価であると考えられる。後者は環の外側に向いたメチル基が2つであり，異性化した場合，環の上下にメチル基がくるためエネルギー的に異なるものができると考えられる。よって前者がD，後者がEである。また，Eにおいて，外側を向いたメチル基が2つの場合のほうがゴーシュ形の関係が1か所ですむため安定となる。

【100】問1 875　問2 125g

問3 6種類　問4
$$CH_2-O-\overset{\overset{\displaystyle O}{\|}}{C}-C_{17}H_{31}$$
$$C^*H-OH$$
$$CH_2-OH$$

問1 パルミチン酸，リノール酸，オレイン酸，ステアリン酸の物質量比が1：3：5：1であるから，
$$89+\left(239\times\frac{1}{10}+263\times\frac{3}{10}+265\times\frac{5}{10}\right.$$
$$\left.+267\times\frac{1}{10}\right)\times3$$
$$=875$$
問2 得られたセッケンの平均式量は，
$$255\times\frac{1}{10}+279\times\frac{3}{10}+281\times\frac{5}{10}$$
$$+283\times\frac{1}{10}+23.0=301$$
よって必要な油脂Xは，
$$\frac{129}{301}\times\frac{1}{3}\times875=125\,(g)$$
問3 リノール酸とオレイン酸の炭素骨格部は水素付加によってすべてステアリン酸になるので，パルミチン酸とステアリン酸のどちらかまたは両方とグリセリンからなる油脂を考えればよい。
考えられる異性体は以下の通り（炭素骨格のみを記す。パルミチン酸骨格を㋐，ステアリン酸骨格を㋢と表す）。

C-㋐　C-㋐　C-㋐　C-㋢　C-㋢　C-㋢
C-㋐　C-㋢　C-㋢　C-㋐　C-㋐　C-㋢
C-㋐　C-㋐　C-㋢　C-㋐　C-㋢　C-㋢

問4 元素分析の結果より，
$$C:H:O=\frac{462\times\frac{12.0}{44.0}}{12.0}:\frac{171\times\frac{2.00}{18.0}}{1.00}:$$
$$\frac{177-(126+19)}{16.0}$$
$$=21:38:4$$
これは，油脂の3か所のエステル結合のうち2か所が加水分解したとするとつじつま

があう。
また，Zが不斉炭素原子をもつことから，グリセリンの炭素のうち端のものにエステル結合が残っていると考えられる。

【101】問1 （式1） $HNO_3 + H_2SO_4 \longrightarrow$
$$HSO_4^- + H_2O + NO_2^+$$
（式2）$2\,HO-\langle\rangle-NO_2 + 3Sn + 14HCl$
$$\longrightarrow 2\,HO-\langle\rangle-NH_3Cl$$
$$+ 3SnCl_4 + 4H_2O$$

問2 (i) ②　(ii) ③
問3 (ア) 塩化鉄(III)水溶液　(イ) さらし粉水溶液
　(ウ) ○　(エ) ×
問4 (i) 11mg　(ii) 吸収管Yに用いるソーダ石灰をXで用いると，生じた水と二酸化炭素を両方吸収してしまう。その結果，Xに用いるはずの塩化カルシウムを入れたYが吸収する水の質量が減るため，正しい実験方法による結果より減少する。
問5 a (あ)　c (け)　d (う)　f (お)
B $HO_3S-\langle\rangle$　C $\langle\rangle-C-OH$　D $O_2N-\langle\rangle-NH_2$

問2 (i) W1で希塩酸を加えると，アミノ基をもつ p-アミノフェノールが水層1に移る。有機層1に残ったアセトアミノフェンはW2でNaOH水溶液を加えることで中和し，水層2に移る。このとき有機層1にあった p-アミノフェノールの2つの官能基がアセチル化された化合物は，有機層2に残る。
　(ii) W1でNaOH水溶液を加えると，フェノール性ヒドロキシ基をもつアセトアミノフェンと p-アミノフェノールがそれぞれ中和し，水層に移る。これにW3で希塩酸を加えると，アセトアミノフェンは弱酸の遊離により有機層3に移り，p-アミノフェノールはアミノ基が中和し水層に残る。
問3 塩化鉄(III)水溶液はフェノール性のヒドロキシ基に反応し，青紫～赤紫色を呈する。さらし粉水溶液はアミノ基に反応し，赤紫色を呈する。
問4 (i) フェノールの完全燃焼の反応は，
$$C_6H_6O + 7O_2 \longrightarrow 6CO_2 + 3H_2O$$
であり，吸収管XではH_2Oを吸収するので，
$$\frac{20.0\times10^{-3}}{94}\times3\times18\times10^3$$

=11.4…≒11 (mg)

(ii) 吸収管 X は塩化カルシウムで H_2O のみ
を吸収する。

問 5 全体の反応経路は以下の通り。

(1)

(2)

---

11 有機化合物の構造と性質

【102】問 1 (a) × (b) ○ (c) × (d) ×

問 2 CH_2O 問 3 $C_6H_{12}O_6$

問 1 (a) 誤り。大気中の水や二酸化炭素の混入を
防ぐため，Aからはそれらを除去した空
気または純粋な酸素を送り込む。

(c) 誤り。ソーダ石灰は水も二酸化炭素も吸
収するため，Bに塩化カルシウムを入れ
て先に水のみ吸収させる。

(d) 誤り。この実験では試料外の酸素原子が
混入するため，試料全体の質量からCと
Hの質量を引いてOの質量とする。

問 2, 3 $W_C = W_{CO_2} \times \dfrac{C}{CO_2} = 88 \times \dfrac{12}{44} = 24 \,(mg)$

$W_H = W_{H_2O} \times \dfrac{2H}{H_2O} = 36 \times \dfrac{2.0}{18} = 4.0 \,(mg)$

$W_O = 60 - (24 + 4.0) = 32 \,(mg)$

$\dfrac{24}{12} : \dfrac{4.0}{1.0} : \dfrac{32}{16} = 1 : 2 : 1$ より，組成式は

CH_2O（式量 30）。分子量が 180 なので，

分子式は $(CH_2O)_6 = C_6H_{12}O_6$

【103】(1) (ア) 4 (イ) 6 (ウ) 7 (2) C

(3)
$$\begin{array}{c} CH_3 \\ | \\ CH_3\text{-}CH\text{-}COONa \end{array}$$

(4) E, F
$$\begin{array}{c} CH_2\text{-}OH \\ | \\ CH_2\text{-}CH\text{-}CH_2\text{-}CH_3, \\ | \\ OH \end{array}$$

$$\begin{array}{c} CH_3 \\ | \\ CH_3\text{-}C\text{-}CH_2\text{-}CH_2 \quad (順不同) \\ | \qquad | \\ OH \qquad OH \end{array}$$

H
$$\begin{array}{c} CH_3 \\ | \\ CH_2\text{=}C\text{-}CH\text{=}CH_2 \end{array}$$

(1) C_5H_{12} の構造異性体は次の 3 種類（H を省略）。

① C-C-C-C-C

②
$$\begin{array}{c} C \\ | \\ C\text{-}C\text{-}C \end{array}$$

③
$$\begin{array}{c} C \\ | \\ C\text{-}C\text{-}C \\ | \\ C \end{array}$$

これらの H の一つを –OH に置換したアルコー
ルの構造異性体は，下のように①は 3 種類，②
は 4 種類，③は 1 種類なので，Aは①，Bは②，
Cは③と決まり，(ア)は 4 となる。

① (A) C-C-C-C-C

② (B)
$$C\text{-}C\text{-}C\text{-}C$$

③ (C) C-C-C

（矢印は –OH の位置）

A, B, C の H の二つを –OH に置換した構造
異性体は，同じ炭素に複数の –OH が結合しな
い条件のもとで考えると次の通り（矢印は二
つめの –OH の位置）。

A
```
  ↓↓↓↓        ↓↓
C-C-C-C-C   C-C-C-C-C
  OH            OH
```

B
```
    C←           C ↓↓          C      ↓
C-C-C-C-C    C-C-C-C     C-C-C-C
  OH ↑ ↑ ↑      OH            OH
```

C
```
  C
C-C-C-OH
↑ C
```

よって，(イ)は6，(ウ)は7となる。

(2) C_5H_{12} の構造異性体のうち，直鎖状のAは表面積が最も大きく，ファンデルワールス力が強くなり沸点が最も高い。枝分かれが多くなると球状になって，ファンデルワールス力が相対的に弱くなるので，A>B>C の順に沸点は低くなる。

(3) BのHの一つを-OHで置換したアルコールのうち，$CH_3-CH(OH)-R$ の構造をもつ右の分子が該当する。

```
      CH_3
CH_3-CH-CH-CH_3
          OH
```

ヨードホルム反応では $CH_3-CH(OH)-R$ のメチル基がヨードホルムになり，$CH(OH)$ の部分がカルボキシ基となった $R-COOH$ の塩が生成する。

(4) BのHの二つを-OHで置換した構造異性体のうち，不斉炭素原子をもたないアルコールは解答の2種類である。Hは題意よりイソプレンである。

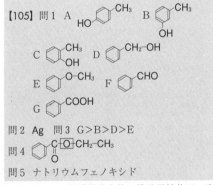

【104】(1)
```
            CH_3
 B  CH_3-CH-C-CH_2-CH_3
          Br Br

            CH_3
 C  CH_3-CH_2-C-CH_2-CH_3
                OH
```

(2) 2つ

(1) C_6H_{12} の不飽和炭化水素はアルケンであり，その構造異性体を炭素骨格と二重結合の位置で示すと，次の13種類（Hを省略，矢印が二重結合の位置）。

```
  ① ② ③            ④ ⑤ ⑥ ⑦
C-C-C-C-C-C        C-C-C-C-C
↑ ↑ ↑               C
                    ↑ ↑ ↑ ↑

        C-←⑩
C-C-C-C-C        C-C-C-C        C C
↑ ↑ ↑            ↑ ↑ ↑         C-C-C
⑧ ⑨              C              ⑫ ⑬
                 ⑪
```

臭素を付加させた生成物が不斉炭素原子を2つもつのは②，③，⑥，⑨の4種類。このうち，水を付加させたときにマルコフニコフ則によ

る主生成物が不斉炭素原子をもたないのは⑨である。他は二重結合を形成する炭素原子には両方とも水素原子が1つ結合しているので，マルコフニコフ則を適用できない。

⑨
```
        CH_3
CH_3-CH=C-CH_2-CH_3  A
```

```
        Br_2          CH_3
  ────→  CH_3-C*H-C*-CH_2-CH_3  B
                Br Br
```

```
              H_2O                CH_3
A ─── 主生成物 ──→ CH_3-CH_2-C-CH_2-CH_3  C
                                 OH

    H_2O                CH_3
─── 副生成物 ──→ CH_3-C*H-C*H-CH_2-CH_3
                      OH
```
（*は不斉炭素原子）

(2) 臭素あるいは水を付加させた生成物のいずれも不斉炭素原子をもたないのは，C=Cの炭素にそれぞれ同一の置換基がつく⑩と⑬の2種類である。

【105】問1 A $HO-$⬡$-CH_3$ B ⬡$-CH_3$, OH

C ⬡$\begin{smallmatrix}CH_3\\OH\end{smallmatrix}$ D ⬡$-CH_2-OH$

E ⬡$-O-CH_3$ F ⬡$-CHO$

G ⬡$-COOH$

問2 Ag   問3 G>B>D>E

問4 ⬡$-C[O]CH_2-CH_3$

問5 ナトリウムフェノキシド

問1 C_7H_8O の芳香族化合物の構造異性体は，次の5種類。

① ⬡$-CH_2-OH$ ② ⬡$-O-CH_3$ ③ ⬡$-OH$, $-CH_3$

④ ⬡$-OH$, CH_3 ⑤ ⬡$-OH$, CH_3

(1)より，Eは無水酢酸と反応しないので②である。(2)より，A〜Cはフェノール類で③〜⑤が当てはまる。(3)でA〜Cのベンゼン環に水素を付加させた生成物のうち，Aからの生成物が不斉炭素原子をもたないことから，Aは対称面をもつ p-体の⑤と決まる。(1)でBとCのアセチル化の反応速度を

比べたときに，Cでは反応点(−OH)近くの置換基が障害となり反応が遅くなったことから，Cは o-体の③であり，Bが m-体の④と決まる。残りの①がDである。(4)よりDを酸化したFは還元性を示すのでベンズアルデヒド，(5)でFをさらに酸化したGは安息香酸と決まる。

問3 −OHの酸としての強さは，一般に，カルボン酸＞フェノール類≫アルコールである。エーテルは酸性を示さない。

問5 ナトリウムフェノキシドとヨウ化メチル CH$_3$I からEが生成する。

【106】 (1) A

(2) ，②　(3) ⑤

(4) ，⑤

芳香族化合物 C$_8$H$_{10}$O の構造異性体のうち，p-二置換体は次の@～©，一置換体は次の@～@である（Hの一部を省略）。

A～Cは p-二置換体で，CのみNaと反応しないので©である。Bは酸化するとペットボトルの原料となるテレフタル酸(F)を生成するので⑥であり，残りのAは@と決まる。Dは酸化によりフェーリング液を還元できるGを経てHを生成するので，第一級アルコールの@で，Gは還元性をもつアルデヒドである。Eは硫酸酸性の K$_2$Cr$_2$O$_7$ 水溶液で酸化されIを生成するので，第二級アルコールの@で，Iは酸化生成物のケトンと決まる。IはCH$_3$-CO- をもちヨードホルム反応陽性である。

(3) Aはフェノール類で，NaOH水溶液に溶ける。

【107】 (1) A トルエン　B アニリン
C フェノール　D 安息香酸

(2) (a) 4.4×10^{-1}g　(b) 2.5g

(3) 下　(4) 分液漏斗

(5) 　**【理由】**化合物Bは希塩酸と反応してアニリン塩酸塩となり水層に溶けるが，その他は水層に溶けにくいから。(46字)

(6) 　　(7) A

(2) 安息香酸(分子量 122)の完全燃焼の反応式は，
$$2C_7H_6O_2 + 15O_2 \longrightarrow 14CO_2 + 6H_2O$$
塩化カルシウム管に吸収されるのは水で，1.0gの安息香酸が完全燃焼したとき生成するH$_2$O(分子量 18)の質量は，
$$\frac{1.0}{122} \times \frac{6}{2} \times 18 \fallingdotseq 4.4 \times 10^{-1}(g)$$
ソーダ石灰管に吸収されるのはCO$_2$(分子量 44)で，その質量は，
$$\frac{1.0}{122} \times \frac{14}{2} \times 44 \fallingdotseq 2.5(g)$$

(6) (3)のエーテル層にはA, C, Dが含まれ，これに炭酸水素ナトリウム水溶液を加えて振り混ぜると，炭酸より酸性の強い安息香酸(D)がナトリウム塩となって水層に抽出される。

(7) (6)のエーテル層にはA, Cが含まれ，これに水酸化ナトリウム水溶液を加えて振り混ぜるとフェノール(C)がナトリウム塩となって水層に抽出される。残ったエーテル層のエーテルを蒸発させるとトルエン(A)が得られる。

【108】

問1 (i) B,

(ii) G,

問2 HO—

問3 N 　　P

Q

問4 ノボラック，9.97×10^2

問1 A, Bに水素を付加するといずれもCに，またD, Eに水素を付加するといずれもFに

なることから，AとB，DとEは，不飽和結合以外はそれぞれ同じ炭素骨格をもつ。Eについて，

$$W_C = 308 \times \frac{12.0}{44.0} = 84.0\,(\text{mg})$$

$$W_H = 108 \times \frac{2.00}{18.0} = 12.0\,(\text{mg})$$

$$W_O = 96.0 - (84.0 + 12.0) = 0\,(\text{mg})$$

$\dfrac{84.0}{12.0} : \dfrac{12.0}{1.00} = 7 : 12$ より，Eの組成式はC_7H_{12}となる。Eはイソプレン（L，天然ゴムの単量体）とエチレンの反応によって生じる環状化合物なので，1-メチル-1-シクロヘキセン（C_7H_{12}）であり，組成式を満たす。Fはメチルシクロヘキサンである。

イソプレン（L）　エチレン　　　　E
（補足）この反応をディールス・アルダー反応という。

BはEのメチル基を除いたものでシクロヘキセン，Cはシクロヘキサンである。Aの−Hを−OHで置換したGの水溶液が弱酸性を示すことから，Gはフェノール，Aはベンゼンである。またDはトルエンである。A，B，C，D，F，Gのうち臭素水と反応し，(i)の脱色される変化が起こるのはシクロアルケンであるB，(ii)の白色沈殿を生じるのはフェノール（G）である。

問2　Hはフェノール（G）に水素を付加させると生じるので中性のシクロヘキサノール，Iはフェノールにメチル基をつけた弱酸性のクレゾールと決まる。クレゾールの異性体のうち，融点が最も高いのはp-クレゾールである。これは，o-体やm-体より対称性の大きい分子の形により，結晶中での分子間力が強いためである。

問3　クレゾール（I）の異性体でヒドロキシ基をもち，中性の芳香族化合物Jはベンジルアルコールである。トルエン（D）を$KMnO_4$水溶液で酸化したKは安息香酸で，これはJを酸化しても得られる。エチレンに水を付加したMはエタノールで，これをKと縮合させると安息香酸エチル（N）となる。エタノール（M）を酸化したOは，脱水剤との加熱でPを生成するので，Oは酢酸，Pは無水酢酸である。Pとフェノール（G）の反応で酢酸フェニル（Q）が得られる。

問4　フェノール（G）を酸触媒下でホルムアルデヒドと反応させると得られるやわらかい固体Rは，加熱すると硬化してフェノール樹脂となるノボラックである。求める分子量をMとすると，ファントホッフの法則より，

$$2.50 \times 10^4 \times \frac{100}{1000} = \frac{1.00}{M} \times 8.31 \times 10^3 \times 300$$

$$M \fallingdotseq 9.97 \times 10^2$$

【109】 問1　$CH_3-CH_2-CH_2-CH_2-CH_3$

問2　B，

問3　CH_3-COOH，　CH_3-CH_2-COOH

問4　これらの化合物は，五員環に比べてひずみが大きく不安定な三員環や四員環をもつため。

問5

C_5H_{10}の異性体のうち，A，B，Cは【実験1】より水素が付加するのでアルケン，Dは水素が付加しないのでシクロアルカンである。A，Cは水素付加で同一の化合物となるので同じ炭素骨格である。C_5H_{10}のアルケンの構造異性体は次の①〜⑤で，それぞれに水が付加すると，いずれからも2種類のアルコールが生成する（Hの一部を省略）。

【実験2】でBから生じたアルコールはいずれもヨードホルム反応が陰性なので，Bは③である。A，Cの炭素骨格はBと異なるので①か②である。
【実験3】のKMnO₄酸化により，炭素鎖の末端にC=Cをもつ①，③，⑤は，CH₂= の部分が二酸化炭素と水になるため，生成する有機化合物は1種類である。よって，Aは①と決まり，Bは③を満たす。また，残りのCは②と決まる。CをKMnO₄酸化すると酢酸とプロピオン酸が生成する。【実験4】よりDは極めて安定で，高温高圧条件で水素と反応すると，AやCに水素付加したペンタンを生成することから，枝分かれのないシクロペンタンと決まる。
問2 KMnO₄で酸化を受けないのは第三級アルコールであり，③(B)から生成する。

【110】〔1〕

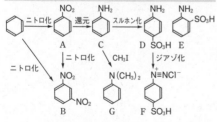

〔2〕 H₂N—〇—N=N—〇—SO₂NH₂ / NH₂
細菌を殺す，または増殖を抑える抗菌作用を示す。
〔3〕〔Ⅰ〕操作1 (ア) 操作2 (カ)
〔Ⅱ〕蒸留(分留)，(ア)
〔4〕ジアゾニウム塩Fは温度が高いと分解して窒素を発生し，ヒドロキシ基に置換されてフェノール類を生成するから。

AからBの反応は m-配向性，CからDとEおよびHとIからプロントジルの反応は o-，p-配向性による。HとIのカップリングは文章Ⅱより，

両隣にアミノ基がある位置には起こりにくい。
〔3〕操作1では上層にベンゼンとニトロベンゼン(A)が含まれるので，水より密度が小さいジエチルエーテルを用いている。エタノールは水と混ざり二層にならないので不適である。操作2では下層にアニリン(C)が含まれているので，水より密度が大きいクロロホルムを用いている。操作3の蒸留の際，枝付きフラスコの枝の位置では，蒸気に含まれる物質の沸点付近の温度になる。

【111】(1) C₁₆H₂₀O₂ (2) CH₂—CH₂—OH
(3) 3種類
(4) ア H₃C—C=H／H₃C イ —OH ウ H
(5) O=C—O—C=O (6) (あ)，(う)

(1) Aはエステル結合一つ以外に酸素原子をもたないので，分子式を CₓHᵧO₂ とすると，
$12x+y+32=244$（x，yは自然数）
また，完全燃焼で生じた CO₂ と H₂O の質量より，CとHの質量は，
$$W_C=1.76\times\frac{12.0}{44.0}=0.480(g)$$
$$W_H=0.450\times\frac{2.00}{18.0}=0.0500(g)$$
よって，$x:y=\frac{0.480}{12.0}:\frac{0.0500}{1.00}=4:5$ となる。これを満たすのは $(x, y)=(16, 20)$ で，Aの分子式は C₁₆H₂₀O₂
(2) Aを NaOH 水溶液で加水分解すると，水に不溶のBと，水層にはCの塩が得られ，さらに塩酸で水層を酸性にすると C(C₈H₁₂O₂) が得られたので，Cはカルボン酸とわかる。Bの分子式は，
C₁₆H₂₀O₂ + H₂O − C₈H₁₂O₂ = C₈H₁₀O
BはNaOH水溶液で塩をつくらないのでアルコールであり，ベンゼンの一置換体でヨードホルム反応を示さないことから，解答の第一級アルコールとなる。
(3) 題意よりフェノール類で，ヒドロキシ基以外にベンゼン環に C₂H₅- がつく二置換体の構造なので，o-，m-，p- の3種類である。
(4) C(C₈H₁₂O₂)の水素原子の数は鎖式飽和の値（C原子数 n のとき 2n+2）より6少なく，カルボキシ基のC=Oとシクロプロパン骨格の他に，C=Cか環構造を1つもつ。Cをオゾン分解するとDとアセトンを生じたので，炭素数

を考えるとCは $(CH_3)_2C=CH-$ の構造をもつ。この $=CH-$ の炭素原子は，オゾン分解によりカルボキシ基となるので，Dはシクロプロパンに２つのカルボキシ基がついた構造をもつ。図１よりDのカルボキシ基は異なる炭素原子につくが，鏡像異性体が存在しないことから，Dは分子内に対称面をもつ次の構造となり，Cの構造も決まる。

$$H_3C \quad C=C \quad COOH \quad \xrightarrow{\text{オゾン}\atop\text{分解}} \quad H_3C \quad C=O + \quad \text{(構造 D)}$$

（5）題意よりDの２つのカルボキシ基は近い位置にあり，加熱により酸無水物Eを生成する。

（6）Dの立体異性体F，Gは次に示す鏡像異性体のいずれかである。

よって，(あ)は正しく，(い)，(え)は誤り。(う)は，Dは旋光性を示さず，FとGの等量混合物も旋光性を示さないので，正しい。

【112】ア $C_{16}H_{16}O_4$

イ B　C

ウ CH_3-C-CH_3　エ

オ

$$W_C = 352 \times \frac{12.0}{44.0} = 96.0 \,(\text{mg})$$

$$W_H = 72.0 \times \frac{2.0}{18.0} = 8.0 \,(\text{mg})$$

$$W_O = 136 - (96.0 + 8.0) = 32 \,(\text{mg})$$

$\dfrac{96.0}{12.0} : \dfrac{8.0}{1.0} : \dfrac{32}{16.0} = 4 : 4 : 1$ より，Aの組成式は C_4H_4O（式量 68.0）。分子量が 272 なので，Aの分子式は $(C_4H_4O)_4 = C_{16}H_{16}O_4$ となる。実験２よりAは六員環が二つ縮環した骨格をもつ。実験３で V_2O_5 を触媒としてナフタレンを酸化して得られるBは無水フタル酸。同時に得られる

$C(C_{10}H_6O_2)$ は，水素原子の数が鎖式飽和の値より 16 少ない。ベンゼン環１つで８少なくなるので，さらに二重結合と環構造をあわせて４つもつ。さらに，Cは平面構造で，酸素原子を２つもち，同じ化学的環境にある炭素原子が５種類（右の a～e）ある構造なので，右の化合物がCとして考えられる。

実験４から，Aはフェノール性ヒドロキシ基をもつことがわかり，実験５から，Aにヒドロキシ基が２つあり，それがアセチル化されたのがDと考えられる。実験６のオゾン分解と加水分解の結果は，

D ── E ＋ F ＋ コハク酸 ＋ 二酸化炭素
　　　　＋ 2CH_3COOH（２つのアセチル基由来）

実験７より，Eはヨードホルム反応陽性で，ヨードホルム（G）と酢酸ナトリウムが得られたので，Eはアセトンである。実験８より，F($C_8H_6O_6$) の水素原子の数は鎖式飽和の値より 12 少ないので，ベンゼン環以外に二重結合か環構造をあわせて２つもつ。部分構造としてサリチル酸を含み，また同じ化学的環境にある炭素原子が４種類しかなく，さらに加熱で分子内脱水すること，および酸素原子の数から，右の化合物がFとして考えられ，Hは対応する酸無水物である。

以上の情報からDの構造は次のようになり，AはDのアセチル化前の構造となる。

$$\text{（構造 D）}$$

↓ オゾン分解

$$\text{（構造）} + O=C\overset{CH_3}{\underset{CH_3}{}} \quad E$$

↓ 酸化的分解・加水分解

$$\text{（構造 F）} + HO-C-CH_2-CH_2-C=O \text{ コハク酸}$$
$$+ O=C\overset{CH_3}{\underset{CH_3}{}} + CO_2 + 2CH_3COOH$$

12 天然有機化合物

【113】問1

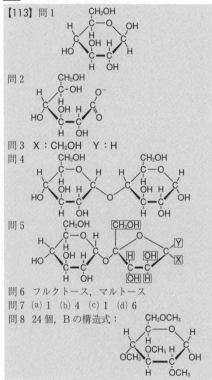

問2 CH₂OH...（構造式）

問3 X：CH₂OH　Y：H

問4 （構造式）

問5 （構造式）

問6　フルクトース，マルトース

問7　(a) 1　(b) 4　(c) 1　(d) 6

問8　24個，Bの構造式：

（構造式 CH₂OCH₃）

問1　グルコースの $-C^6H_2OH$ を上にして六員環を置いたとき，C^1 と結合している $-OH$ が上側にあるものを β-グルコースという。

問2　銀イオンの還元（銀鏡反応）が起こるので，鎖状構造のグルコースにあるホルミル基が酸化されてカルボキシ基になる。

問3　フルクトースの C^5 に結合している $-OH$ と ⟩$C^2=O$ でヘミアセタール構造を形成する。

問4　α-マルトースは，2個の α-グルコースが，一方の C^1 に結合している $-OH$ ともう一方の C^4 に結合している $-OH$ で α-1, 4-グリコシド結合したものである。

問5　スクロースは，α-グルコースの C^1 に結合している $-OH$ と β-フルクトース（五員環構造）の C^2 に結合している $-OH$ で α-1, 2-グリコシド結合したものである。

問6　銀鏡反応は，単糖や二糖がヘミアセタール構造の部分で開環し，還元性を示す $-CHO$ や $-COCH_2OH$ が生じる場合に起こる。スクロースはヘミアセタール構造どうしでグ

リコシド結合しているため，開環できず銀鏡反応を示さない。

問7　アミロースは α-グルコースが α-1, 4-グリコシド結合のみでつながった多糖である。アミロペクチンは α-1, 4-グリコシド結合に加えて α-1, 6-グリコシド結合ももつ多糖である。

問8　アミロペクチンのグリコシド結合には α-1, 4 と α-1, 6 結合があり，$-OH$ を $-OCH_3$ にして加水分解すると，次の3種類が生じる。

（構造式3つ）

化合物A　　　　①　　　　　②

これらはアミロペクチンの次のグルコース単位に由来する。なお，C^1 の $-OH$ は $-OCH_3$ にしても，アミロペクチンを加水分解すると $-OH$ になる。

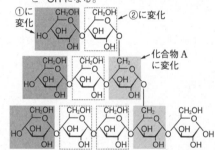

化合物Aは枝分かれ部分，①はグルコース鎖の末端部分，②はそれ以外の部分に由来する。化合物Bは，Aとほぼ同じ物質量であるから，グルコース鎖の末端に由来する①の構造である。

アミロペクチン $(C_6H_{10}O_5)_n$ の重合度を n とすると，アミロペクチン（分子量 $162n$）3.89gを構成する α-グルコースの物質量は，

$$\frac{3.89}{162n} \times n \fallingdotseq 0.0240 \text{(mol)}$$

枝分かれ部分になる化合物A（分子量208）の物質量は，

$$\frac{0.208}{208} = 0.00100 \text{(mol)}$$

よって，グルコース単位の枝分かれの個数は，

$$\frac{0.0240}{0.00100} = 24$$

【114】 (1) (イ)　(2) (イ)　(3) (ウ)　(4) 1.44×10^6

(1) セルロースは，β-グルコースが β-1, 4-グリコシド結合でつながった多糖である。

(2) セルロースは直線状分子であり，分子どうしが水素結合で結びついている。

(3) セルロースを化学的に処理して溶解させ，これを再び繊維としたものを再生繊維（レーヨン）という。

(4) セルロースのアセチル化により，セルロース（分子量$162n$）がトリアセチルセルロース（分子量$288n$）になる。

$$[C_6H_7O_2(OH)_3]_n + 3n(CH_3CO)_2O$$
$$\longrightarrow [C_6H_7O_2(OCOCH_3)_3]_n + 3n\,CH_3COOH$$

アセチル化したセルロースの分子量は，
$$\frac{8.10\times10^5}{162n}\times288n = 1.44\times10^6$$

【115】 A (3), (5)　B (1), (6)　C (2), (4)

(b)より，pH 4.5 における電気泳動で陽極側に移動するのは，酸性アミノ酸であるグルタミン酸。→ A は(3)をもつ。また，pH 7.4 における電気泳動で陰極側に移動するのは，塩基性アミノ酸であるリシン。→ C は(4)をもつ。

(c)より，鏡像異性体をもたないアミノ酸はグリシン。→ B は(1)をもつ。

(d)より，塩化鉄（Ⅲ）水溶液を加えると紫色になるアミノ酸は，フェノール類と同じ構造をもつチロシン。→ B は(6)をもつ。

(e)より，酢酸鉛（Ⅱ）を加えて黒色沈殿を生じるアミノ酸は，硫黄を含むシステイン。→ C は(2)をもつ。

(a)より，ジペプチドを構成するアミノ酸はすべて異なるので，A は残りの(5)フェニルアラニンをもつ。

【116】 問1 (ア) (か)　(イ) (い)
問2 ジスルフィド結合，システイン
問3 (ii) (あ)　(iii) (う)

問1 (イ) 酵素反応で反応する物質を基質といい，酵素は決まった基質と反応する（基質特異性）。

問2 システインの側鎖の間につくられる結合をジスルフィド結合といい，タンパク質の三次構造を形成する。

問3 (あ) カタラーゼは，酸化還元反応により過酸化水素を水と酸素にする酵素である。
(い) インベルターゼは，加水分解によりスクロースをグルコースとフルクトースにする酵素である。
(う) リパーゼは，加水分解により油脂を脂肪酸とモノグリセリドにする酵素である。
(え) プロテインキナーゼは，転移反応によりATP のリン酸基をタンパク質のヒドロ

キシ基へ移す酵素である。
(お) セルラーゼは，加水分解によりセルロースをセロビオースにする酵素である。

【117】 (A) 浸透圧　(B) アミラーゼ
(C) マルトース　(D) グルコース　(E) 3
(F) ホルミル
G
HO-CH₂-〈　〉-CHO

(A) 高分子化合物の平均分子量は高分子溶液の浸透圧や光散乱の測定，粘度の測定により求められる。

(B)～(D) デンプンを加水分解するとマルトースを経てグルコースになる。

デンプン $\xrightarrow{アミラーゼ}$ マルトース $\xrightarrow{マルターゼ}$ グルコース

G グルコース(D)から水3分子が脱水してGが生成しているので，G の分子式は$C_6H_6O_3$となる。G が酸化して2,5-フランジカルボン酸 $C_6H_4O_4$ が生成することから，G は 2,5-フランジカルボン酸のカルボキシ基 -COOH が -CH₂OH または -CHO となった構造と考えられる。G の分子式 $C_6H_6O_3$ を満たすものは -CH₂OH と -CHO が1つずつ結合したものとなる。

【118】
問1 CH₃-CH₂-CH（NH₂）COOH　CH₂-CH₂-CH₂（NH₂）COOH
　　CH₃-CH-CH₂（NH₂）COOH　CH₃-C-CH₃（NH₂）COOH
問2 X1 H₂N-CH-COOH（CH₂COOH）　X2 H₂N-CH-COOH（CH₂-CH₃）
問3 H₂N-CH-C(=O)-N(H)-CH-COOH（CH₂-CH₃）
問4 2
問5 Y1 H₂N-CH₂-CH₂-COOH
　　Y2 H₂N-CH₂-CH₂-CH(NH₂)-COOH

問1 図2はプロパンの2個の水素を -COOH と -NH₂ に置換した構造であり，そのアミノ酸の異性体を考える。

問2 pH 7.0でX1を電気泳動すると陽極側に移動するのでX1は酸性アミノ酸であり，側鎖にも -COOH をもつ。また，X1をメタノールと反応させ完全にエステル化すると，$C_5H_9NO_4$ になる。すなわち，
　X1 + 2CH₃OH ⟶ $C_5H_9NO_4$ + 2H₂O
これより X1 の分子式は，$C_3H_5NO_4$ となり，

α-アミノ酸であることから，その構造は
$H_2N-CH(COOH)-COOH$ となる。
ジペプチドAは $C_7H_{12}N_2O_5$ で表される，α-
アミノ酸2分子の縮合体であるので，X2の
分子式は，
　　$C_7H_{12}N_2O_5 + H_2O - C_3H_5NO_4 = C_4H_9NO_2$
X2も α-アミノ酸であるので，その構造は
$H_2N-CH(C_2H_5)-COOH$ となる。

問3　ジペプチドは次の2種類考えられる（*は
不斉炭素原子）。
① $(H_2N-X2-X1-COOH)$

$$H_2N-\underset{\underset{CH_2-CH_3}{|}}{C}{}^{*}H-\overset{\overset{O}{\|}}{C}-\overset{\overset{H}{|}}{N}-\underset{\underset{COOH}{|}}{C}H-COOH$$

② $(H_2N-X1-X2-COOH)$

$$H_2N-\underset{\underset{COOH}{|}}{C}{}^{*}H-\overset{\overset{O}{\|}}{C}-\overset{\overset{H}{|}}{N}-\underset{\underset{CH_2-CH_3}{|}}{C}{}^{*}H-COOH$$

AはC*が1つであるので，①が該当する。

問4　0.1molのY2に含まれる窒素原子の物質量
を x〔mol〕とすると，生じる NH_3 も x〔mol〕
となる。中和実験の結果より，
$$2×1×\frac{250}{1000}=x+1×1×\frac{300}{1000}$$
$$x=0.2(mol)$$
よって，Y2に含まれる窒素原子の数は2で
ある。

問5　Y1は α-アミノ酸以外であり，メタノール
とエステル化させると $C_4H_9NO_2$ になるので，
Y1の分子式は，
　　$C_4H_9NO_2 + H_2O - CH_3OH = C_3H_7NO_2$
Y1のアミノ基とカルボキシ基以外で構成
される部分は，
　　$C_3H_7NO_2 - COOH - NH_2 = C_2H_4$
よって，Y1の構造は $H_2N-CH_2-CH_2-COOH$
となる。
トリペプチドB(分子量289)をY1とY2に
加水分解したときの反応は，次のようにな
る。
　　トリペプチドB + $2H_2O \longrightarrow$ Y1 + 2Y2
Y1の分子量は89なので，Y2の分子量は，
$$\frac{289+18×2-89}{2}=118$$
Y2は α-アミノ酸であり，問4より窒素原
子が2つあることから，アミノ基を2つも
つ。したがって，n, m を整数として次のよ
うに表せる。
　　$H_2N-CH(C_nH_m-NH_2)-COOH$
分子量より，
　　$12n+m+90=118$
　　$12n+m=28$

これを満たす n と m は，$n=2$, $m=4$
Y2の側鎖は $-C_2H_4-NH_2$ となり，Y2は解答
の構造となる。
なお，Y2として右の
ようなものも考えら
れるが，Y2に対して
カルボキシ基を水素

$$H_2N-\underset{\underset{CH_3}{|}}{C}{}^{*}H-\overset{\overset{NH_2}{|}}{C}-COOH$$

原子に置き換える反応を行っても，C*が不
斉炭素原子のままなので不適である。

【119】 (i) (1) (イ) (え)　(エ) (う)　(2) H^6
(ii) 60°C

(i) (1) (ア) グアニンG，(イ) チミンT，(ウ) アデニ
ン A，(エ) シトシンCである。
(2) グアニンとシトシンは，次のように3箇所
で水素結合する。

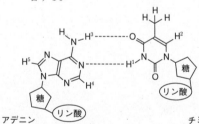

グアニン　　　　　　　　　シトシン

また，アデニンとチミンは2箇所で水素結
合する。

アデニン　　　　　　　　　チミン

(ii) グアニンとシトシン，アデニンとチミンで相
補的に結合している。アデニンの割合が20%
のとき，チミンの割合も20%となる。グアニ
ンとシトシンは同じ割合になるので，それを
x〔%〕とすると，
　　$20+20+x+x=100$　　$x=30(%)$
グアニンの割合が30%であるので，図2のグ
ラフより，解離温度は60°Cとなる。

13 合成高分子化合物

【120】

問1 ①
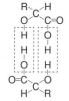

$$n \begin{matrix} CH_3 & H \\ C & \\ O & C=O \\ O=C & O \\ H & C & CH_3 \\ & H \end{matrix} \longrightarrow \begin{bmatrix} O-CH-C \\ CH_3 & O \end{bmatrix}_{2n}$$

②

$$n \begin{matrix} H & H \\ C & \\ O & C=O \\ O=C & O \\ H & C & H \\ & H \end{matrix} \longrightarrow \begin{bmatrix} O-CH_2-C \\ O \end{bmatrix}_{2n}$$

問2 5.6 L

問1 ①, ②の反応物となる環状
ジエステルは, それぞれ右
図の┈┈部分で脱水縮合し
たものである。
(①…R=CH₃, ②…R=H)

$$\begin{matrix} R & H \\ C & \\ O & C=O \\ H & O \\ H & H \\ O=C & O \\ C & \\ R & H \end{matrix}$$

問2 乳酸 $C_3H_6O_3$ とグリコール酸
$C_2H_4O_3$ が1：1の物質量比
で含まれる共重合体の単量
体(モノマー)の分子式は，

$$C_3H_6O_3 + C_2H_4O_3 \longrightarrow \underline{C_5H_6O_4} + 2H_2O$$

よって, 共重合体の分子式は, $(C_5H_6O_4)_n$,
この共重合体(分子量 $130n$)1 mol が完全に
分解されると, $5n$ [mol] の CO_2 が発生する
ので, 求める気体の体積は,

$$5n \times \frac{6.5}{130n} \times 22.4 = 5.6(L)$$

【121】

(i) ア アセタール　イ ビニロン

(ii) ポリ酢酸ビニル
$$\begin{bmatrix} CH_2-CH \\ \quad O-C-CH_3 \\ \qquad\quad O \end{bmatrix}_n$$

ポリビニルアルコール
$$\begin{bmatrix} CH_2-CH \\ \quad OH \end{bmatrix}_n$$

(iii) 分子内に親水性のヒドロキシ基が多く含ま
れるため。(24字)

(iv) アセトアルデヒド　(v) 2.8×10^4

(i) アセタール化により, ポリビニルアルコール
に多く含まれる親水基 $-OH$ が $-O-CH_2-O-$ に
一部変化するため, 水に溶けにくくなる。

(ii) ポリ酢酸ビニルのエステル結合を水酸化ナト
リウム水溶液で加水分解(けん化)すると, ポ
リビニルアルコールが得られる。

(iv) $\begin{matrix} R^1 \\ R^2 \end{matrix} C=C \begin{matrix} R^3 \\ OH \end{matrix}$ の構造をエノール形,

$\begin{matrix} R^1 \\ R^2-C-C \end{matrix} \begin{matrix} \\ R^3 \\ O \end{matrix}$ （H付き） の構造をケト形といい, 互いに構

造異性体の関係にある。溶液中では, エノー

ル形とケト形は平衡状態にあるが, 一般にケ
ト形の方が安定である。

(v) ポリビニルアルコールの分子量を M とすると,
$\pi = \dfrac{n}{V}RT$ より,

$$2.70 \times 10^3 = \frac{\dfrac{3.00}{M}}{\dfrac{1.00 \times 100}{1000}} \times 8.31 \times 10^3 \times (273+25)$$

$$M \fallingdotseq 2.8 \times 10^4$$

【122】

(1) イソプレン(2-メチル-1,3-ブタジエン)
(2) シス形　(3) 硫黄　(4) 加硫
(5) ii) $CH_2=C-CH=CH_2$　iii) $CH_2=CH-CN$
　　　　　Cl
(6) 125　(7) 3 mol

(2) C=C 結合がすべてトランス形であるポリイソ
プレン(グタペルカ)は, ゴム弾性をほとんど
示さない。

(3),(4) 加硫により, ゴムの分子が立体網目状にな
るため, 弾力性・強度・耐久性が増す。

(5) クロロプレンは, 2-クロロ-1,3-ブタジエンと
もいう。

(6) クロロプレンゴム $\begin{bmatrix} CH_2-C=CH-CH_2 \\ \qquad Cl \end{bmatrix}_n$ の分子

量は $88n$ と表すことができるので,
$88n = 11000$　$n = 125$

(7) NBR 中のアクリロニトリル由来, 1,3-ブタジ
エン由来の構成単位の式量は, それぞれ, 53
と54である。また, アクリロニトリル由来の
構成単位には1個のN原子が含まれる。アク
リロニトリル 1 mol に対して x [mol] の 1,3-
ブタジエンが重合したとすると,

$$\frac{14}{53+54x} \times 100 = 6.5 \qquad x \fallingdotseq 3 (mol)$$

【123】 問1 ④　　問2 ②　　問3 ①

問1 フェノール樹脂, 尿素樹脂, アルキド樹脂は
いずれも熱硬化性樹脂であり, 網目状の立
体構造をもつ。一方, スチロール樹脂(ポリ
スチレン)は熱可塑性樹脂であり, 長い鎖状
の高分子化合物からなる。

問2 次のように高分子鎖を架橋する。

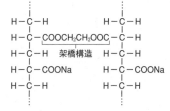

問3 下線部(c)より，NaCl 水溶液に浸すと，樹脂の内側と外側でのイオン濃度の差が小さくなるため，浸透圧が小さくなり，樹脂に吸収される水の量が減る。

【124】問1 ア 縮合 イ 付加

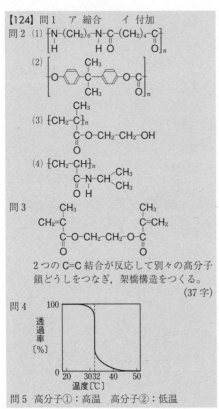

問2 (1), (2), (3), (4) 構造式

問3 構造式
2つの C=C 結合が反応して別々の高分子鎖どうしをつなぎ，架橋構造をつくる。
(37字)

問4
透過率〔%〕のグラフ（温度〔℃〕：20 30 32 40 50，100から0へ）

問5 高分子①：高温 高分子②：低温

問1 ア ホスゲンとビスフェノールAが縮合重合してポリカーボネートと HCl が生じる。
   イ メタクリル酸2-ヒドロキシエチルの C=C の部分で付加重合が起こる。
問2 (3) モノマーであるメタクリル酸2-ヒドロキシエチルは，次の反応により生じる。

CH₂=C-CH₃ + HO-CH₂-CH₂-OH
（C-Cl, O）
⟶ CH₂=C-CH₂
（C-O-CH₂-CH₂-OH + HCl, O）

(4) モノマーである N-イソプロピルアクリルアミドは，アミド結合を含むため，次の反応により生じると考えられる。

CH₂=CH + H N-CH CH₃
（C-Cl, O）（CH₃）
⟶ CH₂=CH
（C-N-CH CH₃ + HCl, O H, CH₃）

問3 反応に用いるエチレングリコールの量を減少させると，相対的にメタクリル酸クロリドの量が増える。すると，問2(3)で示したモノマーの -OH がメタクリル酸クロリドの -C-Cl と反応した副生成物が生じると考え（O）られる。さらに，この副生成物は分子内に2つの C=C をもつため，それぞれが高分子形成時に付加重合に組み込まれて右図のように別々の高分子鎖をつないだ架橋構造をつくる。

高分子鎖
副生成物による架橋構造

問4 水溶液を加熱していくと，約32℃以下では水に完全に溶解するが，それ以上の温度では急激に凝集することから，約32℃を境に光の透過率が急激に小さくなる。
問5 高分子①は -CH₂-CH₃，高分子②は -CH₂-CH₂-CH₂-CH₃ の構造をもつ。問2(4)で示したモノマーの疎水基と比較して，高分子①はアルキル基が短く，高分子②は長いことから，疎水性は高分子①のほうが小さく，高分子②のほうが大きい。したがって，高分子①は32℃で高温にしてアミド結合と水分子の水素結合を完全に切断しなければ凝集は始まらない。一方で，高分子②は32℃より低温で水素結合の切断が不十分であっても，疎水性が大きいため凝集が始まると考えられる。

14 実験装置と操作

【125】(a) 0 (b) 4 (c) 2 (d) 1

(a) 十酸化四リン P₄O₁₀ は吸湿性の高い白色の粉末であり，乾燥剤として用いられる。
(b) ナフタレン C₁₀H₈ は分子結晶であり，昇華しやすい。防虫剤として用いられる。
(c) 塩化鉄(Ⅱ) FeCl₂ 中の Fe²⁺ は空気中で容易に酸化され Fe³⁺ になる。
(d) 炭酸ナトリウム十水和物 Na₂CO₃·10H₂O の結

晶を空気中に置いておくと，水和水の一部が失われて一水和物 $Na_2CO_3 \cdot H_2O$ になる。

【126】 a ③ b ④

混合物Aを乾燥酸素中で加熱すると，水酸化物と炭酸塩は熱分解しそれぞれ H_2O と CO_2 を生じる。

$$Mg(OH)_2 \longrightarrow MgO + H_2O \qquad \cdots ①$$
$$MgCO_3 \longrightarrow MgO + CO_2 \qquad \cdots ②$$

a 生じる気体は H_2O と CO_2 である。吸収管Bに塩化カルシウムを入れて H_2O を捕集し，Cにソーダ石灰を入れて CO_2 を捕集する。ソーダ石灰は $NaOH$ と CaO の混合物で，H_2O も CO_2 も捕集するので，最初の吸収管（B）に入れてはいけない。

b ①式より，捕集した H_2O の物質量と $Mg(OH)_2$，MgO の物質量は等しい。

$$\frac{0.18}{18} = 0.010 \,(mol)$$

②式より，捕集した CO_2 の物質量と $MgCO_3$，MgO の物質量は等しい。

$$\frac{0.22}{44} = 0.0050 \,(mol)$$

加熱後に残った MgO の質量より，加熱前の混合物Aに存在していた MgO の物質量は，

$$\frac{2.0}{40} - 0.010 - 0.0050 = 0.035 \,(mol)$$

MgO，$Mg(OH)_2$，$MgCO_3$ のいずれも化合物の物質量と含まれる Mg の物質量は等しいので，MgO としてもともと存在していた割合は，

$$\frac{0.035}{0.035 + 0.010 + 0.0050} \times 100 = 70 \,(\%)$$

【127】 (i)

(ii) 80 %

エステル合成反応は可逆反応であり，反応を続けても，途中で平衡状態に達して反応が進まなくなる。そのため，この実験では，生成した水を取り除くことで，反応効率を上げている。

(ii) エステル合成の反応式より，反応した安息香酸の物質量は，生成した水の物質量と等しい。

$$\frac{2.16}{18} = 0.12 \,(mol)$$

反応容器に加えた安息香酸の物質量は，

$$\frac{18.3}{122} = 0.15 \,(mol)$$

よって，エステルになった安息香酸の割合は，

$$\frac{0.12}{0.15} \times 100 = 80 \,(\%)$$

【128】 (1) (ア) $MnO_2 + 4HCl$
$$\longrightarrow MnCl_2 + Cl_2 + 2H_2O$$

・水：塩化水素を取り除く役割
・濃硫酸：水（水蒸気）を取り除く役割

(2) (ア) シュウ酸：
$$(COOH)_2 \longrightarrow 2CO_2 + 2H^+ + 2e^-$$
過マンガン酸カリウム：
$$MnO_4^- + 8H^+ + 5e^-$$
$$\longrightarrow Mn^{2+} + 4H_2O$$

(イ) $1.28 \times 10^{-2} \, mol/L$

(ウ) 過マンガン酸カリウム水溶液を滴下したとき，過マンガン酸イオンによる赤紫色が消えず，溶液がうっすら赤紫色になったとき。

(エ) 硝酸は酸化剤としてはたらくため。
濃硝酸：$HNO_3 \longrightarrow NO_2 + H^+ + e^-$
希硝酸：$HNO_3 \longrightarrow NO + 3H^+ + 3e^-$

(オ) 塩酸中の塩化物イオンが還元剤としてはたらくため。
$$2Cl^- \longrightarrow Cl_2 + 2e^-$$

(1) (ア) 濃塩酸に酸化マンガン(IV)を加えて加熱すると，塩素が発生する。

(イ) 発生した気体には，塩素のほかに未反応の塩化水素や水蒸気が含まれる。まず水に通じて塩化水素を除去し，濃硫酸に通じて水蒸気を除去する。通じる順番を逆にするとせっかく濃硫酸で除いた水蒸気が水に通じることにより混合してしまう。同様に，水上置換を行うと水蒸気が除去できない。

(2) (イ) 過マンガン酸カリウム水溶液の濃度を $x \,(mol/L)$ とすると，

$$2 \times 4.00 \times 10^{-2} \times \frac{10.0}{1000} = 5 \times x \times \frac{12.5}{1000}$$
$$x = 1.28 \times 10^{-2} \,(mol/L)$$

(ウ) $KMnO_4$ 水溶液は MnO_4^- により赤紫色を示すが，反応して Mn^{2+} になると淡桃色（ほぼ無色）になる。$(COOH)_2$ が全て反応する（反応の終点）と，MnO_4^- の赤紫色が残る。

※解答・解説は数研出版株式会社が作成したものです。

2023

化学入試問題集

化学基礎・化学

解答編

▶編集協力者　新井利典　　石垣俊治
　　　　　　　梶谷武史　　河端康広
　　　　　　　小笹哲夫　　髙木俊輔
　　　　　　　長沢博貴　　斜木宏海

編　者　数研出版編集部
発行者　星野　泰也
発行所　**数研出版株式会社**

〒101-0052　東京都千代田区神田小川町2丁目3番地3
　　　　　　　〔振替〕　00140-4-118431
〒604-0861　京都市中京区烏丸通竹屋町上る大倉町205番地
〔電話〕代表 (075)231-0161

ホームページ　https://www.chart.co.jp
印刷　寿印刷株式会社

乱丁本・落丁本はお取り替えいたします。　　　　　230601
本書の一部または全部を許可なく複写・複製すること，
および本書の解説書ならびにこれに類するものを無断で
作成することを禁じます。